丁以寿◎主编

安徽省
茶文化研究会文选
第一辑

中国农业出版社
北 京

本书编委会

前　言

安徽省茶文化研究会（Anhui Tea Culture Institute，缩写“ATCI”），原名安徽省徽茶文化研究会，是由安徽省内从事茶文化研究的单位和个人自愿组成的学术性非营利社会团体。研究会的宗旨是：传承、弘扬茶文化，振兴、发展茶产业，研究并创新茶文化理论，开展茶文化活动，打造茶文化交流平台。研究会于2009年3月在合肥成立，安徽省政协副主席张学平任第一届理事会会长，中共安徽省委原书记卢荣景任名誉会长，安徽省农业厅原厅长郑之宽任常务副会长，安徽省人大农工委原主任桂梅生任副会长兼秘书长，安徽省政协副主席夏涛、安徽农业大学校长宛晓春、黄山市政协主席杨立威等任副会长。2016年12月换届产生第二届理事会，并于2017年2月变更为现名。安徽农业大学中华茶文化研究所所长丁以寿担任第二届理事会会长，费明煦、郑建新、吴锡端、殷天霁、杜陈、郑孝和、沈思、高长生、宋伟等任副会长，费明煦、高超君先后任秘书长。2022年3月换届产生第三届理事会，丁以寿连任会长，郑毅、廖新、程龙伟、尹文汉任副会长，宋伟、吴锡端任监事，高超君任秘书长。现有教学、科研、文化、宗教、经贸等社会各界个人会员500余人，单位会员50多个。

从第二届理事会开始，研究会设立学术委员会、学校茶文化传播工作委员会、社会茶文化传播工作委员会等内设机构；第三届理事会对内设机构进一步完善和调整，设立学术委员会、茶文化教育专业委员会、茶馆和茶旅专业委员会、茶叶非遗专业委员会等。研究会强化茶文化学术研究，致力茶文化普及与传承。15年来，研究会举办多场学术年会和专题论坛，会员主持多项重大学术研究项目，出版一批高水平著作，主编多部规划教材。

2021年，夏涛主持国家社会科学基金特别委托项目、国家重要文化工程《中国大百科全书》第三版“中国茶文化专题”，“专题”含茶史（茶的生产和科技史、经贸史、茶政茶法、茶馆、茶遗产遗迹、茶人、茶学教育机构、茶叶团体等）、茶道（茶理、茶艺、茶礼、茶具、茶泉等）、茶俗（各地茶俗、少数民族茶俗等）、名茶（茶叶非物质文化遗产）、茶文学（古今涉茶的诗词、散文、小说等）、茶艺术（古今涉茶的书法、篆刻、绘画、歌舞、戏剧等）、茶文献（古今重要茶书、涉茶笔记和杂著等）、茶传播（饮茶、茶文化、茶叶生产技术向全世界的传播）八个方面。

2022年，康健主持国家社会科学基金一般项目-中国历史-“全球史视野下的徽州茶商研究（1500—1949）”，樊汇川主持国家社会科学基金青年项目-中国历史-“印度技术挑战下的中国茶业现代化转型研究（1860—1949）”。

丁以寿编著《中国茶文化》（安徽教育出版社，2011年），丁以寿、章传政等编著《中国茶道》（安徽教育出版社，2011年），丁以寿、章传政编著《中华茶文化》）（中华书局，2012年），丁以寿参编《世界茶文化大全》（中国农业出版社，2019年），丁以寿主编《中国传统食材——茶叶卷》（2019年国家出版基金项目；合肥工业大学出版社，2022年）。

郑建新著《近代徽州茶业兴衰录》（北京时代华文书局，2018年）、《安茶史话》（中国农业出版社，2020年）、《祁门红茶》（安徽科学技术出版社，2020年）等，杨立威任编委会主任、郑建新主笔《黄山茶史》（安徽人民出版社，2022年）。

2017年，康健著《近代祁门茶业经济研究》（安徽省哲学社会科学规划后期资助项目）由安徽科学技术出版社出版。2020年，康健主编《祁门红茶史料丛刊》（2019年国家出版基金项目）由安徽师范大学出版社出版，全书包括第一辑（1873—1911）、第二辑（1912—1932）、第三辑（1933—1935）、第四辑（1936）、第五辑（1937—1949）、第六辑（茶商账簿之一）、第七辑（茶商账簿之二）、第八辑（茶商账簿之三）。

2021年，宛晓春主编《安徽省志·茶业志》由黄山书社出版，高超君、郑毅主编《中国茶全书——安徽卷》（2020年国家出版基金项目）由中国林业出版社出版。

此外，郑毅著《徽茶始祖·休宁松萝》（安徽人民出版社，2013年），吴锡端著《祁门红茶》（武汉大学出版社，2015年），徐千懿著《岁时茶山记》）（三联书店，2022 年）。

丁以寿主编农业农村部“十三五”规划教材《中华茶艺》（中国农业出版社，2021 年）、中国轻工业“十三五”规划教材《茶艺与茶道》（中国轻工业出版社，2019 年）、国家大学生文化素质教育基地教材《中国茶文化概论》（科学出版社，2018 年）。夏涛主编中国轻工业“十四五”规划立项教材《中华茶史》（中国轻工业出版社，2024 年）。

2009 年 3 月，研究会在合肥举办“首届徽茶文化研讨会”。2010 年 8 月，研究会联合安徽省茶业学会、安徽省茶叶行业协会在岳西举办“徽茶文化与徽茶产业学术研讨会”。2018 年、2020 年、2022 年、2024 年，研究会分别在合肥、广德等地举办学术年会，其间还举办几场专题性茶文化论坛。

《茶苑撷芳——安徽省茶文化研究会文选第一辑》共选编研究会会员 15 年来的部分佳作 20 篇，其中茶韵悠长篇选编有关中国茶文化方面论文 5 篇，茶史探赜篇选编有关安徽及中国茶史方面论文 6 篇，皖美茶香篇选编安徽名茶及茶叶非遗保护方面论文 5 篇，域外茶风篇选编外国茶史与茶文化方面论文 4 篇。论文来源有三个方面，其一，研究会历年学术年会及专题论坛所征集论文；其二，研究会会员参加全国性茶文化学术会议和在学术期刊发表的论文；其三，为研究会成立十五周年纪念会新征集的论文。由于篇幅所限，许多优秀论文未能入选，难免有遗珠之憾。也是考虑到有些论文已在各种学术会议或学术期刊发表，为避免过多重复，择要选编。好在这是第一辑，今后将延续选编第二辑、第三辑，期待届时再予以补选。

文选的出版首先特别感谢安徽捷迅光电技术有限公司董事长高小荣先生、常务副总经理陈振林先生。多年来，安徽捷迅光电技术有限公司认真贯彻落实习近平总书记“要统筹做好茶文化、茶产业、茶科技这篇大文章”的重要指示，不仅在茶叶色选机械设备研发和创新方面勇攀世界技术高峰，还积极扶持安徽乃至中国的茶文化、茶产业。不仅于 2022 年承办安徽省茶文化研究会第三次会员代表大会，更是鼎力承办研究会成立十五周年纪念大会，勇于担当，敢于作为。安徽捷迅光电技术有限公司是一家专业研发、生产智能分选设备的国家高新技术企业，拥有国家级企业技术中心、省制造业创新中心、省级工业设计中心、工信部人工智能与实体经济深度融合项目等多项国家、省级重大科技项目。色选产品覆盖大米、茶叶、盐、坚果炒货、杂粮、矿石等众多领域，畅销全球80多个国家和地区，智能分选技术为全球大中小企业提供具有价值的色选控制方案，促进行业健康发展。衷心祝愿安徽捷迅光电技术有限公司前程似锦，鹏程万里！

文选的出版还要感谢姚佳副编审及中国农业出版社！文选的出版动议较晚，姚佳副编审及中国农业出版社工作雷厉风行、勇于决断，在短时间内落实各项编辑、出版事宜，确保文选的按期、高质量出版。

文选是研究会会员部分研究成果的展示窗口，由于选编时间仓促，错讹之处在所难免，欢迎广大读者批评指正！

文选编委会

2024年8月

目　　录

第四篇 域外茶风

第一篇

茶 韵 悠 长

茶艺概念历史流变考

丁以寿　宋　丽

一、艺字的本义与引申

艺，古字写作“埶”，是个象形字。埶，始见于商代甲骨文，其字形态像一个人双手持苗木，本义是种植。

西周金文中的“埶”字，其由甲骨文字形发展而来。人的形态得到了细化，但是在人的双手间加上一竖，苗木下部增添个“土”字，以示苗木是种在土壤中。

秦代的小篆“埶”字的写法发生了较大的变化，变成了左右结构。右边的人字形与独体“丮”（意为握持）字的小篆字形一致；左边变成了“坴”——上边仍是一棵苗木，有叶、茎和根。但由于小篆追求圆转的特点，字看起来都不是那么象形。

后来，由于“埶”字的字形既不能很直观地表达出“手植苗木”之义，也无法显示读音，所以在它的基础上进行了再创造。因禾苗是草属，在“埶”上面加上了表示“草”之义的“艸”部，为“蓺”。又在其下加了个“云”字，来表明此字的读音，由此诞生了“藝”字。“藝”是在“埶”的基础上繁化而成的，隶书与楷书中的“藝”字，皆由此发展而来。再后来，由于“藝”字的字形过于复杂，所以人们又将其简化为“艺”。简化的“艺”是形声字，“艸”为形，表示与花草有关，“乙”为声，表读音。

“艺”的本义是种植。如《诗经·小雅》：“我埶黍稷。”《周礼·地官·大司徒》：“辨十有二壤之物，而知其种，以教稼穑树蓺。”《书经·酒诰》：“嗣尔股肱，纯其艺黍稷。”《孟子·滕文公上》：“后稷教民稼穑，树艺五谷。”西汉司马迁《史记·五帝本纪·黄帝》：“艺五种，抚万民。”三国魏人阮籍《东平赋》：“其土田则原壤芜荒，树艺失时。”清代章炳麟《代议然否论》：“田不自耕植者不得有，牧不自驱策者不得有，山林场圃不自树蓺者不得有。”

种植草木是一门技术，所以“艺”又引申为“技术、技能、技艺”等义，

作者简介：丁以寿，安徽农业大学茶业学院教授；宋丽，安徽农业大学茶业学院实验师。

如工艺、手艺、棋艺、球艺、园艺、农艺。《尚书·金縢》:“予仁若考，能多材多艺，能事鬼神。”《论语·雍也》:“求也艺。”《论语·子罕》:“子云:‘吾不试，故艺。’”唐代韩愈《师说》:“六艺经传皆通习之。”六艺：指礼、乐、射、御、书、数。

一定的技艺，如果能达到出神入化的地步，会给人以艺术性的享受，故“艺”又有艺术之义，如文艺、曲艺、琴艺、书艺、画艺。晋代嵇康《琴赋》:“良质美手遇今世兮，纷纶翕响冠众艺兮。”清代姚莹《复杨君论诗文书》:“诗文者，艺也。”

艺，还有经籍、标准等义，不一一枚举。

二、从艺茶到茶艺

唐代陆羽《茶经·一之源》:“凡艺而不实，植而罕茂，法如种瓜，三岁可采。”陆羽这里是谈艺茶之法，“艺”取其本义种植。

明代顾元庆《茶谱》“艺茶”:“艺茶欲茂，法如种瓜，三岁可采。”这里显然是源于陆羽《茶经》，艺也是取其本义种植。

明代罗廪《茶解》“艺”条，内容为“艺茶”诸法，艺取其本义种植。“种茶，地宜高燥而沃。土沃，则产茶自佳。《经》云：生烂石者上，土者下。野者上，园者次。恐不然。”“秋社后，摘茶子，水浮取沉者，略晒去湿润，沙拌藏竹篓中，勿令冻损，俟春旺时种之。茶喜丛生，先治地平正，行间疏密，纵横各二尺许。每一坑下子一掬，覆以焦土，不宜太厚。次年分植，三年便可摘取。”“茶地斜坡为佳，聚水向阴之处，茶品遂劣。故一山之中，美恶相悬。”“茶根土实，草木杂生则不茂。春时剃草，春夏间锄掘三四遍，则次年抽茶更盛。”“茶园不宜杂以恶木，惟桂、梅、辛夷、玉兰、苍松、翠竹之类，与之间植，亦足以蔽覆霜雪，掩映秋阳。其下可莳芳兰、幽菊及诸清芬之品。最忌与菜畦相逼，不免秽污渗漉，滓厥清真。”

明代高元濬《茶乘》“艺法”，即艺茶法，艺取其本义种植。其内容大抵源自罗廪《茶解》“艺”条。

清末陈元辅《枕山楼茶略》“树艺”:“艺茶欲茂，法如种瓜，三岁可采。”江志伊《种茶法》“培养”:“凡艺茶，于去莠、通风二事宜注意。新种之苗，勤加培养。……今艺茶者既不添植新株，复不培养旧本。”这里的艺茶，即为茶树种植。

清末杞庐主人《时务通考卷十七·商务四·茶叶》(清光绪二十三年点石斋石印本)“种茶之地雍石膏”:“……至于采、蒸、揉、焙、修、制等法，见于《茶经》《茶谱》者，固已详备。尤须参以新法，见抵至精，此茶艺之大略也。”从标题“种茶之地雍石膏”可知，本节内容是谈“种茶”，也即谈“茶树种植”。这里的“茶艺”实即“艺茶”的词序倒装，将种植茶树倒序为茶树种植。“茶艺”的原初含义就是茶树种植，见于1897年。

尽管杞庐主人的“茶艺”还是取“艺”的本义种植，但是对“茶艺”一词的创立起到奠基的作用。

三、从茶之艺到茶艺

五代陶穀《荈茗录·乳妖》：“吴僧文了善烹茶。游荆南，高保勉白于季兴，延置紫云庵，日试其艺。”文了善候汤烹茶，人称其汤神，其“艺”当为“烹茶之艺”。《茗荈录·生成盏》：“馔茶而幻出物象于汤面者，茶匠通神之艺也。”注汤幻茶成物象，成诗句，这种“通神之艺”当属“点茶之艺”。陶穀《乳妖》和《生成盏》里的“艺”当作“技艺”解。

北宋陈师道在为陆羽《茶经》所作前序云：“夫茶之为艺下矣。”“茶之为艺”之“艺”，应包括煎茶、制茶甚至种茶之艺，即各种茶之艺。陈师道这里所说的“艺”，应作“技艺”解。

中国现代茶业奠基人之一的胡浩川于民国二十九年（1940），在为安徽茶人傅宏镇所辑《中外茶业艺文志》一书所作的“叙”称：“有宋以迄晚近，地上有人饮水之处，即几无不有饮茶之风习，亦即几无不有茶之艺文也。幼文先生即其所见，并其所知，辑成此书，津梁茶艺。其大裨助乎吾人者，约有三端：今之有志茶艺者，每苦阅读凭藉之太少，昧然求之，又复漫无着落。物无可物，莫知所取；名无可名，莫知所指。自今而后，即本书所载，按图索骥，稍多时日，将必搜之而不尽，用之而不竭。凭其成绩，弘我新知，其乐为何如也，此其一。技术作业，同其体用者，多能后胜乎前。茶之艺事，既已遍及海外。科学应用，又复日精月微，分工尤以愈细。吾人研究，专其一事，则求所供应，亦可问途于此。开物成务，存乎取舍之间；实验发明，参乎体用之际。博取精用，无间中外，其乐又何如也，此其二。吾国物艺，每多绝学。……”胡浩川这里所说的“茶艺”是与“园艺”“农艺”并列的一种“物艺”，是中国诸多“物艺”的一种。胡浩川的“茶艺”乃“茶之艺事”，是包括茶树种植、茶叶加工，乃至茶叶品评在内的茶之艺——有关茶的各种技艺。这里的“艺”也作“技艺”解。

1948年，台湾省政府委员兼农林处处长徐庆钟为《台湾茶业》杂志创刊号题词“发扬茶艺”，此处“茶艺”是指茶的种植和加工技术。

从1974年秋天开始，一年多时间里，记者郁愚在《台湾新闻报》“家庭”副刊发表30多篇茶文，最后整理汇集成《茶事茶话》（台北世界文物出版社，

1975年）一书。其中便有《遵古炮制论茶艺》，这里的“茶艺”即为“造茶工艺、藏茶法、品茶艺术”。

胡浩川、徐庆钟、郁愚的“茶艺”概念，已经超越杞庐主人的“茶艺”概念，从茶树种植延伸到茶叶制作、品鉴等方面，在现代茶艺概念的确立中起到承前启后的作用。

四、从茶道到茶艺

中唐封演《封氏闻见记》卷六“饮茶”：“楚人陆鸿渐为《茶论》，言茶之功效并煎茶炙茶之法，造茶具二十四事，……有常伯熊者，又因鸿渐之《论》广润色之。于是茶道大行，王公朝士无不饮者。”“御史大夫李季卿宣慰江南，至临淮县馆。或言伯熊善茶者，李公请为之。伯熊著黄被衫乌纱帽，手执茶器，口通茶名，区分指点，……既到江外，又言鸿渐能茶者，李公复请为之。鸿渐身衣野服，随茶具而入。既坐，教摊如伯熊故事。”封演说陆羽著《茶论》，常伯熊对《茶论》“广润色之”，导致中唐“茶道大行”。陆羽和常伯熊的“茶道”为何？《茶论》言“煎茶炙茶之法”，“造茶具二十四事”。常伯熊“手执茶器，口通茶名，区分指点”，陆羽“教摊如伯熊故事”，如此“茶道”实乃“茶艺”，特指中晚唐流行的煎茶技艺。

晚明张源《茶录·茶道》：“造时精，藏时燥，泡时洁，精、燥、洁，茶道尽矣。”张源的“茶道”概念含义较广，包括造茶、藏茶、泡茶之法。

晚明陈继儒《白石樵真稿》卷二十二《偶然书杂》“书岕茶别论”：“……第蒸、采、烹、洗，悉与古法不同。而喃喃者犹持陆鸿渐之《经》、蔡君谟之《录》而祖之，以为茶道在是……”陈继儒的“茶道”则包括“蒸、采、烹、洗”的“制茶、泡茶”之法。

“1977年，以中国民俗学会理事长娄子匡教授为主的一批茶的爱好者，倡议弘扬茶文化，为了恢复弘扬品饮茗茶的民俗，有人提出‘茶道’这个词；但是，有人指出‘茶道’虽然建立于中国，但已被日本专美于前，如果现在援用‘茶道’，恐怕引起误会，以为是把日本茶道搬到台湾来；另一个顾虑，是怕‘茶道’这个名词过于严肃，中国人向来对于‘道’字是特别敬重的，感觉高不可攀，要很快且普遍被大家接受，可能不容易。于是又有人提出‘茶艺’这个名词。经过一番讨论，大家同意才定案。”[①] 台湾茶界当初提出“茶艺”是作为“茶道”的代名词。

1978年9月4日，台北中国功夫茶馆在《中央日报》刊出整版广告。其

① 范增平．茶艺学（修订版）．台北：万卷楼图书有限公司，2002.

中《识茶入门》由原台湾地区制茶业同业公会总干事林馥泉撰写，文中谈道："中国自然有其'茶道'。茶祖师陆羽（727—804）著《茶经》，可以说是中国第一部'茶道'之书。中国称'茶道'为'茶艺'，是单纯在讲究饮茶之养生和茶之享用方法。"林馥泉的"茶道"即"茶艺"，除"讲究饮茶之养生"外，主要体现在"茶之享用方法"，即茶叶冲泡和品饮方法。

1979年7月，陈丁茂在《人生与茶》（台北德龙出版社）的自序中说："加以整理汇成本集，期能唤起国人品茗以及研究茶艺的兴趣，进而使我们均能移奢风之俗于返璞归真，琢磨刚强之根性于柔韧，启迪蒙蔽之灵智于颖睿，并借以弘扬我国久待倡导发扬的茶艺（茶道），终而臻至民贤国强之域。"陈丁茂视茶道与茶艺同一。

刘汉介在1983年出版的《中国茶艺》（台北礼来出版社）说："所谓茶道就是指品茗的方法和意境。"黄墩岩的《中华茶道》（台北畅文出版社，1984）实际内容即是中华茶艺。刘汉介、黄墩岩都将茶道与茶艺等同。

吴振铎在1987年的《中华茶艺杂志创刊词》中说："'茶艺'……是广义的'茶道'，与农业、艺术、文学等有密切的关联。"① 吴振铎也视茶道为茶艺。

"道"的本义是路，后来又引申为规律、规范、原则、法度、引导、方式、方法、途径、技艺、言说、学说、理论、真理、本体、本原、终极实在等多义。因此，茶道的含义也有多重。若从方法和技艺的角度而言，茶道可以理解为茶艺，乃指各种习茶的方法和技艺。

五、从广义到狭义

"茶艺"一词首见于清末，再见于20世纪40年代初，确立于20世纪70年代的台湾。20世纪80年代以后，茶艺在中国迅速传播。初期的茶艺内涵，基本沿袭胡浩川的"茶之艺事"。20世纪90年代之后，茶艺内涵从广义的茶之艺事、各种习茶技艺，演变为狭义的饮茶艺术。

1982年，吴振铎在茶艺协会成立大会上说："茶艺是茶叶产、制、销的技艺，与饮茶艺术生活的'融合'与'升华'。"② 吴振铎认为茶艺包括茶叶产、制、销的技艺与饮茶艺术。

1984年，蔡荣章出版了第1版《现代茶艺（第一册）》（台北中视文化事业股份有限公司），从书的目录看，分别为"第一章　茶叶制造""第二章　茶树栽培""第三章　茶叶的认识""第四章　茶叶的鉴赏"等，由此可见，蔡荣

①② 吴振铎．中华茶艺杂志创刊词．中华茶艺，1987（1）：1.

章的茶艺是包含茶树种植茶叶加工和茶叶评鉴的。同时他还说："茶艺生活应包括哪些呢？从茶树种植、茶叶的制造、茶叶化学与评鉴，到茶叶的冲泡、茶艺文学美术与音乐、茶与健康、茶叶经济等。"①

"从这里，我们知道茶艺的涵盖范围很广，举凡有关茶叶的产、制、销、用等一系列的过程，都是茶艺的范围。""茶艺内容的综合表现就是茶文化。""所谓茶艺学，简单的定义：就是研究茶的科学，是针对茶的植物特征和文化特征，加以综合性地研究茶的物质功能、操作艺术和品茗意境，强调茶之间的差异性、品位和人文的特色。"② 范增平的茶艺概念范围很广，几乎成了茶文化乃至茶学的同义词。

"茶艺，就是人类种茶、制茶、用茶的方法与程式。"③"茶艺与茶道精神，是中国茶文化的核心。我们这里所说的'艺'，是指制茶、烹茶、品茶等艺茶之术；"④"茶艺指制茶、烹茶、饮茶的技术。"⑤"'茶艺'是有形的，……包括了种茶、制茶、泡茶、敬茶、品茶等一系列茶事活动中的技巧和技艺。"⑥ 陈香白、王玲、丁文、林治的茶艺概念泛指种茶、制茶、烹茶、品茶的技艺。

从 20 世纪 70 年代到 90 年代，广义的茶艺概念占据茶文化界的主流。但是从 20 世纪 90 年代开始，狭义的茶艺概念逐渐兴起。21 世纪后，狭义的茶艺概念得到普遍认可。

"茶艺应该就是专指泡茶的技艺和品茶的艺术而言。"⑦"茶艺是指泡茶与饮茶的技艺。"⑧"茶艺即饮茶艺术，是艺术性的饮茶，是饮茶生活艺术化。"⑨ 陈文华、陈宗懋、丁以寿等都认为茶艺只是饮茶的艺术，不含加工和种植之艺，而且这里的"艺"乃是指艺术。

21 世纪出版的有关茶艺的代表性教材和著作，如童启庆、寿英姿编著《生活茶艺》（金盾出版社，2000 年），丁以寿主编《中华茶艺》（安徽教育出版社，2008 年）、《茶艺》（中国农业出版社，2014 年），陈文华主编《中国茶艺学》（江西教育出版社，2009 年），林治主编《中国茶艺学》（西安世界图书出版公司，2011 年），朱红缨著《中国式日常生活：茶艺文化》（中国社会科学出版社，2013 年）、《中国茶艺文化》（中国农业出版社，2019 年），余悦主

---

① 蔡荣章．现代茶艺（第一册）．台北：中视文化事业股份有限公司，1987.

② 范增平．茶艺学（修订版）．台北：万卷楼图书有限公司，2002.

③ 陈香白，陈再粦．"茶艺"论释．农业考古，2001（2）：30－31.

④ 王玲．中国茶文化．北京：中国书店，1992.

⑤ 丁文．中国茶道．西安：陕西旅游出版社，1998.

⑥ 林治．中国茶道．北京：中华工商联合出版社，2000.

⑦ 陈文华．论当前茶艺表演中的一些问题．农业考古，2001（2）：11.

⑧ 陈宗懋．中国茶叶大辞典．北京：中国轻工业社出版社，2001.

⑨ 丁以寿．中华茶艺概念诠释．农业考古，2002（2）：139－144.

编《中华茶艺（上）》（中央广播电视大学出版社，2014 年）、《中华茶艺（下）》（中央广播电视大学出版社，2015 年），均秉取狭义的茶艺概念。

六、结　　语

“艺”的本义是种植。种植草木是一门技术，所以“艺”又引申为“技术、技能、技艺”等义。一定的技艺，如果能达到出神入化的地步，会给人以艺术性的享受，故“艺”又有艺术之义。从艺茶到茶艺，艺取其本义种植，茶艺为茶树种植，始见于 19 世纪末。从茶之艺到茶艺，艺取其引申义技艺，茶艺为茶之艺事，始见于 20 世纪 40 年代。从茶道到茶艺，艺取其引申义技艺，茶艺为茶之技艺，始见于 20 世纪 70 年代。从广义的茶艺最终演变成狭义的茶艺，艺取其引申义艺术，茶艺为饮茶的艺术。从 20 世纪 70 年代到 90 年代，广义的茶艺概念占据茶文化界的主流。但是从 20 世纪 90 年代开始，狭义的茶艺概念逐渐兴起。21 世纪后，狭义的茶艺概念得到普遍认可。

源远流长的池州茶文化

尹文汉

一、古代池州茶

茶，南方嘉木，我国的茶主要产于南方。安徽处于南北交界之地，安徽的茶主要产于皖南与皖西的山区。“天下名山，必产灵草，江南地暖，故独宜茶。”池州地处安徽南部，北毗长江，南临高山，辖贵池、东至、石台、青阳三县一区，内有九华山、仙寓山、牯牛降，自古以来就是重要的产茶区。江志伊在《种茶法》一书中说道：“中国产茶之地，略在赤道北纬二十五度至三十一度，佳者产二十七度至三十一度之间。”池州正处在北纬30°这一条中国最美风景线上，暖湿性亚热带季风气候，年平均气温16℃左右，年均日照达1 930小时以上，年均无霜期超220天，年均降水量在1 690毫米左右，四季分明，日照时间长，降雨丰沛，光、水、热资源丰富，土壤有机物质丰富，全市生态环境优美，森林覆盖率高达58%，山地丘陵面积占总面积70%，地形高低起伏，云雾环绕，是茶树生长的最佳之地。

两汉三国时期，茶已经从巴蜀地区传到长江中下游。到了两晋南北朝时期，茶叶已被较为广泛地种植。茶兴于唐，而盛于宋。唐代茶圣陆羽《茶经》一书，对茶的起源、种类、特征、制法、烹蒸、茶具、水的品第、饮茶风俗进行全面论述，推波助澜，茶道大兴，在茶文化史上具有划时代的意义。池州的茶，就在唐代茶文化兴盛之际浮出水面。

【至德茶】唐代杨晔在《膳夫经手录》中记载：“蕲州茶、鄂州茶、至德茶，以上三处出者，并方巾厚片，自陈、蔡以北，幽、并以南，人皆尚之。”至德，在今天东至县境内。东至县由原东流县与至德县合并而成。至德茶，是以茶叶产地至德命名，或者是以茶叶集散地至德命名，不管怎么说，至德茶，是池州的茶。唐代的茶分为片茶与散茶。至德茶“方巾厚片”，可见是一种片茶，就是经过紧压成片或成团的茶，也叫团茶，或者饼茶。至德茶当时已经卖到陈州、蔡州以北，幽州、并州以南即今天河南、河北和山西等广大地区，并

作者简介：尹文汉，池州学院马克思主义学院教授，安徽省茶文化研究会副会长。

为当地人所崇尚、喜爱。

【池阳凤岭】“池阳凤岭”，这是一款非常了不起的茶，被当时的人称为茶之极品。五代前蜀时期毛文锡在他撰写的《茶谱》中这样记载：“其土产各有优劣：建州北苑、先春、龙焙；洪州西山白露、双井白芽、鹤岭；湖州顾渚紫笋；常州义兴紫笋、阳春羡；池阳凤岭；睦州鸠坑；宣州阳坡……皆茶之极品也。”池阳，是古代的贵池。池阳凤岭，是以产地命名。毛文锡以上所列的这些茶如建州北苑、湖州顾渚紫笋、常州阳春羡、宣州阳坡等，是当时最好的茶，上等的茶，共22种，“池阳凤岭”名列其中，可见当时池州的茶，品质已经达到极致。只是这一款茶，后来并没有传承下来。宋代陈景沂《全芳备祖·后集》卷二八、谢维新《古今合璧事类备要·外集》卷四二、明代龙膺《蒙史》等书中虽然仍有记载，但都是抄录毛文锡《茶谱》中的话，记载唐朝之事。记载宋代茶的书籍和相关史料中，池州的茶已不提“池阳凤岭”。

【杜牧茶诗】唐代大诗人杜牧在会昌年间任池州刺史，写下了著名的《清明》诗。杜牧也曾在秋季与朋友携酒游齐山翠微亭，写下了《九日齐山登高》。杜牧在这两首诗里，都提到酒，说明他很好酒。然而，很多人不知道，杜牧其实还是一位爱茶之人，一生写了很多茶诗。他不仅携酒出游，有时也携茶出游。如这首在池州写的《游池州林泉寺金碧洞》：

袖拂霜林下石棱，潺湲声断满溪冰。携茶腊月游金碧，合有文章病茂陵。

林泉寺在池州城西。杜牧任池州刺史时，正碰上“会昌法难”，唐武宗宣布全国整治佛教，要求僧尼还俗，寺院拆毁。杜牧没有办法，只得废掉位于府治西郊的林泉寺。此次出游，目的地就是他废掉的林泉寺内的金碧洞。此时已是寒冬腊月，霜满郊林，溪水结冰，寺院已废，不能再在寺内与禅师对坐品茶，他只能自带茶水。“病茂林”指的是汉代司马相如，他罢官后住在茂林这个地方，生一种病，常常口渴。杜牧这句话的意思，是说他携茶游历，茶可以解旅途之渴。他应该写一首诗，将这个事情告诉患有口渴病的司马相如。

杜牧还有一首著名茶诗《春日茶山病不饮酒，因呈宾客》，有人以为是杜牧在湖州所写，但宋代叶廷珪《海录碎事》收录此诗，题为《池州茶山病不饮酒》，认为此诗是在池州所写：

笙歌登画船，十日清明前。山秀白云腻，溪光红粉鲜。

欲开未开花，半阴半晴天。谁知病太守，犹得作茶仙。

这最后一句，“谁知病太守，犹得作茶仙”，可谓名句。由于身体有恙，不能饮酒，这又有什么关系呢？李白做诗仙，我们茶山有茶，正好可以做一回茶仙！

【宋代池州名茶】唐代晚期，官府开始对茶叶实行征税、管制和专卖的措施，这个制度叫做榷茶。《旧唐书·穆宗本纪》记载，在长庆元年（821），“加茶榷”。唐文宗太和九年（835），王涯为宰相，极言榷茶之利，设置榷茶使，茶叶的生产和贸易全部归官府经营。杜牧在池州任刺史时，榷茶制度已经实行。到宋代，榷茶制度走向成熟，官府对茶叶的生产与经营都有了详细的记载，这为我们了解当时的茶叶生产销售提供了便利。宋代记载池州茶的官方史料较多，《宋史》《宋会要》都有记载。仅以《宋会要·食货志》为例：

“凡片茶：龙、凤、的乳、白乳、头金、蜡面、次骨、第三骨、末骨、山茶，以上建茶；的乳、白乳、蜡面、头金、次骨、第三骨、山铤，以上南剑州；华英、先春、来泉，以上歙州；庆合、福合、运合、头骨，以上池州；庆合、运合、仙芝、不及号、头金、蜡面、头骨，以上饶州……”

“凡散茶：上、中、下号，以上庐州；上、中、下号，以上寿州；上、中、下号，以上舒州；上、中、下号，以上光州……茗茶、末散茶、屑茶，以上池州；末茶、粗茶，以上饶州……”

宋代，池州与饶州接壤，茶的生产与经营基本相同，很多史料中都是饶州、池州并称。元代马端临《文献通考》辟专章考证榷茶，谈及饶州和池州茶：“凡茶有二类，曰片，曰散。……仙芝、嫩蕊、福合、禄合、运合、庆合、指合，出饶、池州。”

明代程百二《品茶要录补》在“山川异产”条中记载：“饶、池之仙芝、福合、禄合、运合、庆合。”

明代陈继儒《茶董补》一书有与程百二《品茶要录补》相同的记载。从这些文献中，我们知道宋代以来，池州生产的茶有两种：片茶和散茶。茶的品牌与饶州茶品牌基本一致，在当时都很著名。片茶主要有仙芝、嫩蕊、福合、禄合、运合、庆合、指合 7 个品牌，散茶有茗茶、末散茶、屑茶。

宋时池州的茶产量有多少呢?《宋会要·食货志》有两处记载，一处记载官府的买茶额，即从茶农那里收购来的茶叶总量，处于江南东路的池州，全年收购茶叶十五万六千六百八十七斤；另一处记载绍兴三十二年（1162）的茶额：“池州：贵池、青阳、石埭、建德，二十八万四百八十九斤。”

从这些数据来看，宋代池州的茶叶产量很大，数字相当惊人。官府对茶叶征税、专营，开始是为了军事需要，茶马互市，用国内的茶叶与边疆少数民族换马匹。边疆少数民族因长期食肉，需要饮茶来帮助消化，对茶的需要是刚需，需求量大。后来，榷茶成了国家的常规制度。陕西、四川一带的茶，官府直接经营，用于茶马互市，物物交换；长江中下游一带的茶，则通过榷货务，专买专卖，赚取巨额差价，所得银两充实国库；各地所产上等好茶，则作为贡品，进献朝廷。《宋史》记载：“榷茶之制，择要会之地，曰江陵府、曰真州府、曰海州、曰汉阳军、曰无为军、曰蕲州之蕲口，为榷货务六。”

这是当时官府设置的六个茶叶买卖的地方。池州的茶叶，就是通过榷货务来进行贸易，主要的地点是无为军和真州府。据《宋会要·食货志》记载，当时买茶价，即官府收购价：

“池州片茶：庆合，每斤百三十二文；福合，百二十一文；运合，百一十文；不及号，七十七文。散茶，十三文。”

卖茶价，则每个榷货务有所区别，真州榷货务：“池州片茶：庆合，每斤五百三十四文；福合，四百九十二文；运合，四百九十文；不及号，三百八十七文。”

无为军榷货务：“池州：福合，四百六十一文；庆合，五百九文；运合，四百二十五文；不及号，三百七十文。”

我们可以依据以上数据来做一个表格，对茶叶的买卖价格进行对比。

宋代池州茶买卖价格表

单位：文/斤

品牌	买入价	真州榷货务卖出价	无为军榷货务卖出价
庆合	132	534	509
福合	121	492	461
运合	110	490	425
不及号	77	387	370
散茶	13	—	—

我们会发现，宋代池州茶叶专营的利润很高，卖出价基本保持在买入价的4倍左右。

【采茶官梅尧臣】梅尧臣是宋代著名的文学家。他在北宋景佑元年（1034）任建德（今东至县）县令，到景佑五年（1038）离任，在建德县为官5年。他出生农家，小时候家境贫苦，因此他非常体察民情。在任时，他常常深入茶区，了解茶农的生活情况。梅尧臣一生写了很多的茶诗，与他在建德任县令这段经历有关。在他深入茶区，亲自考察了茶叶的生长气候，茶农采摘、制作、出售茶叶等情况后，写下了著名的《南有佳茗赋》。写罢掷笔，捋须含笑说：“我乃采茶官也!”《南有佳茗赋》全文如下：

“南有山原兮，不凿不营，乃产嘉茗兮，嚣此众氓。土膏脉动兮，雷始发声，万木之气未通兮，此已吐乎纤萌。一之日雀舌露，掇而制之，以奉乎王庭。二之日鸟喙长，撷而焙之，以备乎公卿。三之日枪旗耸，搴而炕之，将求乎利赢。四之日嫩茎茂，团而范之，来充乎赋征。当此时也，女废蚕织，男废农耕，夜不得息，昼不得停。取之由一叶而至一掬，输之若百谷之赴巨溟。华夷蛮貊，固日饮而无厌；富贵贫贱，不时啜而不宁。所以小民冒险而竞鬻，孰谓峻法之与严刑。呜呼！古者圣人为之丝枲絺绤而民始衣。播之禾麦菽粟而民不饥，畜之牛羊犬豕而甘脆不遗。调之辛酸咸苦而五味适宜，造之酒醴而燕飨之，树之果蔬而荐羞之，于兹可谓备矣。何彼茗无一胜焉，而竟进于今之时？抑非近世之人，体惰不勤，饱食粱肉，坐以生疾，藉以灵荈而消腑胃之宿陈？若然，则斯茗也，不得不谓之无益于尔身，无功于尔民也哉！”

全文充满了对茶农的体恤之情。茶农采的茶共四批，头批好茶要送给王庭，第二批茶要送给公卿，第三批茶才可以用来营利挣钱，第四批茶则要充征赋税。在茶季里，“女废蚕织，男废农耕，夜不得息，昼不得停”。百姓们为了生存，辛勤劳作，甚至冒着受严刑峻法的危险私卖茶叶。他说，古代圣人教民耕稼酿造，无一不是为了有益于人民，而这茶的作用是什么？难道是为了给那些“体惰不勤、饱食粱肉、坐以生疾”的人，帮助他们消化肚里的积食吗？梅尧臣的这篇赋，批判了当时社会的不公平，为茶农鸣不平。当然，也为我们了解当时茶叶的生产与流通情况提供了一手的资料。

【万里茶道上的池州珠兰茶】珠兰茶，又称朱兰茶、千两茶、千两朱兰茶，是万里茶道上的优质名茶。2013 年 3 月，习近平总书记在俄罗斯莫斯科国际关系学院演讲时提到“继 17 世纪的万里茶道之后，中俄油气管道成为联通两国新的世纪动脉”，引发了社会各界对万里茶道的广泛关注。全长 1.4 万公里的“万里茶道”是一条始于 17 世纪的国际古商道，它南起中国福建武夷山，经江西、安徽、湖南、湖北、河南、河北、山西、内蒙古向北延伸，途经蒙古国，抵达俄罗斯，是欧亚大陆重要的经济文化交流通道，其参与人口之多、行经的区域之广、商品流通量之大、对历史文化影响之深，可以与“丝绸之路”相媲美。产自皖南尤其是池州东至的珠兰茶，一方面通过万里茶道远销蒙古国、俄罗斯，另一方面通过西域售往欧洲。

据《益闻录》记载（1883 年 6 月 27 日）：“建德为产茶之区，绿叶青芽茗香遍地。向由山西客贩至北地归化城一带出售。”又据《筹办夷务始末》所载：“朱兰茶，实系安徽建德所产。所经之路，由归化城走喀尔喀部落，即至库伦。由库伦即至恰克图。由恰克图出向俄边，即由俄边卖于西洋诸商。此项千两朱兰茶，惟西洋人日所必需。”

东至生产的千两朱兰茶，形似珠螺而兰香馥郁，是高品质的绿茶。茶商以特制的枫木箱或其他材质柔韧结实的长条形木箱封装，每箱重一千两。长途运销，马可驮两箱，骆驼可驮四箱，成为万里茶道上的佼佼者。

【清代池州茶对外出口】到了清代，尤其是康乾盛世时期，中外通商，茶叶成为中国出口的主要货物之一。据《清史稿·食货志》记载：

“厥后泰西诸国通商，茶务因之一变。其市场大者有三：曰汉口，曰上海，曰福州。汉口之茶，来自湖南、江西、安徽，合本省所产，溯汉水运于河南、陕西、青海、新疆，其输至俄罗斯者，皆砖茶也。上海之茶尤盛，自本省所产外，多有湖广、江西、安徽、浙江、福建诸茶。江西、安徽红绿茶多售于欧美各国。浙江绍兴茶输至美国，宁波茶输至日本。福州红茶多输至美洲及南洋群岛。”

清代，中国的茶叶销往世界各地，向北销往俄罗斯，向东销往日本、美国，向南销往南洋群岛，向西销往欧洲。安徽的茶主要通过汉口和上海两个大的市场销售。池州的茶，也包括在其中。汉口市场的茶主要销往河南、陕西、青海、新疆，远至俄罗斯。上海市场，安徽的红茶和绿茶，主要销往欧美各国。当然，除了上述市场之外，东南沿海城市也是茶叶外销的重要区域。如广州，著名的瑞典远洋商船哥德堡号在1739—1745年短短六年之中，就三次来广州采购中国货物，一次往返需要一年半的时间，他们采购的货物最主要的就是茶叶、瓷器、丝绸等。1745年，哥德堡号第三次来中国采购货物，回到瑞典时不幸沉没，当时打捞上岸的茶叶竟达30吨。两百多年后，1984年人们发现沉船残骸，并开始打捞，在打捞到的物品中，发现有大量茶叶，那些装在精致密封瓷器中的茶叶在两百年之后竟然仍能饮用。这些茶叶很多来自安徽，包括黄山的松萝茶和池州的雾里青。这是安徽和池州的茶叶在两百多年前销往欧洲的历史见证。雾里青是一款绿茶，是宋代池州嫩蕊茶的延续，在明代一度成为进献皇室的贡品。

二、九华茶事

说茶，不能不提佛门之茶。茶事的兴起，饮茶之风的流播，以及茶道的形成与传播，佛门作了很大的贡献。茶圣陆羽就是由竟陵龙盖寺智积禅师抚养成人，在寺院中长大。一方面，僧人们在寺院修行，日常运动量不够大，需要以茶来助消化。另一方面，他们每天都要打坐诵经，容易昏沉，茶又可以提神醒脑。因此，茶首先在寺院之中流行开来。唐代是中国佛教最为发达的时代，寺院遍及各州各县。南方很多山林中的寺院，践行“一日不作，一日不食”的农禅精神，开始自己种茶，自己制茶，满足寺院饮茶的需求。北方的寺院，也向南方寺院学习。当然，北方温度低，不宜种植茶树，他们只是学习饮茶。据唐代封演撰《封氏闻见记》记载：

“茶，……南人好饮之，北人初不多饮。开元（713—741）中，泰山灵岩寺有降魔师，大兴禅教。学禅务于不寐，又不夕食，皆许其饮茶。人自怀挟，到处煮饮，从此转相仿效，遂成风俗。起自邹、齐、沧、棣，渐至京邑。城市多开店铺，煎茶卖之，不问道俗，投钱取饮。其茶，自江淮而来，色额甚多。”

这是关于佛门饮茶较早的记载，当北方寺院开始饮茶之时，南方寺院早已饮茶了。唐代的池州是一个佛教重镇，一方面是九华山佛教兴起，另一方面是禅宗传入池州。我们先来讲九华山佛门的茶事。

【新罗王子卓锡九华】据唐代费冠卿《九华山化城寺记》的记载，在开元末年，有一位俗姓张、法名叫檀号的僧人在九华山弘扬佛教，受到胡彦等乡老的礼敬，但因"触时豪所嫉"，被赶出山。就在这时，一位来自异国他乡的僧人来到了九华山，选择在今天九华街一带独自修行。他的法号叫地藏，是新罗国王子，俗姓金，人们习惯称他为金地藏。唐朝时，新罗与我国关系很好，交往频繁，很多新罗人来中国学习。到至德初（756—758），当地乡绅诸葛节等人发现金地藏一个人在深山艰苦修行，深受感动，就出钱买地，帮忙建寺院，请他住持。至建中（780—783）年间，池州太守张岩上奏朝廷，得朝廷赐匾额"化城寺"。金地藏在九华山住了七十五年，九十九岁时圆寂。圆寂以后，肉身三年不腐，加上他生前的艰苦修行，法号"地藏"和其他一些神异现象，人们便认为他是地藏菩萨的应化。九华山地藏菩萨道场的说法就是这样来的。费冠卿写这篇记的时候，距离金地藏圆寂只有二十多年，而且他又是九华山人，一直生活在九华山，所以这篇文章是比较可信的。

【金地茶】了解了金地藏的简单经历之后，我们来谈谈他与茶的故事。我们先说金地茶。先看下面这首《金地茶》诗："瘦茎尖叶带余馨，细嚼能令困自醒。一段山间奇绝事，会须添入品茶经。"

这是南宋末年九华山人陈岩写的一首诗，专门写金地茶。陈岩是一个隐士，多次考进士没考上。进入元朝后，便隐居九华山不出。他喜欢诗歌，游遍九华，诗也写遍九华的名胜与物产。后人把他的诗辑成《九华诗集》，共 210 首。他每写一首诗，都在诗题下做一个小注，作为说明。这些小注很有史料价值，是目前研究九华山较早期的重要史料。陈岩的这首《金地茶》，不仅描述了茶的形状、香气和功效，还说金地茶是"一段山间奇绝事"，应当添入品茶之经中去。是什么奇绝事呢？他在题下自己作了注释："出九峰山，相传金地藏自西域携至。"

他这是说，当时有传说，金地茶是金地藏带来，种植在九华山的。他还说，这款茶应该列入品茶经，果不其然，清代陆廷灿编《续茶经》就收录了"金地茶"：

"金地茶，西域僧金地藏所植，今传枝梗空筒者是。大抵烟霞云雾之中，气候湿润，与地上者不同，味自异也。"

从陈岩到陆廷灿的记载可知，金地茶一直在九华山种植，从宋代至清代，是九华山的一款名茶。这款空梗茶，今天犹可见到，称为"南苔空心"。茶叶制成之后，梗内空心，比重下降，开水冲泡之后，所有的茶叶全部竖立起来。佛门人士认为茶叶树立的形状，像是在拜佛。现在南苔空心茶产地在小天台南苔庵一带。但在过去，产地是在茗地源。有人认为茗地源也是一款茶，这是不对的。茗地源，就是指种植茶树的地方。我们再用宋代陈岩《九华诗集》中的史料来讲，尽管明清时代的《九华山志》和《青阳县志》记载得可能更详，但都不如陈岩的资料早。陈岩在《化城寺》一诗的题下有这样的注释：

“唐建中中，金地藏依止禅众，有平田数千亩，种黄粒稻。田之上植茶，异于他处，谓茗地源。亭后有五钗松，结实香美。皆自新罗移植。”

他这里讲的茗地源，并不是指所植之茶，而是植茶的地方。陈岩说的意思，是金地藏在数千亩的田中种植黄粒稻，在田的上方种植茶树，又在亭后种五钗松。黄粒稻、茶树和五杈松都来自新罗。陈岩还专门写了一首诗《茗地源》，诗题下自注：“晏坐岩北溪上，产茗，味殊佳。”这首诗是放在“名胜”中，而不是在“物产”中。

暖风吹长紫芽茎，人向山头就水烹。陆羽傥曾经此地，谷帘安得擅佳名。

陈岩在诗中不仅赞赏茶，为紫芽，陆羽《茶经》中认为，阳崖阴林中的茶，紫者上，绿者次之，而且还赞赏茗地源的水好。他说，如果陆羽曾经来过这里，用这里的水烹这里的茶，就不会让“谷帘”擅得佳名了。“谷帘”是庐山的谷帘泉。陆羽在《茶经》里评论天下的水，以谷帘为最佳。

【金地藏饮茶的故事】说了金地藏种茶的故事，我们再来说说他饮茶的故事。九华山有一座山，叫煎茶峰。我国饮茶的方式，在唐代主要是煎茶，宋代是点茶，清代以来才有我们现在这种泡茶。九华山煎茶峰的来历，与唐代高僧金地藏有关。我们先看陈岩的《煎茶峰》诗：“缓火烘来活水煎，山头卓锡取清泉。品茶懒检茶经看，舌本无非有味禅。”

陈岩在诗题下自注：“昔金地藏招道侣于峰前汲泉烹茗。”他说得很清楚，这个地方，就是金地藏当年与道侣们一起汲泉烹茗的地方。僧人们在山中修行，常常选一处安静雅致的地方，一起品茶论道。金地藏是一位爱茶之人，常以茶席主人的身份邀请朋友来这个有清泉可汲的山峰烹茗品茶。后人为了纪念这一茶林雅事，便把这个山峰命名为煎茶峰。陈岩这首诗，既讲烹茶的要领，要用缓火慢烘，水要取清泉活水，也有点禅意，就是讲品茶，完全没必要依赖什么茶经，要相信自己的直觉，相信自己的经验，禅讲究的就是当下体认，当下感悟。陈岩还有另外一首题为《煎茶峰》的诗：“春山细摘紫英芽，碧玉瓯中散乳花。六尺禅床支瘦骨，心安不恼睡中蛇。”

这首茶诗也带有禅意，通过饮茶，达到心安的效果。春天仔细摘来紫芽做成茶，现在磨成绿色的茶粉，投入水中，有如碧玉云中。用茶筅搅动，白色乳花渐渐生成。多么美好的场景！蛇，指的是烦恼，是心中的杂念。在这个品茶过程中，心当下安住，没有了烦恼，没有了杂念。

金地藏饮茶，还有一个故事。在《全唐诗》，收录了金地藏的一首诗。全诗如下：

送童子下山

空门寂寞汝思家，礼别云房下九华。爱向竹栏骑竹马，懒于金地聚金沙。

添瓶涧底休招月，烹茗瓯中罢弄花。好去不须频下泪，老僧相伴有烟霞。

这首诗，在《九华山志》等地方文献中有不同的版本，主要不同之处在第三联“添瓶涧底休招月，烹茗瓯中罢弄花”上，有的版本写成“瓶添涧底休拈月，钵洗池中罢弄花”。如果以后者的说法，这首诗与茶无关。我们以《全唐诗》的版本为可信。在九华山有一个关于这位童子的传说。这位童子的爷爷带着他来九华山礼佛，他的爷爷不幸受到老虎攻击去世。金地藏救了这个童子，一直带在身边，教他读书识字，诵经烹茶。数年之后，他的母亲来山寻找，母子终于相见。童子毕竟年少，爱玩，想家，所以辞别师父，要跟随母亲回家。这首诗就是在这个情境下写的。我们暂不管这个传说真实与否。从诗来看，这是一首送别诗，年老的金地藏送别他的童子，因为童子想家了，要回家了。两人依依惜别，金地藏写诗一再叮咛。他理解童子年少爱玩，天真活泼，受不了空门的寂寞，同意他回家。但他在诗中写到茶事，他再叮嘱，你在一路上找水的时候，“添瓶涧底”，煮茶的时候，“烹茗瓯中”，你就别玩了，“休招月”，“罢弄花”，把你的玩心收一收。这也说明，童子以前和他在一起时，常常帮他汲水，帮他煮茶，而且一直贪玩。最后一句，最是动情，童子舍不得离去，泪流满面。金地藏劝他，好好地下山去，不用流泪，也不用挂念着师父，“老僧相伴有烟霞”呢！

【祖瑛献茶，味敌北苑】金地藏圆寂以后，肉身不腐，弟子们建塔供奉于神光岭，历史上人们称那里为金地藏塔，即今天我们看到的肉身宝殿。长期以来，一直有僧人为金地藏守塔。到了南宋初，有一位独自守塔的僧人，名叫祖瑛，他也是一位茶人。据周必大《泛舟山浙录》记载：

“巳时至化城寺。寺宇甚佳，唐时新罗王子金地藏修行之地。饭罢，谒金地藏塔。又在寺后，突起一山。上，常时可望大江。是日，适为晴岚所蒙。僧祖瑛独居塔院，献土产茶，味敌北苑。”

周必大（1126—1204）为南宋文坛盟主，是一位“九流七略，靡不究通”的文学家。诗词歌赋“皆奥博词雄”，书法“浑厚刚劲，自成一体”，主持刊刻了宋代著名的四大类书之一的《文苑英华》计一千卷，所著《玉堂类稿》等八十一种，共一百三十四万余言，官至右丞相。此记写于乾道三年（1167）九月，此时周必大刚过不惑之年。他这一次泛舟山浙，顺长江游玩，池州是重要的一站。齐山、九华山他都亲身游历，并作了详细记录。周必大游九华，先到青阳，青阳主簿陈朝立、忠训郎赵良弼、秀才叶荟等人陪同上山。以上引文记载的是他们到化城寺和金地藏塔的这段游历。这里要重点指出的是这一场茶事。他们来到金地藏塔，塔院仅祖瑛一人守护，没有别人。然而，就是这一位独自守塔之人，为他们奉上了一席好茶。周必大没记录茶的名字，或许当时祖瑛没有说茶的名字，觉得没有必要说，或许是周必大一行没问，回去之后记录为“土产茶”，但这个茶，给周必大留下了极其深刻的印象，给出了四个字的评价：“味敌北苑。”“北苑”是一款什么茶？大家可还记得前面讲到毛文锡《茶谱》中记载唐代22种名茶吗？排在最前面的，就是“建州北苑、先春、龙焙”，“北苑”是当时公认最好的茶，极品中的极品，作为贡品供皇室所用。而周必大却说，祖瑛这款“土产茶”味敌北苑，这个评价相当高，可以说，是高到不能再高了。

宋代九华山的茶，周必大的记录是直接的证据。还有一则间接的记载，是明代嘉靖年间池州守顾元镜编《九华山志》的记载：

“茗地源茶，根株颇硕，生于阴谷。春夏之交，方发萌茎，条虽长，旗枪不展，乍紫乍绿。天圣初，郡守李虚己、太史梅询试之，品以为建溪诸渚不过也。”

前面说过，宋代末年陈岩认为茗地源只是产茶之处，并非茶名。到明代，人们直接把茗地源产的茶，就以产地命名，称为茗地源茶，载入山志。李虚己知池州，是在天圣元年（1023）。这款茗地源茶，就是宋代九华山名茶了。李虚己是福建建安人，是产“北苑”茶的地方。梅询是安徽宣城人，是梅尧臣的叔叔，被当时皇帝宋真宗称为奇才。他们对茗地源茶的评价，“以为建溪诸渚不过也”，就是说建州产的那几款茶，如北苑、先春、龙焙等茶，都没有超过茗地源茶。李虚己、梅询试九华山茶，是在北宋，周必大品九华山茶，是在南宋，时间相距200多年，而结论基本一致，都认为九华山茶，可与建州茶相媲美。可见，宋代九华山的佛茶，也是极品之茶。

可是，唐宋时期九华山的茶这么好，为什么没有进入大众视野，没有进入当时官方史书记载呢？至少有两个原因，一个原因，是九华山是佛门之地，僧人们种植和制作的茶，主要是供寺院自己饮用，而且出家人不用纳税，自种茶叶官府并不过问；另一个原因，是九华山的茶，产量不大，无法大量供应市场需要。因此，只有少数来山之人，才有机会品尝到九华山的极品之茶。

九华山种茶、制茶的传统一直延续到了今天。很多寺院仍然是自己种植、采摘和制作茶叶，尤其是闵园一带有很多茶园，九华山后山的茶园也很多。今天，九华山生产的绿茶，仍然是上等品质的茶。如在1915年巴拿马万国博览会上，来自九华山的黄石溪毛峰获得了金奖。

三、禅茶源头：池州南泉

池州佛门之茶，还有一个特别值得一说的地方，就是南泉山。这是一个现在很多人都不大熟悉的地方，名气远远不及九华山。南泉山在今贵池区境内，历史上一直隶属贵池，20 世纪因铜矿开采，被划归铜陵管辖，成为铜陵的一块飞地。在禅宗史上，南泉山是个赫赫有名的地方。由于特殊的历史原因，这个地方消沉了很久，近年开始重回禅门视野。

禅茶一味，是从中国开始，慢慢地传开，传播到朝鲜半岛和日本，它的源头就是池州的南泉山。

【赵州禅师“吃茶去”】21 世纪以来，中、日、韩三国的茶人和学者，组织和召开了十多届世界禅茶文化交流大会和近二十届世界禅茶雅会，我有幸多次参加。通过十多年的努力和交流，大家都一致同意，唐代赵州从谂禅师的“吃茶去”公案，是禅茶的真正开始。赵州从谂禅师是禅茶的祖师。这个公案说了什么呢？

师问新到：“曾到此间么？”曰：“曾到。”师曰：“吃茶去。”又问僧，僧曰：“不曾到。”师曰：“吃茶去。”后院主问曰：“为甚么曾到也云吃茶去，不曾到也云吃茶去？”师召院主，主应诺。师曰：“吃茶去。”

这就是记录在《五灯会元》卷四中的著名公案。赵州禅师对曾到、不曾到的僧人，都喝令他吃茶去，院主不解，想问个明白，赵州禅师也喝令他吃茶去。这就是赵州禅师接引学生，教导学生的方法，江湖上称“赵州茶”。他不像“云门喝”“临济棒”那样猛烈险峻，既不棒打，也不大喝，参禅悟道，就在一杯茶中。放下执着，放下分别心，在吃茶中直指本心，直见本性，禅茶一味。由于赵州禅师以茶来接引学生，将禅门饮茶推向一个全新的高度，茶不再只是消食、解困的饮品，而是参禅悟道的好方法，天下禅寺争相效仿，禅茶迅速传播开来。

【赵州与南泉】赵门的“吃茶去”与池州有什么关系呢？我这里要问一个问题，赵州禅师的禅茶是从哪里学来的？答案是：池州南泉山。

赵州禅师是山东人，很小就在山东一个寺院出家，之后听说池州南泉禅院有一位大禅师，便千里迢迢来到南泉山拜师。当时的南泉禅院，是那个时代最大的世界性农禅中心，江湖上号称南泉庄。有近千人在这里修行，不仅有来自中国各地的，也有来自新罗的僧人。南泉禅院的建立者是普愿禅师，人们一般称他为南泉禅师。禅宗是最具中国特色的佛教，唐宋以后，汉传佛教主要就是禅宗。禅宗在唐五代时期，一花开五叶，形成五个小宗派，没过多久，有三个小宗派逐渐消亡，后来就只有临济宗、曹洞宗流传至今，“临天下，曹一角”，其中临济宗势力范围大，曹洞宗相对影响力要小得多。临济宗的创立者义玄的师父黄檗希运禅师、曹洞宗的创立者洞山良价禅师都曾来南泉禅院长期学习，追随南泉普愿禅师。赵州禅师来到南泉，见了师父以后，便决定留下来，“一造南泉，更无他往”。南泉禅师见了赵州，也非常满意，非常器重，随即收为入室弟子。赵州禅师在南泉跟随师父近三十年，南泉禅师圆寂以后，他还为师父守塔多年，才离开南泉，到八十岁才到河北赵州观音院，今天的柏林禅寺安住下来。

这位南泉禅师，是何许人也？他是六祖慧能的三传弟子，是马祖道一禅师的三大弟子之一。马祖道一禅师曾夸奖他：“唯有普愿，独超物外。”当时，马祖道一禅师带着他的三位爱徒一起赏月，他问，这么好的月亮，适合做什么呢？西堂智藏禅师说，适合读经。百丈怀海禅师说，适合坐禅。只有南泉普愿禅师一句话也没说，拂袖便行。这就是超然物外的南泉禅师，什么读经，什么坐禅，那都不是禅，不能直指本心，直见本性，都只是方便法门，只是指月的手指，而非月亮。南泉普愿禅师在马祖道一禅师这里悟得了“平常心是道”的真理，便和他的师兄弟鲁祖宝云、杉山智坚、灰山昙觊一同来到了池州，分别寻找各自的弘法道场。普愿禅师选择了南泉山，其他三位师兄弟则选择了鲁祖山、杉山、灰山。这是禅宗第一次进驻池州，一开始便声势浩大，四大禅师一起到来。普愿禅师来池州，是在公元 795 年。此前一年，金地藏在九华山圆寂。

普愿禅师在南泉山住了四十年，最初三十年，他足不出南泉。然而，天下年轻僧人都纷纷赶来拜他为师，可见他的魅力惊人。“颠倒人生颠倒过。”佛教认为，我们现实世界是虚幻的，执着虚幻的世界，会令人痛苦。因此，我们要放下执着，解除烦恼。而南泉禅师，却反其道而用之，肯定现实，肯定当下，大力弘扬他师父提出的“平常心是道”思想。不仅如此，他还将“平常心是道”的思想转化为行动，大力倡导禅的生活化，在生活中参禅悟道，生活处处皆禅机。“饥来吃饭困来眠。”“热则取凉，寒则向火。”这就为禅通向生活、通向社会开辟了一条广阔的道路，也为禅茶奠定了坚实的理论基础。我们可以说，禅茶之所以能形成，是因为有南泉普愿禅师的理论奠基，弘扬“平常心是道”思想，并将禅生活化。

南泉禅师对禅茶贡献的另一方面，就是亲手从事茶叶的种植、制作，并在日常生活中将禅茶结合起来，教导弟子。我们前面说过，皖南山区在唐代的时候，已经较为广泛地种茶。南泉山有自己的茶园。在禅宗文献中，有多处记载南泉普愿禅师采茶以及饮茶的故事。下面举一例南泉禅师与赵州禅师以茶来参禅的案例：

南泉山下有一庵主，人谓曰：“近日南泉和尚出世，何不去礼见？”主曰：

“非但南泉出世，直饶千佛出世，我亦不去。”师闻，乃令赵州去勘。州去便设拜，主不顾。州从西过东，又从东过西，主亦不顾。州曰：“草贼大败。”遂拽下帘子，便归举似师。师曰：“我从来疑着这汉。”次日，师与沙弥携茶一瓶、盏三只，到庵，掷向地上。乃曰：“昨日底！昨日底！”主曰：“昨日底是甚么？”师于沙弥背上拍一下曰：“赚我来，赚我来！”拂袖便回。

这个公案出自《五灯会元》卷三，这里的沙弥就是赵州和尚，故事就发生在南泉禅师、赵州和庵主三个人之间。赵州刚来南泉时，还是一个沙弥。后来悟道之后才去嵩山受具足戒，然后又回南泉继续学习。南泉禅师带上一瓶茶，三只盏，和赵州来见庵主，就是要亲自试探庵主的修行，看他有没有悟道。但庵主显然尚欠火候，一下被南泉带入昨日的问题之中，虽然他是反问，那也已落入言诠。因此，南泉才说：“赚我来，赚我来！”从这则故事中，我们能看出，茶在他们的生活中已是平常之事。在这里，南泉禅师已经很熟练地运用茶这一生活中最常见的事物，来处理禅修中的问题，将茶引入禅的生活之中，将茶与禅结合起来。我们前面说过，北方并不产茶，赵州禅师在河北观音院指示僧人们“吃茶去”，是将他在南方学到的经验带到了北方。赵州的吃茶习惯和茶禅结合，都来自他在南泉禅院长期的训练。而这些，都得益于他的老师南泉普愿禅师在理论与实践两个方面的教导。

因此，如果我们公认赵州禅师是禅茶的祖师，那池州南泉必定是禅茶的源头，是禅茶的摇篮。

四、百年祁红新经典

前面，我们主要讲述了池州古代的茶文化，包括佛门中的茶事。那么，进入近现代以来，池州的茶又如何？进入近代，中国经历了屈辱、求存到新生的过程，这是一条极不平坦的道路。池州的茶，也大体经历了大致相同的道路。

到清朝末年，列强入侵。他们看到中国茶叶在世界各地销售得很好，利润很高，于是纷纷将中国茶移植世界各地。中国茶出口量急剧下降。《清史稿·食货志》记载：

“是时，泰西诸国嗜茶者众。日本、印度、意大利艳其利厚，虽天时地质逊于我国，然精心讲求种植之法，所产遂多。盖印度种茶，在道光十四年，至光绪三年乃大盛。锡兰、意大利其继起者也。法兰西既得越南，亦令种茶，有东山、建吉、富华诸园。美国于咸丰八年购吾国茶秧万株，发给农民，其后愈购愈多，岁发茶秧至十二万株，足供其国之用。故我国光绪十年以前输出之数甚巨，未几渐为所夺。”

这是史料中关于清末西方茶叶种植和我国茶叶出口的宏观形势的记载。印度种茶，实际上是英国人所为，印度曾是英国的殖民地。原来属于中国的专利，因为列强的操纵，茶种输出，导致中国茶叶的输出量迅速下降。这也严重影响皖南茶叶的出口。加之，当时社会动荡，管理混乱，一些茶商在茶叶上造假，使得我国茶叶品质整体下降，常常被外国拒绝收购。当时，负责管理皖南茶叶的官员程雨亭，专门就皖南茶叶的问题写了很多官文，呼吁整饬皖茶，应对国际新局势。后来这些文字被整理成《整饬皖茶文牍》保存下来。他的呼吁，一方面要求打击假冒伪劣，降低茶税标准，另一方面要求提高茶叶品质，引进机器加工。他在文章中，也提到了当时的茶税情况：

“伏思皖南茶税，歙县、休宁、婺（源）、德（兴）绿茶约三分之二，祁门、浮梁、建德红茶约三分之一。”

总体而言，当时皖南的茶叶生产，以绿茶为主；红茶则是异军突起，迅速占领市场三分之一的份额。这要归功于祁门红茶的创始人余干臣。是他，在皖南茶叶出口量下降的时候，创制出祁门红茶这一世界性品牌。

【祁红之祖余干臣】关于余干臣的生平事迹，历史遗留下来的资料极少。余干臣是安徽黟县人，年轻时在福建做了一个税务官。福建是当时茶叶对外出口的重要通商口岸，他作为一个税务官，熟知茶叶的出口及其利润。1875 年，余干臣罢官回乡，首先来到了建德县的尧渡街，今天东至县尧渡镇，这里就是唐代产“至德茶”的地方，也是梅尧臣当县令，自命为采茶官的地方。余干臣心系茶农，看到福建的红茶深受外国人的喜爱，利润丰厚，便在这里仿照闽红的生产技术，试制工夫红茶，一举成功。他仿制的工夫红茶质优味醇，色泽乌润，条索紧细，汤色叶底红亮，香气清鲜持久。他把生产的红茶托朋友送到福建去卖，受到外商青睐。为了扩大生产，回报家乡，余干臣又到祁门县闪里开办红茶分庄，生意越做越大。当时生产的红茶，都集中到祁门出售，祁门成为红茶的集散地，因此这个红茶就统称为祁门红茶。祁门红茶的产地，由发源地东至县，扩大到周边县区，包括祁门、黟县和池州的石台、贵池。很快，祁红的产量迅速上升，达到皖南茶叶总量的三分之一。

祁红，可以说是皖茶百年来的新经典。祁门红茶是红茶中的极品，出口到欧洲，成为英国女王和王室的至爱饮品，被誉为“红茶皇后”“茶中英豪”。1915 年，祁红荣获巴拿马万国博览会的金质奖章，它与印度大吉岭红茶、斯里兰卡乌伐茶并称世界三大高香红茶。自此，祁门红茶蜚声中外，香飘百年。1979 年，邓小平曾高度评价：“你们祁红世界有名!”

五、池州的宜茶之水

泡茶，讲究茶、水、火、器、境五个客观因素，和人这个主观因素。讲一个地方的茶文化，我们不仅要讲这个地方的茶，还要讲这个地方的水。品茶，对水也很有讲究。用不同的水来泡茶，茶汤的品质会有很大的不同。茶圣陆羽在《茶经》中说，“其水，用山水上，江水次，井水下”。他认为，用来煮茶的水，山水最好，其次是江河水，井水最差。在山水中，又以甘美的泉水最好。江河的水之所以不好，一方面是因为水浑浊，另一方面是汲取不方便。今天，城市里都用自来水，大部分都是江河水通过净化处理之后的水，虽然处理了污染物，不再浑浊，但带有轻微的氯气味道，并非泡茶的好水。

池州的水资源非常丰富，有大江大河，如长江、秋浦河、清溪河；有湖泊，如平天湖、升金湖；也有很多的山泉。在古代的文献里，有很多关于池州泉水的记载。其中，有些泉水被茶文化人士所推崇，列入宜茶之水。明代姚可成在《食物本草·宜茶之水》一书中，就有多处记载池州的宜茶之水。这里举几例：

“上下华池，在青阳县九华山。味甚甘美。陈岩有‘听钟吃饭东西寺，就水烹茶上下池’之句。”这是讲九华山的上华池和下华池。池中的水味甘甜，好喝。他还补充说，这个池水有“补益元气，荣养精神”的功效。

“双泉，在青阳县东南七里龙安山。泉有二流，俱从石穴出。味甘洌。”青阳县龙安山的石穴里，流出两股泉水，所以叫双泉。这个泉水，甘甜可口，常年冷冽。

“隐真泉，在青阳县东招隐山。泉从石罅流出，其味清甘。”青阳县招隐山的泉水，称为隐真泉，是从石罅里流出来的，味道清纯，甘甜。

青阳县还有一个泉水，叫清泉：“清泉，在青阳县西十里石窦中，水味甘美。真德秀大书二字于石。”这个清泉，水味甘美，得到宋代大儒真德秀的认可。真德秀是朱熹的再传弟子，是继朱熹之后的理学正宗传人。他品了这个泉水之后，便在泉水上方的石头上写下“清泉”两个大字。清泉这个名字就是这么来的，所以，这是一泓有故事的泉水。

姚可成在他的这本《食物本草·宜茶之水》书中，还讲到石台和建德的宜茶之水。石台的宜茶之水举了三例，盖山泉、许由泉和丹井；建德的宜茶之水举了一例，仙姑井水。

总之，池州自古以来，就有好茶好水，茶文化源远流长。今天，池州好茶依然有，好水依然在。1 100 多年前从池州南泉学有所成的赵州从谂禅师说，“吃茶去”！今天，我想说，朋友，吃茶来，来池州！

清代紫砂壶时代风格的流变

程龙伟

经过明中、后期紫砂艺人的不懈努力，至时大彬及其弟子李仲芳、徐友泉以及花货大家陈仲美、沈君用时代，紫砂壶已基本形成了几何形器（光货）、自然形器（花货）、筋纹器等基础造型和几种基本装饰手法。又因文人艺术家对紫砂技艺的艺术化提升，使紫砂壶初步呈现出清雅的人文气息，为清代紫砂壶艺全盛期的到来奠定了良好的基础。清代延续260余年，紫砂壶艺受制作技艺自身发展规律、时代审美倾向、社会经济发展水平以及文人艺术家的参与等因素影响，风格丰富而多变，呈现出极其绚烂的全盛面貌，紫砂壶因之成为清代最为人所喜爱的茶具之一。此文试以大致年代为序，略呈其风格流变的基本脉络。

一、清初的明代紫砂遗风

明代紫砂器大致具有古拙、凝重、质朴、厚重的风格，此种遗风并不因朝代的更迭而突然终止。虽然经由战乱，宜兴制陶业尤其是紫砂壶业受到冲击，紫砂文化因之陷入萧条。明末清初的著名文人陈维崧想赠予朋友两把品质比较好的紫砂壶都觉困难，他在《赠高侍读澹人以宜壶二器并系以诗》中写道："百余年来迭兵燹，万宝告竭珠犀贫。皇天动运有波及，此物亦复遭荆榛。"但是新政权毕竟渐趋稳固，经济逐步恢复，江南很快便有了繁荣景象，紫砂业也重新振起。清初一些老艺人开始重操旧业，他们大多未能摆脱前明简劲、古朴、厚重风格的影响，所制砂壶基本承袭着前朝遗风。其中最具代表性的艺人则是惠孟臣。关于惠孟臣的生卒年有人以为是明朝天启、崇祯年间，但因晚明周高起所著《阳羡茗壶系》并未收入此人，以惠孟臣的制壶技艺和在工夫茶法中的影响力，这样一位重量级艺人周高起是不该遗漏的。合理的解释只能是惠孟臣并非晚明而是康熙、雍正年间人。因孟臣所制砂壶后来各朝仿制极多，真赝实难准确区别。但不管真伪，其风格是较一致的，都具有小巧、简约、流

作者简介：程龙伟，安徽省茶文化研究会副会长，著有茶文化散文集《诗畔说茶》（2013年）。

畅、实用之美，明代审美倾向显而易见。如此小壶极受闽南、潮汕地区茶人喜爱，所以便有“小壶必曰孟臣壶”“壶必孟臣”的说法。

比惠孟臣稍晚的雍正、乾隆间名家惠逸公的风格也基本未受到康、雍、乾时代华丽繁复风格的影响，延续着明代趣味，作品雅致脱俗、古朴可爱，与孟臣相近，故世称“二惠”。另有王友兰、华凤翔、邵元祥等制壶高手亦多承袭晚明紫砂壶的风格。他们虽然也善于制作粉彩、炉钧釉、蓝釉等受时风影响的砂壶，但尚未丧失其人文气息。比如《阳羡砂壶图考》之“别传”一章即有记载：“友兰，顺、康间人，康熙四年乙巳尝制‘拙政园茗壶’，恽南田为之记。”《茶燕录》整篇记录下恽南田之记，文笔堪与晚明小品媲美。据此可知王友兰制壶之风雅。《阳羡砂壶图考》更明确记载了康熙朝华凤翔的制壶风格为：“善仿古器，制工精雅而不失古朴风味，别臻绝诣。……全壶巧而不纤，工而能朴，可称神品。”据当代多处所藏其制作汉方壶的雄浑古朴、大气精雅来看，此等断语不谬。这些评价置之明代家具、书画、紫砂壶上亦绝无不可，华凤翔的传承如是。此种风习，即便是在绝顶大师陈鸣远身上也有体现，他的光素器艺术成就绝不在花货之下，历来不被人们重视则是被他花货大师的盛名所掩盖的缘故。

二、康、雍、乾壶艺的繁复华丽之美

李泽厚先生《美的历程》中对清代工艺品风格论述道：“审美趣味受商品生产、市场价值的制约，供宫廷、贵族、官僚、地主、商人、市民享用的工艺产品，其趣味倾向与上述绘画和文学（指明清文人画和现实批判小说）是并不相侔的。由于技术的革新，技巧的进步，五光十色的明清彩瓷、铜质珐琅、明代家具、刺绣纺织……呈现出可类比于欧洲罗可可式的纤细、繁缛、富丽、俗艳、矫揉造作等风格。其中，瓷器历来是中国工艺的代表，它在明清也确乎发展到了顶点。明中叶的‘青花’到‘斗彩’‘五彩’和清代的‘珐琅彩’‘粉彩’等，新瓷日益精细俗艳，它与唐瓷的华贵的异国风，宋瓷的一色纯净，迥然不同。”李先生对清前期，尤其是康、雍、乾时代的工艺整体风貌的判断是准确的。作为日用器的紫砂壶不能不受此种审美风习的影响，尤其不能不受瓷器的影响，所以清前期紫砂的整体风格是繁复富丽的。此种倾向主要表现在两个方面：一是彩釉装饰紫砂壶成一时风尚；二是自然仿生类壶型到达顶峰。

（一）彩釉装饰紫砂壶成一时风尚

彩釉壶的出现主要是紫砂茗壶受到皇室成员的喜爱，地方官员即把它作为贡品进贡宫廷，进行二次装饰烧造。反过来，这种宫廷习气也引导着民间风尚，诸多名家多有制作。于是从康熙开始至乾隆，乃至嘉庆前期的一百多年间，珐琅彩、粉彩、炉钧釉、描金、泥绘、贴花、堆雕等装饰工艺悉数登场，包裹着本来素雅的紫砂壶。因康熙皇帝对珐琅彩情有独钟，所以使本在铜胎上的珐琅彩被移植到紫砂泥壶上。据《乾清宫珐琅、玻璃、宜兴瓷胎陈设档》记载，其基本工艺流程是：光素紫砂壶由宜兴艺人做好烧成，然后送进宫内造办处在素壶上进行加釉彩饰，二次烧造而成。珐琅彩紫砂壶常有牡丹、锦葵、萱草、野菊等花卉纹装饰，色彩金黄，富丽堂皇，底款常为“康熙御制”四字。康熙晚期、雍正年间又兴起粉彩装饰紫砂壶，画工、制釉多为来自产瓷区的工匠，纹饰与瓷器釉彩相类。在紫砂收藏界享有盛誉的“澹然斋”底款的早期粉彩作品就极为珍贵，一般是全彩装饰，并对画面进行多层分割，盖、肩、腹、足色阶丰富，彩绘工致而繁复，红蝙蝠、牡丹、万字纹等装饰迎合富商、市民需求，艳丽缤纷。另有蓝彩、绿釉装饰也多为满彩。《阳羡砂壶图考》评价说：“原色加彩花卉，极为工致。”乾隆时制壶高手杨友兰也善于制作彩釉砂壶，饰以粉彩花鸟。《（江苏）陶瓷工业志》记载：“杨友兰……制壶高手，曾为朝廷制作一批精美壶器，于乾隆七年被选入河北承德避暑山庄行宫。”另有乾隆时邵春元、方世英等多位名家制作粉彩紫砂壶。后期道光年间也偶有此种粉彩装饰，不过多由满彩变化为点彩，稍素雅些。

这个时期彩釉装饰里比较独特的是创制于乾隆时期的炉钧釉紫砂壶。炉钧釉是宜兴均陶和江西景德镇彩釉相结合的产物，施釉匠师多为江西陶人。清代《南窑笔记》记载：“炉均一种，乃炉火中所烧，颜色流淌中有红点者为佳，青点次之。”且在紫砂壶上施釉时会有深浅相间的变化，斑驳淋漓，流淌变化莫测，颇为华丽。国内各大博物馆俱有珍藏。邵德馨、邵基祖、王南林等紫砂艺人是个中高手，都曾为朝廷制造御器。也均有资料记载他们创制了紫砂炉钧釉装饰，究竟谁为首创实难考证。后人对他们的评价都极高，说邵德馨“制作奇巧，堆塑阳文篆字和山水人物，式如天鸡，足如传炉，称为传世之作”。王南林更为著名，《阳羡砂壶图考》说他：“所制饶釉宜壶，每绘粉彩花鸟，净身饶釉。宜壶本创于明季，惟粉彩花鸟盛于乾隆朝。”现有传器显示其作品富丽堂皇，常饰以缠枝红莲纹。《阳羡砂壶图考》一书又说邵基祖所制壶“原色加彩，五色花卉极工，远出王南林辈之上，壶亦制作坚致，饶有朴雅气，非清初名手不逮也”。既有富贵相貌又兼有朴雅之气，此种境界真正难得。

乾隆的奢华虚荣比之康熙有过之无不及。他仿效康熙帝在内务府造办处制作紫砂胎上描金之壶，形成著名的乾隆御制金彩山水诗句紫砂壶。此类紫砂壶壶身一面常用描金绘山水园林图案，另一面描金御题诗句，故宫博物院多有珍藏，雍正朝也偶有制作。邵玉亭善制此类，常堆饰荷莲，工雅可观。顾景舟见到邵玉亭的壶后描述说：“一面浮雕荷趣，一面铁线凸描篆书乾隆御制诗七绝一首，制作非常精细，此人应是当时的佼佼者。”此外，清三代尚有使用泥绘、贴花、模印、堆雕等装饰手法形成繁复风貌的。如康雍间的徐飞龙，常泥绘花卉装饰或饰以松鹤，寓长寿之意。康熙时壶体堆雕镂花纹饰，甚至在肩和足镶有金属镂空纹饰，显得富丽华贵、光彩夺目。乾隆时，贴花、堆雕装饰也较为常见，宫廷制品也常用此装饰法，整壶显得华丽吉祥，常有乾隆御制诗。

清代阮葵生《茶余客话》说："近时宜兴砂壶覆加饶州之鎏，光彩照人，却失本来面目。"可知当时人已知觉此种彩釉装饰之弊端，即失去紫砂壶质朴清雅的审美特征，且紫砂胎上的彩釉常产生气泡孔及棕眼，更堵塞了紫砂泥特有的双气孔而使其在实用上丧失特色。故而，嘉庆、道光之际，此类装饰即已式微，偶有出现也属点缀性装饰，奢华不在。到了晚清民初时期，在复古风潮的影响下，宜兴艺人才又有仿制，但工艺水平已无法和清三代相比。

（二）自然仿生类壶艺到达顶峰

自然仿生类紫砂壶即俗称花货，产生较早。《阳羡茗壶系》记载明代最早的著名花货高手是欧正春，他"多规花卉果物，式度精妍"其后晚明出现两位花货大家：陈仲美和沈君用。周高起对陈仲美评价极高："好配壶土，意造诸玩，如香盒、花杯、狻猊炉、辟邪、镇纸，重锼叠刻，细极鬼工，壶象花果，缀以草虫，或龙戏海涛，伸爪出目，至塑大士像，庄严慈悯，神采欲生，璎珞花蔓，不可思议。智兼龙眠、道子。心思殚竭，以夭天年。"而沈君用与陈仲美不相上下，周高起接着说沈"踵仲美之智，而妍巧悉敌。壶式上接欧正春一派，至尚象诸物，制为器用"。陈、沈两位之作，位列"神品"。

进入明末清初，第一位杰出的花货大家是许龙文。《阳羡砂壶图考》记载："龙文，清初荆溪人。所制多花卉象生壶，殚精竭智，巧不可阶。仲美、君用之嗣响也。"日本著名紫砂收藏家奥玄宝收藏有龙文壶多把，在其所著《茗壶图录》中有详尽介绍。其中名为"倾心佳侣"的一把"风卷葵"紫砂壶精彩至极，奥玄宝解说道："通体以秋葵花为式，千瓣参差，向背分明，如笑如语，其娇冶柔媚之态，觉妃子倦妆不异。……许氏巧手，每壶无不竭智力，而兹壶精制，尤穷神妙，非他工之可拟伦也。"应该说许龙文在由明入清的花货制作上是承前启后的重要一环。

之前所有名家的艺术创作似乎都在为一位大师的登场做着准备，于是陈鸣远站在了繁复精细的花货山峰的顶端。他是我们无法绕开的高峰，当之无愧的花货大师。清吴骞编著《阳羡名陶录》说："陈鸣远，名远，号鹤峰，亦号壶隐。鸣远一技之能，间世特出，自百余年来，诸家传器日少，故其名尤噪。足迹所至，文人学士争相延揽。……制作精雅，真可与三代古器并列。"其他对陈鸣远的赞誉之辞则举不胜举。可以说他是继时大彬之后的又一紫砂高峰，对之后两三百年的紫砂壶艺尤其是花货制作产生了极其深远的影响。陈鸣远震古烁今的独特之处主要在于其对自然物象的创造性表现。捏塑、浮雕、堆雕、贴花，在他的一双巧手之下，梅桩、松段、蚕桑、莲花、干柴……无一例外地被提炼成型并赋予它们生命。甚至小到水盂、花生之类器物都惟妙惟肖，充满浓郁的生活气息。他对自然物象的描摹尤其注重细部的刻画，比如蚕宝壶上蚕虫啮食桑叶的蚕痕，多条蠕动着的蚕虫，或在桑叶之下或于桑叶之间，有的覆有的仰，达到了几可乱真的地步！其他如松段上的不规则年轮，松枝松针的斑纹与线条，或大或小的树瘿；还有梅桩上的树皮与缠枝，栩栩如生的梅花等，都让人拍案叫绝。但千万不要认为陈鸣远的花货装饰就是不厌其多地烦琐堆砌，如果那样的话，他的作品带给欣赏者的将不是繁复细腻之美，而是拖沓、纷乱与庞杂。他的高明之处即在于能在繁复中见规整，丰富中有条理。

思考一下，为什么陈鸣远能创作出大量的精妙繁复的花货作品呢？当然这与紫砂壶的发展趋势，他本人高超技艺与艺术感悟有关。但考察一下他所处的时代——康、雍、乾盛世的工艺品整体风貌就能看出，他的创作与上述富丽堂皇的宫廷器物风格是一致的。以陈鸣远为代表的花货作品和多种彩釉装饰紫砂壶共同构建了清三代紫砂壶艺的繁复华丽之美。

三、清代中后期文人壶的崛起

在康、雍、乾的一片富丽奢华风习之下，紫砂传统款式、装饰并非绝迹，而是在积蓄力量，默默前行。物极必反，否极泰来，审美规律亦复如是。从供春制壶的粗糙质朴到彩釉装饰的华丽之极是一次逆反，而彩釉、花货的华丽之极又蕴蓄着怎样的逆反呢？嘉庆时代，文人壶代表性人物陈曼生的横空出世，刚好印证了艺术品由古朴到华丽再到雅致的一般规律，这也是彩釉装饰的泛滥和花货发展至顶峰的必然回归吧。

嘉庆十六年（1811）三月，是紫砂艺术史上一个应该铭记的时间。年过四十的钱塘人陈鸿寿来到与宜兴毗邻的溧阳县衙上任了。这位七品父母官看到官署内一棵茂盛的连理古桑，郁郁葱葱，遂名其斋曰：桑连理馆。他也就是“西泠八家”之一的陈曼生——篆刻家、书画家，字子恭，号曼生，别号种榆道人。其实清代官员的升迁调动是再正常不过的事了，但这一年对于紫砂壶的历史来说却因陈鸿寿的介入而被改写。紫砂壶发展史上有四个人功不可没：供春开制壶之端，大彬改制壶之法，鸣远乃花货巨匠，曼生赋紫砂以气韵。其中唯有陈曼生不是制陶名家，他不过是玩壶的官僚和文人。当然陈曼生虽为官多年，但其根本上仍是文人，不爱金银爱紫砂。他有着渊博的文化知识、融会贯通的艺术修养、自然脱俗的心性气度。这些因素一旦与紫砂工艺结合，便产生了名扬四海的曼生壶。壶中天地宽，从明代中晚期开始茶壶便与文化、文人接触，再后来简直成了中国传统文人修身养性的载体，甚至说是一种寄托。林语堂在《生活的艺术》一书中说："捧着一把茶壶，中国人把人生煎熬到最本质的精髓。"茶壶中的人生淡定从容、悠闲自足，从陈曼生设计的震古烁今的"曼生十八式"和融汇儒、释、道精神的壶上铭文尚即可见。壶型以及铭文简约自然、古朴清雅，仿佛是一阵清风吹散了康乾以来奢华而俗艳的制壶风尚。因为受奢靡繁复的宫廷审美风气影响，康乾以来的紫砂壶描金镶银、贴花包嵌，成了膀大腰圆的暴发户。看不到曼生之前的时代风尚就不能深刻理解曼生壶在紫砂史上那浓重的一笔。

陈曼生的意义并不在于留下了多少人们梦寐以求或真或假的曼生壶，而在于他开创了诗书印三位一体，极具文化气息的紫砂装饰法；他确立了萧疏简淡、意趣自然的紫砂审美观；他整体提升了紫砂壶的艺术品位。陈曼生在溧阳的县衙、宜兴的龙窑以及那个让后人难觅踪迹的阿曼陀室里，挥洒着最为本真的文人情怀。他一边在荧荧烛光下拿起刻刀出入于秦汉，自然随意地在方寸之间恣肆着或苍茫浑厚或奇绝老辣的印文；一边拿起毛笔学习汉碑金石，书写着古拙消散的八分书。闲了或累了的时候，泡上溧阳绿茶，再设计几款毫无纹饰的壶型，撰写几句切壶切茗切情的铭文，或者和杨彭年随意地聊一聊砂壶的制作技艺。合欢、石铫、汲直、却月、横云、井栏……一把把纤巧可爱的砂壶就浮现在曼生的眼前，一句句高妙玄远的铭文也自心中流淌而出："青山竹，伸头看，看我庵中吃苦茶""方山子，玉川子，君子之交淡如此""左供水，右供酒，学仙佛，付两手""煮白石，泛绿云，一瓢细酌邀桐君"……中国文人历来信服夫子"志于道、据于德、依于仁、游于艺"的教诲，在勤政的闲暇里，陈曼生在艺术的苍茫大海中神采飞扬地遨游。诗、书、画、印，以至紫砂、竹刻，这"游于艺"的境界着实让人向往。当然曼生的"游"更多的是一种精神寄托，是在壶与茶中享受着"人生最本质的精髓"。自然这需要闲情与才情，而在溧阳任上，曼生年已四十余，仕途本就不抱奢望了，而思想和艺术上恰好又正是成熟的时期。果然，这只是人生和历史瞬间的五六年连理桑下的安定生活，却在紫砂史上被放大、被延长，并闪烁着异彩。

跟随陈曼生参与曼生壶设计制作的文人还有郭频迦。郭频迦原名郭麟，字祥伯，吴江人，嘉庆间贡生，工诗古文辞，书法山谷，醉后画竹石，别饶天趣。《阳羡砂壶图考》说他："所与交游多知名之士，与陈曼生最知契，曼生宰宜兴时祥伯游幕中，尝铭壶镌字贻赠知交，惜所制不多，故流传甚罕。"和陈曼生合作创造曼生壶神话的是名家杨彭年。《阳羡砂壶图考》记载："彭年善制砂壶，始复捏造之法，虽随意制成，自有天然风致。"虽然顾景舟大师认为："彭年的壶艺技巧，功力平凡，并不出色。"想来顾大师此语是从纯技术层面立言，实际上杨彭年砂壶的绝妙之处不在于把技艺推向极致，而是呈现出一种古朴自然的手工气息、朴雅风貌，这种状态和陈曼生对紫砂壶进行的文人化升华恰好能够融为一体，显得浑朴工致。

陈曼生把在紫砂壶上书法刻字装饰发扬光大，同时期另一书画家朱坚，则努力把国画移植到紫砂壶上，使其更具国画风神，丰富了紫砂的人文内涵。朱坚，字石梅，又作石某、石眉，善书工绘事，书法兼善各体，均劲逸有风致。他尤擅长铁笔书画，据说砂胎锡壶即包锡壶，为其所创。

陈曼生之后对紫砂壶影响较大的文人是瞿应绍。瞿应绍，字子冶，号月壶、瞿甫、老冶、冶父，自号壶公。瞿子冶是上海名士，道光间贡生，官玉环同知。他工于诗词尺牍，书画篆刻，也曾和杨彭年等名家合作制壶，对砂壶进行书画装饰。尤其著名的是子冶石瓢，极具文人趣味和风骨。民国漱石生所著《退醒庐笔记》说："邑绅瞿子冶广文，应绍，书画宗南田草衣。道、咸间尤以画竹知名于时。……更喜以宜兴所制之紫砂茶壶，绘竹其上而镌之，奏刀别有手法，为他人所不能望其项背。"他还邀请另一道光间书法家邓奎赴宜兴监造茗壶，遇到精良者即亲撰壶铭，或绘梅竹，时人称"诗书画三绝"壶。瞿应绍成功地把国画和紫砂结合起来，诗书画印齐聚一壶，趣味无穷。书法家邓奎精篆隶、铁笔，尤擅篆刻。他在帮助瞿子冶监造砂壶的过程中也自撰壶铭，书篆隶楷，或刻花卉，署名"符生"，亦具清雅之风。

如果说陈曼生是清中期文人紫砂壶的开山鼻祖，瞿应绍继之而起，那么晚清著名书法家、诗人梅调鼎则完美实现了文人壶的三级跳。梅调鼎（1839—1906），字友竹，号赧翁，宁波慈溪人。他初学颜字，后崇王羲之，中年深研欧阳询，晚年潜心魏碑，旁及诸家，融会贯通，书法达炉火纯青之境，日本书法界誉之为"清朝王羲之"。他和任伯年、胡公寿、虚谷等书画大家以及紫砂壶名家何心舟、王东石，铭刻高手陈山农、徐三庚等于同治年间（一说道光）的宁波慈城创烧"玉成窑"。玉成窑集合了众多书画名家、文人雅士，他们参与紫砂造型设计并在紫砂器上题诗作画。加之制壶高手何心舟和王东石的技艺，使得玉成窑紫砂器呈现出造型大胆、书画精雅别具一格、铭文布局奇巧、文人气息极其浓厚的风格。尤其梅调鼎所撰铭文极风雅，可与曼生壶铭媲美，如瓜娄壶铭为"生于棚，可以羹。制为壶，饮者卢"；柱础壶铭为"久晴何日雨，问我我不语。请君一杯茶，柱础看君家"；汉铎壶铭为"以汉之铎，为今之壶，土既代金，茶当呼荼"。加之梅调鼎书法金石韵味醇厚，整壶看去可谓铭、书、印三绝。何心舟，字石林，工书法篆刻，造工精练，善制茗壶及文房器皿。王东石造壶亦得古法，刻工精细。他们制壶常见创新壶式，与书画家们唱和往来，可以说是继杨彭年之后受文人影响最深的紫砂名家。他们和书画家们合作的玉成窑作品是继陈曼生之后的又一文人壶高峰。

清中期以后对紫砂进行文人化改造的文人艺术家除了上述几位之外，尚有多人也对紫砂壶创作产生过影响，如晚清吴大澂、张之洞、端方等。可以说，文人艺术家的参与是自明至清紫砂壶艺能够长足进步的重要动力。他们提升了紫砂的文化底蕴，丰富了紫砂造型式样和装饰手法，同时也影响了众多紫砂艺人，提高了他们的文化修养，为紫砂壶整体品位的提高作出了巨大的贡献。

四、繁复绚丽和文气十足之外的第三条路

如果说嘉、道间的文人壶崛起与康、雍、乾时代繁复之风相悖，那么此种相悖的力量还有一支，那就是光素器制作技艺的大发展。几乎是和陈曼生、瞿子冶对紫砂壶进行着精雅装饰的同时，紫砂光素器的制作也逐步被推向高峰，至邵大亨时代几乎达到极致。

说制壶技艺，道光时期的制壶高手申锡值得一提。申锡，字子贻，笃志壶艺，巧不可阶。《阳羡紫砂图考》赞扬他说："考清代阳羡壶艺，蔚为名家者，当推子贻为后劲，此后则有广陵绝响之叹矣。"说他成为紫砂壶艺绝响，现在看来并非如此，但由此可见其壶艺之精。同时或稍后的一代大师是邵大亨。大亨年少即有盛名，技艺超群，纯用造型说话，极少有装饰，当时便被人视若珍宝，有"一壶千金，几不可得"之誉。他把流畅雄豪的动态和壮伟旺盛的气势收纳入一定的形式律令之中，既保留其鲜活的磅礴气韵又形成了可以效仿的范本，有规范而又自由，重法度却仍灵活。作品呈现出刚健、浑厚、大度的气象。可以说，他的壶艺不以姿媚为念，亦不靠装饰藏拙，一切的一切皆素面素心，洗练自然，纯粹阳刚，算是开创了清代紫砂繁复绚丽和文气十足之外的第三条路。当代大师顾景舟极推崇邵大亨，他认为嘉道之后 150 年中，不会有人能超越他。于是，顾大师撰文说："他精彩绝伦的传器，理趣、美感盎然，从艺者观之赏之，如醍醐灌顶，沁人心目；藏玩者得之爱之，珍于拱璧，不忍释手。……他一改清代宫廷化繁缛靡弱之态，重新强化了砂艺质朴典雅的大度气质；既讲究形式上的完整，功能上的适用，又表现出技巧的深到，成为陈鸣远之后的一代宗匠。"顾景舟从历史的角度分析了邵大亨壶艺的价值，换言之，邵大亨的壶艺用纯粹的紫砂本体说话，把壶艺简单到形式完整、功能适用、技巧深到、简劲浑厚的程度，既不用彩釉堆雕之法造成富丽之美，也不用诗词书画包装成文房雅玩。他把紫砂壶从结构上、装饰上、泥料上都还原成本色，至极的本色。

用顾景舟先生的话说，继邵大亨之后唯一的制壶杰出人物是黄玉麟。顾老说黄玉麟"技艺上是多面手，方、圆器形都擅长，每器纹样、细部、结构、衔接、刻画，均清晰干净"。"清晰干净"即是紫砂最为本质的美，有清一代，这种美被遗忘太久，不管是彩釉还是书画装饰其实都是在打破这种清晰干净的美。人们遗忘了如何欣赏这种纯粹的美。《阳羡砂壶图考》评价黄玉麟所制壶

极准确："色泽莹洁，制作醇雅，脱尽清季纤巧之气，其风格直追明代诸名手。"换言之，黄玉麟追求的是明代的那种朴雅真纯，但在技巧上又远超他们。譬如黄玉麟所制觚棱壶，线面和谐、棱角清晰，在方圆之间逡巡，方中寓圆，圆中见方，这种纯粹的点线面的技艺实在是大道至简，耐人寻味。拥有此种简劲返璞之风的制壶高手还有同治、光绪年间的邵友廷。《宜兴紫砂珍赏》说他"所制形制尚朴素、练洁"，可知也是大亨一路。

邵大亨等艺人在彩釉装饰余绪未尽，曼生、子冶文人壶风习正浓之时，能坚持紫砂本色，讲求结构细节，使紫砂工艺不失其根本，更对民国紫砂艺人产生了重要影响，功莫大焉。

五、道光以来紫砂壶装饰的新尝试

铭刻是紫砂装饰的开始，万历后日渐风行。史载，时大彬刻字秀丽，沈子澈落款浑朴，陈子畦最具飘逸，当时都负盛名；但早期铭刻仅止于名款。清初则兴起泥绘、堆雕之法，更为立体。此种装饰手法简洁明快、色彩节奏、形象生动，尤为紫砂花货所倚重。前文说到受康、雍、乾瓷器兴盛的影响，紫砂审美也追求富丽堂皇之风，在壶身施以珐琅、粉彩，通体施釉。此种装饰手法尽失紫砂之特性，也与紫砂及茶道淡雅平和的追求相去甚远，所以嘉、道间已趋于衰微。此时，书、画、印的文人化装饰兴起，尤以嘉道间陈鸿寿为巨擘。其铭刻集文学、书法、金石于一炉，臻于化境，使人对之生闲远之思。曼生之后，瞿应绍、朱坚辈更以绘画刻于壶上，加之款识，至此诗书画印俱备。这两种紫砂装饰风习之后，道光以降，紫砂装饰又有新的发展。

包锡。锡壶在历史上曾经风光一时。就是在紫砂壶兴起后，它也是煮水的利器。周高起在《阳羡茗壶系》中论及"以声论茶"之时，他说："竹论幽讨，松火怒飞，蟹眼徐窥，鲸波乍起，耳根圆通，为不远矣。然炉头风雨声，铜瓶易作，不免汤腥，砂铫亦嫌土气。惟纯锡为五金之母，以制茶铫，能益水德，沸亦声清。"铜瓶有腥味，砂铫有土气，煮水最好还是锡壶。然而泡茶毕竟还是紫砂为好，晚明名士高濂在其名篇《遵生八笺》中就说："茶铫、茶瓶紫砂为上、铜锡次之。"所以紫砂兴起之后，锡壶则渐渐退隐而不为人重视。然而道光中，另一种"锡壶"出现了。清代蒋生的《墨林今话续编》说："朱石梅坚，山阴人，工鉴赏，多巧思。砂胎锡壶，是其创制。"所谓砂胎锡壶，即包锡壶，也就是先以紫砂作壶胎，然后请锡匠以纯锡包覆壶身。蒋生以为朱石梅创制了包锡壶，但也有藏家以为紫砂包锡在康熙时代即已出现，著名的锡器名家沈存周即有传器。但即便此说确立，因康熙朝所见包锡壶极少，也可以说包锡壶是兴起于道光之后的。那么人们为什么会想起用锡来包壶呢？基本的意见有两种，其一说是源于茗壶破损断裂之后的弥补挽救。紫砂壶是易碎品，尤其盖口、流、把等处容易断裂破损，而锡较软，易于镶接包裹。其后逐渐演变成一种装饰手段，形成包锡紫砂壶。紫砂大师徐秀棠在《中国紫砂》一书中说："此法的兴起据我们分析，起因应该是当收藏者所喜爱的或有收藏价值的茶壶有所破损的时候，为了弥补和挽救所作出的响应办法，壶口裂开了，在壶口上包一条线，壶嘴断了用玉石代为包接，身筒开裂来个全身包锡。后来也有学表忘本地专施包接金属的装饰方法。"另一说法是朱石梅受文人壶书画装饰影响而成。书画装饰需在半干壶坯上写画，然后刻出烧制，多有不便。而锡则因其较软，可以随意进行刻画，便于文人雅士之间的唱和交际，故此包锡壶兴起。不管出于何种原因，包锡壶掩盖了紫砂质朴、雅致的砂感之美，且影响紫砂壶泡茶的效果，笨重暗淡，所以此种装饰尝试最终是以失败而告终的。

镶玉、木。镶玉和镶木手法是伴随道光、咸丰之际的包锡壶而出现的。通常在以纯锡包壶身之时，会接上玉质或木质的壶嘴、钮和把等配件。一来有玉、木的搭配显得观赏性更强，使整壶具有丰富的质感；二来，流、把、钮变化较大，弯曲度高，若用锡来包制的话，工艺难度很大，难以完成。当然朱石梅所制此类包锡镶玉还是有很高的观赏价值的，有的壶盖用整块白玉雕琢而成，清朗晶莹，落落大方，包锡以保暖，镶玉、木则避免钮、把灼人，更兼锡面刻绘书画，增添雅趣，可堪把玩。

镶铜、锡。此种手法产生于晚清，是当时山东威海人所为，他们将宜兴紫砂壶烧好运往威海进行镶制。与将整个身桶包裹起来的包锡装饰不同的是，镶铜、锡是用镂空好的图案点缀镶嵌在壶上，紫砂身桶大部分露出，与所包铜、锡在质感上形成对比。和包锡的另一不同是，包锡常把钮盖、壶嘴、壶把换成玉质或木质，而镶铜、锡则连盖、嘴、把或提梁一并包裹。此种装饰手法凸显了紫砂与金属的对比，有较强的视觉冲击力，是有益的紫砂装饰探索。

磨光。紫砂材质之美主要体现在其表面颗粒的砂感，然而在晚清却出现了一种磨光紫砂壶。磨光即将烧好的成品紫砂壶，进行打磨、抛光，以至表面平整光滑，并在嘴、把、钮、盖、足等部位镶以金边或铜边，配以铜提梁，款多为"贡局"，有些作品甚至采用泰国文字款、图案款，整壶显得珠光宝气、富丽堂皇，具有异域情调。这是伴随着近代紫砂外销东南亚而产生的新装饰工艺，其中销往泰国的此类产品为多，为晚清著名实业家、陶艺家赵松亭（1853—1934）创制，时称"车光茶壶"，畅销一时。

清代中、晚期的紫砂装饰呈现出丰富多彩的面貌，既有彩釉装饰的复古风气，又有清雅绝伦的文人书画，还有包锡、镶铜等新兴手法。不管这些装饰手法的尝试是否成功，都使得清代中、后期的紫砂壶艺呈现出绚丽多彩的丰富景象，自有其积极的意义。

六、晚清紫砂壶商品化生产之路的启程

晚清时期，资产阶级蓬勃兴起，商业经济的进一步发展终于影响到了紫砂行业，紫砂壶开始了它的高度商品化之路。这一时期，自营的小作坊和各地的紫砂商号如雨后春笋般迅速发展起来。因此，当时主宰宜兴紫砂壶生产的已非当年的文人雅士或达官贵人，而是在各地，主要是上海的一群工商实业家。他们所定制的壶上开始印有店号商标，紫砂产品上既有“注册商标”，又有制作者的名字。他们在全国乃至世界各地纷纷开设陶器商号销售紫砂壶。因为当时流行复古风尚，装饰上常参照秦汉瓦当、汉泉及西周鼎彝铭文的拓本，在紫砂壶上进行刻绘，自然形、几何形、筋纹器和水平壶四类茶壶大量产销。据史料记载，道光三十年（1850），宜兴鼎山白宕窑户鲍氏，在上海开设“鲍生泰”陶器店，这是宜兴第一家在沪开设专售本乡陶瓷器的商号。咸丰十年（1860），宜兴鼎山白宕窑户葛翼云，在上海开设“葛德和”陶器店，主要销售宜兴陶瓷产品。光绪二十八年（1902），宜兴鼎山宕窑户鲍氏、陈氏合资，在新加坡开设“鼎生福”陶瓷店。1912年，宜兴葛逸云与日本商人和田合资在大阪开设陶器店。这些商号的基本营销模式是在宜兴开设作坊，在上海、天津、杭州、无锡等地开设商行或公司，他们的紫砂壶则由名工按样制作，从宜兴订坯烧成，然后刻署商行或公司的商标。他们将紫砂壶送去参展、参赛，也多有获奖，从而更是刺激了该行业的工艺发展。比如，宣统二年（1910）清政府在南京举办的“南洋第一次劝业会”上，宜兴阳羡陶业公司的紫砂陶器获金奖，宜兴物产会程寿珍等人的10件产品获金牌奖。这些紫砂实业家中具有代表性的人物是赵松亭。他早年随师父苦学壶艺，又曾受聘于大收藏家、文人吴大澂处制壶。清末至民国初年开始参与经营，以出口外销壶为主。前文所述“贡局”款磨光壶即为他首创。他的壶独步上海各国租界并销往英法等国，成为晚清至民国紫砂实业家中较为成功的一位。

由此可见，晚清民初的这种新状况是紫砂壶自明代中期兴盛以来近四百年所未曾有的，可以说是紫砂发展史上的又一次重要转变。这种转变直接影响了紫砂壶的制作工艺、审美倾向和经营模式，甚至对紫砂艺人的发展之路也造成了巨大的影响。但由于这一时期进行紫砂壶的批量商品生产，因此导致大部分紫砂作品的艺术性不高，只有为数不多的紫砂艺人拥有佳作，其中的代表人物就是程寿珍。程寿珍（1865—1939），自号“冰心道人”，是紫砂名手邵友廷的养子，他一生勤劳、认真、多产，所制茗壶多次获奖，所制掇球、汉扁、仿古等壶，成为经典。

虽然这一时期大部分紫砂商号的紫砂壶艺术性表现并不佳，但却繁荣了清末民初的紫砂经济，为民国前、中期紫砂业的兴盛，为铁画轩陶器公司、吴德盛陶器行、利用（利永）陶业公司、陈鼎和陶器厂等民国著名紫砂商号的繁荣，为培养、锻炼民国时期包括顾景舟大师在内的紫砂名家奠定了坚实的基础。

近代茶文化的东学西渐

——解读《松萝采茶词》

郑 毅

在1600年以前，松萝茶均以“新安松萝”“徽州松萝”与全国主要名茶并列。同时，徽州松萝茶以它独具特色的炒青技术、别具一格的优良品质以及丰富多彩的茶文化内涵，风靡一时。

明清以来，吟咏松萝茶的诗词很多，就作者而言，不乏文学史上有声誉的大家，也有名不经传或佚名者。然《松萝采茶词》的出现，不仅丰富了松萝茶文化的形式和内涵，同时也显扬着博大的徽文化。其特殊意义在于，它有别于其他茶诗词，不仅仅是在于篇幅整齐或堪为徽茶文化研究提供借鉴，更在于它为中国茶文化的西传起到了不可替代的作用。

《松萝采茶词》不仅描写了徽州茶区的风土人情，还吟咏了徽州女性生产劳动的状况及精神面貌。在内容上泛咏风物、歌咏风情，具有浓厚的生活色彩；在语言上，通俗自然、清新活泼，富有浓郁的乡土气息。《松萝采茶词》问世后，在本土并没有引起人们的关切及太多的重视，甚至连原作者也是“长期未明”。但是，《松萝采茶词》却在异邦产生了广泛的影响，尤其是在英、美等国屡屡被翻译、刊载、援引、摘录、节选等，使之见证了中国茶与茶文化进入西方的历史进程，而且至今仍是西方语境里中国茶文化的生动表述。《松萝采茶词》在西方的广泛流转传播，不仅是徽茶文化东学西渐的杰出代表，更是中国茶文化东学西渐的典型范例。

一、诗僧苏曼殊与《松萝采茶词》

1907年，诗僧苏曼殊在日本东京编纂出版了一本英汉对照诗集《文学因缘》。1915年，上海群益书社因《文学因缘》已经绝版，故将其重印并改名为《汉英文学因缘》。就是这本仅有68页的《文学因缘》，其所列诗篇除历代诗人少数名篇外，竟然还刊有《松萝采茶词》三十首。这不禁让人产生好奇，诗僧

作者简介： 郑毅，安徽省茶文化研究会副会长，黄山市徽茶文化研究中心主任。

苏曼殊为什么将《松萝采茶词》选入《文学因缘》书中？他和松萝茶又有什么因缘？另外，苏曼殊在辑录《松萝采茶词》时并没有说明作者是何人，只是写明英译者为英国人茂叟（音译）。以致《松萝采茶词》的真实作者长期以来都是“佚名”。

苏曼殊（1884—1918），原名戬，字子谷，法号曼殊，是我国近代小说家、诗人、翻译家。苏曼殊曾三次剃度为僧，又三次还俗。作为对社会改良充满希望的热血青年，他时而激昂，西装革履，慷慨陈词，为革命而振臂高呼；时而颓唐，身披僧衣，逃身禅坛，在青灯黄卷中寻找精神的安慰。而他的《本事诗》则充分表现出了其浪漫才情和矛盾内心。苏曼殊在人间只度过了三十五个春秋，但是他以绚烂的生命浇灌出中国近代文坛的一朵奇葩。

苏曼殊出生于茶商之家，或许是骨子里就有茶、有禅。《燕子龛随笔》是苏曼殊类似自传体的小说，其中就透露出他的日常生活。在《燕子龛随笔》六十二则中，他记述了自己在法云寺的生活：“年余十七，住虎山法云寺”，“小楼三楹，朝云推窗，暮雨卷帘，有泉、有茶、有笋、有芋。师傅居羊城，频遣师见馈余糖果、糕饼甚丰。嘱余端居静摄，勿事参方。”在苏曼殊看来，日常生活都是佛在世间的留白。是啊，小楼三楹，朝云推窗，暮雨卷帘，就是一道风景；而有泉、有茶，更是禅一般的诗意。

苏曼殊寓居沪上时，常流连在茶居品茗。而“同芳居”则是他常去的主要场所，在“同芳居”，他常常是以品茗吟诗为乐趣。而苏曼殊的许多诗文就是在此品茶时抒发写就的。早年，苏曼殊与陈独秀相厚，其“烹茶自汲水，何事不清幽”，就吐露了茶中有禅的佛性。“细饮番茶话夙缘”，而苏曼殊与陈独秀在饮茶时谈论着前世因缘，就是因为饮茶心清神爽，为谈经诵律增添了兴致。他病故后，柳亚子为其编成《苏曼殊文集》五册并将其迁葬于杭州西湖，最后回归到绿海染翠的茶园，想来这也是一种很好的归宿。

诗僧苏曼殊将《松萝采茶词》辑录在《文学因缘》中，除了他爱茶及有缘外，也是因这三十首松萝采茶词充满了诗情画意。更何况作者是以即景即情的感怀，如同仙露明珠般的朗润，亲切细腻地描绘出了松萝山茶区的风情画卷。那么，《松萝采茶词》的原作者又究竟是谁呢？

二、华裔学者解读《松萝采茶词》

美国新泽西州威廉·帕特森大学语言文化系、关键语言中心主任，华裔女学者江岚，在2014年05月26日的《中华读书报》上，发表《〈采茶词〉与茶文化的东学西渐》一文。在引用了《郑毅·徽州茶乡竹枝词》中有关“松萝茶”的相关介绍后，江岚说：“作为中华文化西传史上的一个典型范例，《松萝采茶词》的流播再次证明了中华文化的普世性，及其为世界文化体系添砖加瓦的贡献。作为一份珍贵的近代茶文化遗产，《松萝采茶词》也不能继续被埋没在本土浩瀚的古籍堆里，其存在的历史价值应该得到更公正的认识与评价。”

江岚认为：值此“徽州学热”在国内外学界方兴未艾之际，对《松萝采茶词》的作者、英译以及在英美流播的情况，有必要追本溯源，厘清脉络，重新认识《松萝采茶词》及其历史价值。江岚在文章中披露：《松萝采茶词》最早于1840年发表在《中国丛报》第八卷的《中国诗歌》栏目里。同时，江岚还将《松萝采茶词》作者、英译以及在英美流播的情况作了介绍。至此，《松萝采茶词》自问世以来的所有谜团：关于原作者、翻译者以及在英、美等地的传播情况，基本上都有了答案。

《中国丛报》是西方传教士在中国创办的一份英文期刊，由美国公理宗海外传道部（美国基督教海外传教机构）传教士裨治文创办于1832年5月，主要发行地点是广州。《中国丛报》在长达20年的时间里，详细记录了第一次鸦片战争前后中国的政治、经济、文化、宗教和社会生活等诸多方面的内容。从皇帝到地方官吏，从孔孟之道到三字经、百家姓、千字文以及下层社会流行的歇后语等，《中国丛报》都作了大量的报道和评论。所以，《松萝采茶词》得以在《中国丛报》的《中国诗歌》栏目里刊发，也就顺其自然了。当年的《中国丛报》有许多涉及中国茶叶的信息和报道，如卫三畏翻译的一篇长达33页的文章，就是关于中国茶叶的种植、品名、外销等情况的介绍，并发表在1839年7月的《中国丛报》（第八卷）上。

中国的茶叶，早在1690年就获得了波士顿出售特许执照。而1773年，爆发了北美抗茶会和波士顿倾茶事件，缘此直接激励了北美人民进行独立革命，1776年美国宣布成立。2009年11月17日美国总统奥巴马来华访问，他在上海演讲时特意谈到：在225年前，也就是1784年，当时美国第一任总统华盛顿派出的“中国皇后号”商船，开启了中美最早的商业贸易。从1785至1804年，美国共派203艘船来华，从广州运回茶叶总计5 366万磅（24 340吨），从此，华茶开始直接输往美洲。此时，华茶对外贸易已经遍及全球；松萝茶正是在这样的大背景下走向了世界并进入了美国市场。

那么，刊登在1840年《中国丛报》的《松萝采茶词》是谁翻译的呢？正如诗僧苏曼殊在英汉诗集《文学因缘》中所注，英译者为英国人茂叟。那么，翻译《松萝采茶词》的茂叟又是谁呢？华裔女作家江岚给出了答案：《松萝采茶词》的翻译者是茂叟，其本名W. T. Mercer，他生于1822年，卒于1879年，曾是英国驻香港总督府的高级官员，后执教于牛津大学。

1835年前后，茂叟任职期间，因工作关系接触到不少从事中英贸易的商人，其中就包括徽州茶商。据《中国丛报》刊发的《松萝采茶词》译文前编者按说，茂叟是从一位徽州茶商处得到这组茶诗的，茶诗是写在“一种极为精致，印有花边的红笺上”。想来，这三十首写在红笺上的《松萝采茶词》，大约是那位徽州茶商将它作为书法作品的礼物送给了茂叟。徽商大多是儒商，通文墨者甚多且知书识礼，有较高文化素质；而写诗作赋亦是常事。据江岚介绍，茂叟生平嗜茶，得到这组茶诗之后甚为喜爱，便亲自动手将它译成了英文。而采茶词在刊发时配有原文，原诗题为《春园采茶词三十首》，作者是“海阳亦馨主人李亦青”。那么，海阳亦馨主人李亦青又是谁呢？

三、茶商李亦青和“李祥记”茶号

据明清徽商研究学者唐力行先生介绍，李亦青当是屯溪知名茶号“李祥记”的主人。而相关资料也清楚地记载到：1840 年，李亦青的“李祥记”茶号开设在休宁屯溪。

1889 年，屯溪 14 位茶商为济世而开设了公济局，主要是对贫困之人施医、施药、施棺木掩埋等，所需的经费是“经茶叶各商慨然乐助，每箱捐钱六文，禀由茶厘总局汇收，永为定例”。而《新安屯溪公济局征信录》则记载了“各茶号箱引捐及茶号捐助数目”，当时的“李祥记”茶号捐钱一万八千五百四十六文。“李祥记”茶号的这个捐助数目，在当年所有捐助茶号中是比较大的。这也可见“李祥记”茶号的经济实力以及茶号主人李亦青的乐善好施。

1896 年，有着“茶务都会”之誉的屯溪，共有茶号 136 户。而资料记载：规模较大者有徽州婺源人的“俞德昌”“俞德和”“胡源馨”茶号，还有休宁屯溪人胡采瑞以及李亦青所开设的“钟聚”“李祥记”茶号等。1897 年 11 月 27 日，任职皖南茶厘局的程雨亭，在“请禁绿茶阴光详稿”中，清楚地记载有“徽属茶商李祥记”等；并且称“本年休宁县茶五十九号，只向来著名之老商李祥记、广生、永达等数号，诚实可信”。程雨亭还说“与该商李祥记等共同议复，拟请嗣后沪上各洋行，购运绿茶，不买阴光，专尚本色，洵属去伪返真……”可见休宁“李祥记”茶号不仅是“徽属茶商”及“著名之老商”，而且是“诚实可信”的茶商。所以，时任皖南茶厘局局长的程雨亭，更是经常找“李祥记”茶号的主人李亦青等“公同议复”茶情茶事。

1907 年，徽州府知府刘汝骥为了“比较良桔，研究实业”以促进徽州产业的发展，经过长时间的苦心筹备，“计我徽所有天产、工艺、美术、教育各种物品，经会员博采旁搜，均已灿然大备……”在屯溪举办了一次徽州府物产会，并进行了评奖，李亦青开设的“李祥记”茶号以其所经营的“贡珠”茶在徽州府物产会评比中获得了二等银牌奖。而“贡珠”茶则是松萝茶演变后的屯绿茶一种。1918 年，张正春《屯溪商业状况》的调查报告，则是清晰地反映了屯溪的商业概况："屯溪之商店，按照商会调查，上自黎阳，下至率口，前至河街，后至后街，大小商店共五百余家。"在著名之商号（土产类）列有茶行7家，茶漆店5家，而茶号则是列有"李祥记"牌号一家。

由此可见，徽州"海阳亦馨主人李亦青"不仅是确有其人，而且资料表明李亦青是徽州休宁海阳人，而"海阳"既是休宁的地名也是休宁的别称。据此，"李祥记"茶号不仅是确实存在；而且其茶号规模、茶叶品质以及茶号的知名度等，在当时的茶界都是榜上有名。至于"海阳亦馨主人李亦青"的生平，可惜没有寻觅到详细的资料，这应该是一个遗憾。

徽州茶商李亦青是徽州休宁海阳人，而松萝茶的产地就是休宁。所以，茶商李亦青以自己对松萝茶的了解、喜爱和嗜好，在经营松萝茶的同时，写出了《春园采茶词三十首》。茶商李亦青也应该算作是一个儒商，他用极其通俗生动的语言，高超的艺术功力，为我们描绘了一幅幅茶乡采茶女采摘松萝茶时自足、自得的欢乐图、风俗画，为人们了解清代徽茶文化提供了一组宝贵的资料。李亦青在认识了英国人茂叟以后，就将这《春园采茶词三十首》书写在极为精致且印有花边的红笺上，并作为礼物送给了茂叟。于是，喜好松萝茶、又喜欢中国文化的英国人茂叟，又将这三十首松萝采茶词翻译成英文，并刊发在1840年的《中国丛报》上。从此，《松萝采茶词》就开始了它东学西渐的旅途。

四、戴维斯与他任职的东印度公司

1870年，英国著名汉学家约翰·戴维斯的译著《汉文诗解》在英国伦敦阿谢尔出版社出版。值得注意的是，戴维斯将《松萝采茶词》进行翻译后，将原文完整地转录在自己的《汉文诗解》书中。约翰·戴维斯爵士，汉名德庇时，是一位具有丰富汉文学知识和深厚学术功底的汉学家。他对中国古典文学在英国的传播作出了巨大贡献，与理雅各、翟理斯并称为19世纪英国汉学界三大代表人物。

戴维斯很早就注意到了《松萝采茶词》，并且十分喜爱。这位乐于品茶又对中国文学很感兴趣的"中国通"，在读到《中国丛报》刊载的《松萝采茶词》之后，认为"年轻姑娘们吟唱的这些歌谣，描绘出景物、气候，她们的内心感受……呈现出自然、有趣、欢快而近于天真形象"。加之他对松萝茶的喜爱等因素，所以他翻译了《松萝采茶词》。至此，戴维斯就成为继茂叟之后，再次翻译《松萝采茶词》的英国人。

戴维斯的《汉文诗解》，是最早从宏观角度介绍中国诗歌总体情况的英文专著之一。《汉文诗解》全书分为两个部分，第一部分介绍了中国古典诗歌风格、形式的源革流变；第二部分则是选取中国历朝诗歌作品，从赏析的角度解读中国诗歌的表现手法和内涵。《松萝采茶词》三十首原文及译文都在第二部分当中，所占篇幅之大，在《汉文诗解》全书中相当显眼。

戴维斯翻译《松萝采茶词》，不仅仅是因为他对于中国文学的喜爱，更是因为他对松萝茶的特殊情感因素。戴维斯和他的父亲都曾在东印度公司广东商馆工作，而作为公司的“中国通”，戴维斯又在1832年获遴选为公司在广州的特别委员会主席，主理公司的在华贸易业务。戴维斯父子任职的英国东印度公司，虽名为“东印度”，实际上却并非单指印度，正如“美国人把亚洲看作一个整体，称它为印度。凡是指运地或原产地位置在印度洋或太平洋上的商业，都包括在这样命名的贸易之内”。英国和其他欧洲国家的“东印度”概念，实际上是对包括印度、中国等在内的东方世界的通称。1600年12月31日，英属东印度公司经伊丽莎白女王特许成立，19世纪以后，英国东印度公司每年从中国进口的茶叶都占其总货值的90%以上，在其垄断中国贸易的最后几年中，茶叶成为其唯一的进口商品，而输往英国的几乎全部为绿茶，主要是松萝茶和屯绿茶。

值得注意的是，翻译《松萝采茶词》的戴维斯还是英国皇家亚洲学会1824年的创会会员之一。1875年，英国皇家学会亚洲分会的专家对中国茶区进行了一次全面调查。专家依照商务中的惯常分类，将茶叶分成红茶和绿茶两大部分，并着重对中国茶叶名目繁多的各类称呼进行解读。同年，英国皇家学会亚洲分会会刊发表了一份中国茶叶产区普查及红、绿茶主要品名报告；尤其是在Green Teas（绿茶）一部分的开篇，报告作者解释：“Green Teas（绿茶）在汉语中被称为绿茶和松萝茶……而“绿茶”一词被等同于“松萝茶”。报告还提到“松萝是一座山名，据传为首次发现绿茶之地”。会刊刊发的文章还说明，松萝茶不仅一度是徽州绿茶的代称，甚至是中国绿茶的代称。英国皇家学会的“中国通”们也提醒道：“这类茶在汉语中往往又被叫做松萝，来源于我们在绿茶一节开篇提到过的松萝山……质量最好、名声最响的生产地成为此类茶叶的通用名。”

五、两种《松萝采茶词》译文的比较

英国汉学家茂叟和戴维斯，两人先后将徽州茶商李亦青写的《松萝采茶词》进行了翻译，并将其在刊、书上发表和出版，从而使《松萝采茶词》东学西渐传向了西方的各个阶层，并产生了很大的影响和反响。学者江岚对茂叟和戴维斯《松萝采茶词》的两种译文评价是，各有短长，也各有不尽如人意处。她认为：茂叟的翻译文本实际上是字词对应的简单直译，而戴维斯则用韵体直译。具体到某些诗句，二人的诠释或许各有短长，也各有不尽如人意处。总体而言，茂叟的译本较为刻板生涩，戴维斯的用词比较简练，而且每首译文都押韵，形式也更加规整，尤其是译作的语意更是直截了当，不那么拖沓累赘。所以，戴维斯《松萝采茶词》的译本是更具有可读性，也更富于诗意。

茂叟和戴维斯在翻译《松萝采茶词》的过程中，在对一些特定词汇的翻译处理时，戴维斯则是显得更加自如和灵活。比如第一首诗中的“村南村北尽茗丛”一句：茂叟译作了“茶叶在哪里，北部和南部的乡村”；戴维斯则是用“周遭山坡上茶树遍植”取代了“村南村北”的生硬对应，这无疑是突出了满山遍野是茶丛的自然景象。这样的翻译则是更多地保留了原作的意境。又如第一首的“社后雨前忙不了，朝朝早起课茶工”一句中的“社后雨前”这两个词，因为它涉及中国传统的农历节气，但是英文里没有合适的词可以对应，而诗歌的形式又不允许展开更详尽的解释。于是，茂叟便直接用了“春社”和“谷雨”的字音拼写，译作“……每天早上我必须早起，做我的茶的任务”。然而，戴维斯这个“中国通”却是深知，如果将这两个拼音词汇生搬到诗句中，那么，英、美的读者是不可能明白诗句意思的。于是，他将原诗前后的句意糅合在一起，译为“我必须黎明即起，忙忙碌碌，完成每天采茶的任务”。聪明的戴维斯干脆把“社后雨前”的词意省略掉了，但是读起来也并没有过分偏离原诗之意。

总的来说，戴维斯对《松萝采茶词》整体的理解，相对于茂叟来说，应该是更准确一些；这可能与他在东印度公司广东商馆工作时，常年采购松萝茶并了解茶叶知识有关。以至其译文从风格上来说，也是更贴近原作的民歌风味。

其实，戴维斯对于中国文化的认识以及对于松萝茶的了解，都是要甚于茂叟的；这也正是他对松萝茶的特殊情感因素所致……茂叟虽然常驻香港多年，对中国的社会生活、风土人情、文化源流有一定程度的了解，但是文学翻译不是茂叟的专长，茂叟在翻译《松萝采茶词》时，就曾声明说，他没有要让译文接近英文诗歌传统的意思，而是要最大限度地再现中国茶文化的原汁原味。暂且不论茂叟是否做到了这一点，事实是茂叟认识了徽州茶商李亦青，接受了李亦青赠送的《松萝采茶词》并将它进行了翻译并发表，这说明茂叟对中国茶及中国文化的热爱。而《松萝采茶词》一经翻译发表即受到诸多关注，更是一个不争的事实。

六、《松萝采茶词》在西方的传播

在茂叟和戴维斯翻译《松萝采茶词》之后的短短数年，《松萝采茶词》译诗便再次出现在《中国总论》这一部鸿篇巨著里。

1848年出版的《中国总论》分上、下两卷，共26章；是知名美国汉学家卫三畏（Samuel Wells Williams，1812—1884）的代表作。在《中国总论》第一卷（577—581页）中，作者对中国的茶叶种植、采摘、制作、包装、销售等作了详尽的论述；同时还将茂叟翻译的《松萝采茶词》完整地收录在书中。由于戴维斯的《松萝采茶词》译本所具备的优点胜于茂叟，所以卫三畏在1883年修订《中国总论》时，用戴维斯的译本替代了茂叟的译本。

卫三畏是近代中美关系史上的一个重要人物，他不仅是最早来华的美国传教士之一，也是美国第一位汉学教授。他在中国生活了40年，编过《中国丛报》，当过翻译，并参加了《中美天津条约》谈判；他还当过美国驻华公使代办等。所以，他对中国的情况十分了解并掌握了大量的一手资料。《中国总论》英文名 *The Middle Kindom*，意谓“中央王国”，是卫三畏撰写的一部全面介绍中国历史文化和晚清社会的名著。直到如今，《中国总论》也还是美国学生、学者以及普通大众了解中国的重要参考资料。

自19世纪末至今，《松萝采茶词》不断地被国外各类书籍援引、节录，以致《松萝采茶词》有了好几个不同的英文标题和译文版本。如《茶叶采摘的歌谣》《茶叶采摘民谣》《茶谣选》《茶叶在春天的歌谣》《采茶谣》等数种。但究其内容，这些援引、节录等，也不外乎是茂叟或戴维斯《松萝采茶词》的译文。学者江岚指出，《松萝采茶词》或许不算是中华浩瀚诗海中的精品，然却是章法整齐，结构清晰，层次井然；而且不用艰深典故，不用繁难字词，三十首一气呵成。《松萝采茶词》行文浅白而声情并茂，这也许是英国人茂叟和戴维斯偏重《松萝采茶词》并进行翻译的主要原因。英国女学者凯瑟琳（Catherine Ann White）也是因为类似的原因，为此转录了部分《松萝采茶词》，以此来用作她《古典文学》一书里中国古典诗歌的实例。1852年，伦敦格兰特和格里菲思（Grant and Griffith）出版社推出儿童读物《家里奇观》，这本书由十一个与家中常见实物相关的小故事组成，其中第一个“一杯茶的故事”，用的是茂叟《松萝采茶词》译文的第一首开篇。1849年，英国汉学家、英政府首任香港最高法庭律师瑟尔（Henry Charles Sirr，1807—1872），在伦敦出版了《中国与中国人》，在书中第二卷论及茶事的部分，作者节选了茂叟翻译的《松萝采茶词》译文七首。

如今，茶已成为世界三大饮料之一，全球饮茶人口达33亿之多，以介绍茶和茶文化为主题的英文书籍也层出不穷；然《松萝采茶词》仍然在被西方的各类书刊摘录、引用……在新英格兰作家卡特丽娜（Katrina Munichiello）最近的新著《品茶：一次一杯》中，人们还是能见到《松萝采茶词》译文的摘引。美国作家莎拉（Sarah Rose）的《写给所有中国茶》一书里，也有《松萝采茶词》的影子。但是，莎拉只是截取了原译文中的一些诗句进行了重新组合，并且更改调整了几处用词；同时，作者仍然是沿用了“春园采茶词”的旧题，由此来作为中国茶叶种植、生产和饮用的历史悠久之明证。

从早期的艾尔弗雷德亚瑟（Alfred Arthur Reade）的《茶与品茗》，Edward Randolph Emerson 的《饮料的过去与现在：制茶与品茶历史概观》；到近年 Jacky Sach 的《品读茶叶》以及 Beatrice Hohenegger 的《流玉：从东到西茶故事》等；甚至是在一些现今茶叶贸易公司的资料文件里，都或多或少地能见到《松萝采茶词》的转引和节录。由此可见，《松萝采茶词》及其译本的流播与影响。

正如学者江岚所说：仅以上述列举，已足以聚合成中华文化西传史上一个闪光的亮点。在当时的历史条件下，东学主动西渐的途径因清政府的闭关锁国政策而近乎断绝；而《松萝采茶词》在西方的传播，无疑是向西方打开了一扇窗口……然而，莎拉《写给所有中国茶》这本书，不仅是摘录了《松萝采茶词》，书名还有一个很长的副标题：“英国人如何窃取这世人最爱的饮料并改变了历史”；这应该是作者为什么摘引《松萝采茶词》原因的注解。关于“英国人如何窃取这世人最爱的饮料并改变了历史”一事，对于中国茶叶来说不仅仅是一次灾难，也是一次刻骨铭心的记忆。1848 年秋天，英国植物学家罗伯特·福钧（R. Fortune），受东印度公司派遣，来到徽州休宁松萝山，企图窃取松萝茶叶和种子。罗伯特·福钧的《中国茶区（松萝和武夷）旅行记》，也证明了这个事实。但是，很少有人知道罗伯特·福钧在中国、在松萝山等地充当英国间谍并窃取中国茶叶的机密。所以说，西方学者对神秘中国的好奇以及对东方财富的贪欲，都与茶叶有着千丝万缕的联系。

七、《松萝采茶词》与徽州女性

1877 年，传教士汉学家罗斯·霍顿（Ross C. Houghton）在他的《东方女性》一书中，以茂叟三十首《松萝采茶词》的译文作为辅助资料，借此来说明中国劳动妇女的生存境况、人格精神与审美取向；在扩展了西方中国传统女性研究视域的同时，也证明了《松萝采茶词》对这一领域鲜活的样本意义。因为西方学者从历史学、人类学的角度观照社会，向来对男女的性别差异以及社会分工反应敏锐。所以，《松萝采茶词》中的徽州采茶女引起了西方学者的注意。研究中国问题的当代人类学家，美国女学者葛希芝（Hill Gates）曾经明确指出，要了解整个中国的经济、政治和社会情况一定要看社会性别，不能只关注男性的工作，也必须观察女性都做些什么，是怎么做的。

古徽州处万山丛中，山多地少，土田确瘠，劳动最为艰辛，收成最为微薄；而素以刻苦耐劳著称于世的徽州女性，作为中华劳动妇女的一个代表，更是在艰苦环境中毅然挑起了扶老哺幼、主持家政、垦山劳作的重担，尤其是历经磨炼的徽州女性更是仁爱慈善、助人为乐、力所能及地关爱他人并留下了许多佳话。以致人们称赞“徽州女性”用自己的才智和生命、用自己的辛劳和默默奉献，参与创造了灿烂、博大精深的徽州文化。

在男耕女织的传统中国社会里，尤其是在徽州茶区，采茶焙茶似乎都不算是繁重的体力劳动；尤其是在繁忙的茶季，采茶主要由女性执行，焙茶也是女性可以参与并掌握其专业技术的加工过程，有明显的性别分工特征。在古徽州，茶区的茶姑、茶娘们通过自己的劳动，不仅仅能得到金钱的收入，也可以从中获得自我认同。这种好似约定俗成的分工，同时也决定了采茶女活动范围的两大空间：茶园和家里。其间的社会互动成为她们的生活重心，采茶和焙茶既是劳动，也是她们维持社交的一种方式，男性的身影在这里基本是被淡出并被边缘化。茶区的这些情况，在《松萝采茶词》中都有直接的而且是蕴含着诗意的反映。

长期以来，西方着眼于中国传统女性的研究大多围绕着家庭与婚姻、节妇与殉节、女性文盲与才女、娼妓与文学等主题展开，而且多以城市女性为研究对象，缺乏对农村劳动女性的关注。然《松萝采茶词》的传播，使得西方的研究者对中国传统女性的研究有了一个惊异的感觉和另类的认识。

《松萝采茶词》关于女子从事采茶活动描述，是东方女性的一个侧影，更多的是徽州女性别具一格的风采展现……她们“小姑大妇同携手”“一月何曾一日闲”“雨洒风吹失故吾”之际，她们“容颜虽瘦志常坚”，始终保持“惟愿侬家茶色好”及“笑指前村是妾家”的乐观积极心态。徽州女性，并不全是摇摇欲坠的缠足妇女，也不同于穿着文明新装进学堂的城市女性；经由《松萝采茶词》娓娓道来的，是持守中国劳动妇女传统品性与美德的徽州茶娘、茶姑。

《松萝采茶词》不仅描绘了一幅生机勃勃的茶园图画，还按照采茶时令的先后叙事抒情，聚焦茶乡采茶女典型的日常动态，铺陈她们的生活、思想和丰富的内心情感；这一切也是西方学者产生极大兴趣的原因所在……《松萝采茶词》还通过采茶女对劳作过程的自述，次第叠现出产区的种茶环境、采茶时序、烘焙情境，可谓是真切而具体。其间，也有茶叶采摘、制作等方面的技术要求，如茶叶的采摘，不同茶叶的采摘时间大都是有些差异的，有的要在无露之时，有的则必须在露浓之际。

在《松萝采茶词》的叙说中，徽州茶乡的景象清晰可见；茶园漫山遍野，茶村散落其间，岭上有茶姑、茶娘的山歌盘旋，岭下是家家炒茶焙茶，户户以茶待客。抽象的民俗民情由此变得真切可感，飘散着茶乡原生态的香高味浓。而随着采茶女日复一日的脚踪，《松萝采茶词》以个体的动态与情感为主线，勾勒出茶乡生活图景的不同侧面，可谓是淋漓尽致。

当松萝茶漂洋过海走向世界时，那些飘散在异域的松萝茶香，每一缕都渗透着采茶女的辛劳汗水，凝聚着她们朴素的希望。《松萝采茶词》没有《木兰辞》的线索清晰，叙事完整，也没有《琵琶行》的字字珠玑，起伏跌宕，然而，它已不仅仅是一组竹枝词，而是成为了一支“画笔”，为异邦无数好奇的眼睛从容描绘出了中国女性的本真生活状态和精神情感。

结　　语

回溯《松萝采茶词》西行的历程，不难看到，是茂叟和戴维斯这些受过良好教育且具有较高人文素养的西方精英，接触并高度评价了《松萝采茶词》，再将它翻译成英文公开发表；从而使《松萝采茶词》进入西方视野。这些倾心于中国文化的西方学者们，同时又是他们母文化圈中的权威；而《松萝采茶词》作为中国文化的一个有机组成部分，被权威地推向更广大的受众，由此广泛地流传开去，以致后来层出不穷、各取所需的摘引、转录和改写等，也绝不只是单纯的权威效应，更是《松萝采茶词》所携带的文化内涵中蕴藏的强大影响力。这份内在影响力的效果是显而易见的，首先在茂叟、戴维斯等人身上得到了印证，继而扩展到更深更广的大众层面。

作为中华文化西传史上的一个典型范例，《松萝采茶词》的流播再次证明了中华文化的普世性，及其为世界文化体系添砖加瓦的贡献。同时，也再一次证明了中国茶文化的无穷魅力，证明了徽州松萝茶的魅力。有山有水更有茶的徽州，是商贾之乡，更为“东南邹鲁”。自晋时开始，徽州人凭借本土茶、木两业的资源优势离乡经商，蔚然成风。至明清时期，随着松萝茶的问世以及茶叶需求量的激增，徽州茶叶生产在原有基础上迅速发展，一大批资本雄厚的徽州茶商应运而生，足迹几半宇内，一度执茶叶贸易之牛耳并享誉世界。

历代茶诗茶词中述及采茶场景甚多，但如此三十篇且充满诗情画意的《松萝采茶词》，在中国的茶诗茶词中也是难得一见，同时，这三十首《松萝采茶词》提及的徽州休宁、婺源茶区以及松萝茶品，更是一份难能可贵的近代茶文化遗产。所以，《松萝采茶词》不应该继续被埋没在本土浩瀚的古籍堆里，更不应该对它熟视无睹；其存在的历史价值及茶文化价值应该得到更公正的认识与评价。

后　　记

本文引用和借鉴了美国新泽西州威廉·帕特森大学语言文化系、关键语言中心主任，华裔女学者江岚的文字和观点，在此特别说明。同时，向江岚教授致以敬意并表示谢意！

附：《松萝采茶词》（三十首）

一、侬家家住万山中，村南村北尽茗丛。社后雨前忙不了，朝朝早起课茶工。

二、晓起临妆略整容，提篮出户露正浓。小姑大妇同携手，问上松萝第几峰？

三、空蒙晚色照山矼，雾叶云芽未易降。不识为谁来解渴？教侬辛苦日双双。

四、双双相伴采茶枝，细语叮咛莫要迟。既恐梢头芽欲老，更防来日雨丝丝。

五、采罢枝头叶自稀，提篮贮满始言归。同人笑向他前过，惊起双凫两处飞。

六、一池碧水浸芙渠，叶小如钱半未舒。行向矶头清浅处，试看侬貌近何如？

七、两鬓蓬松貌带枯，谁家有妇丑如奴？只缘日日将茶采，雨晒风吹失故吾。

八、朝来风雨又凄凄，小笠长篮手自提。采得旗枪归去后，相看却是半身泥。

九、今日窗前天色佳，忙梳鸦髻紧横钗。匆匆便向园中去，忘却泥泞未换鞋。

十、园中才到又闻雷，湿透弓鞋未肯回。遥嘱邻姑传言去，把侬青笠寄将来。

十一、小笠蒙头不庇身，衣衫半湿像渔人。手中提着青丝笼，只少长竿与细纶。

十二、雨过枝头泛碧纹，攀来香气便氤氲。高低接尽黄金缕，染得衣襟处处芬。

十三、芬芳香气似兰荪，品色休宁胜婺源。采罢新芽施又发，今朝又是第三番。

十四、番番辛苦不辞难，鸦髻斜歪玉指寒。惟愿侬家茶色好，赛他雀舌与龙团。

十五、一月何曾一日闲，早时出采暮方还。更深尚在炉前焙，怎不教人损玉颜。

十六、容颜虽瘦志常坚，熔出金芽分外妍。知是何人调玉碗，闲教纤手侍儿煎。

十七、活火煎来破寂寥，哪知接取苦多娇？无端一阵狂风雨，遍体淋淋似水浇。

十八、横雨狂风鸟觅巢，双双犹自恋花梢。缘何夫婿轻言别，愁上心来手忘梢。

十九、纵使愁肠似桔槔，且安贫苦莫辞劳。只图焙得新茶好，缕缕旗枪起白毫。

二十、功夫哪敢自蹉跎，尚觉侬家事务多。焙出干茶忙去采，今朝还要上松萝。

二十一、手挽筠篮鬓戴花，松萝山下采山茶。途中姐妹劳相问，笑指前村是妾家。

二十二、妾家楼屋傍垂杨，一带青阴护草堂。明日若蒙来相伴，到门先觉焙茶香。

二十三、乍暖乍凉屡变更，焙茶天色最难平。西山日落东山雨，道是多情却少晴。

二十四、今日西山山色青，携篮候伴坐村亭。小姑更觉娇痴惯，睡依阑干唤不醒。

二十五、直待高呼始应承，半开媚眼半难醒。匆匆便向前头走，提着篮儿忘盖簦。

二十六、同行迤逦过南楼，楼畔花开海石榴。欲待折来分插戴，树高攀不到梢头。

二十七、黄鸟枝头美好音，可人天气半晴阴。攀枝各把衷情诉，说到伤心泪不禁。

二十八、破却工夫未满篮，北枝寻罢又图南。无端摘得同心叶，纤手擎来鬓上簪。

二十九、茶品由来苦胜甜，个中滋味两般兼。不知却为谁甜苦，插破侬家玉指尖。

三十、任他飞燕两呢喃，去采新茶换旧衫。却把袖儿高卷起，从教露出手纤纤。

（本文原刊《农业考古》2015 年第 2 期）

茶禅诗书一味

——赵朴初对中国茶文化的伟大贡献

余世磊

赵朴初（1907—2000），安徽省太湖县人，曾任全国政协副主席、民进中央名誉主席、中国佛教协会会长。他是一位伟大的爱国主义者，著名的社会活动家，享誉海内外的诗人、书法家和慈善家，为中国人民解放事业和社会主义建设事业，为造福社会、振兴中华，作出了卓越贡献。

赵朴初一生爱茶，自诩为“茶篓子”。他虽然不精种植、制茶技术，但以其生花妙笔，写茶、书茶，极大地丰富了中国茶文化的内涵，提高了中国茶文化的品位，推动了茶产业的发展，成为受到茶界尊奉的“大茶人”。作为一名佛教徒，他将中国佛教文化中的“茶禅一味”，提升至更加丰富的“茶禅诗书一味”，成为中国佛教文化中的精彩篇章。

一、创作茶诗、茶书法，成为中国茶文化宝库的瑰宝

赵朴初受家庭和社会关系的影响，年轻时即皈依佛教，成为一名佛教居士。他从年少即严持食素，所到之处，但饮他人一杯茶。作为一名社会活动家，他的足迹遍及全国各地乃至世界上许多国家。每到一处，他以诗词的形式，记录下不同地区不同类型的茶事，包括茶叶生产、制作、民情风俗等。他不是美食家，但绝对可算得上一位“美茶家”，真正领略到饮茶的美好风味和绝妙境界。

20 世纪 50 年代初期，赵朴初遵照周总理的指示，利用中国与周边国家的佛教情缘，积极开展佛教文化交流活动，通过民间外交促进中国与这些国家的正式邦交，提高新中国佛教在国际上的影响，维护和促进亚洲和世界和平。1955 年，他和冰心等出席首届禁止原子弹、氢弹世界大会，这是赵朴初首次访日。在日本，他与日本佛教界建立了广泛的联系。他接受高阶珑仙长老的邀请，到东京八芳园品尝和式素斋，有诗为记：

作者简介：余世磊，安徽省赵朴初研究会副秘书长。

八芳园夜宴口占

天青瓷碗漆花盘，白饭清茶佐泽庵。领略禅家风味好，东京诗境八芳园。[1]

八芳园洁净、典雅，天青色的瓷盘，配着漆花木盘。虽曰夜宴，但极其简单，白饭、清茶，佐食不过一碟泽庵（咸萝卜）而已。短短一绝，生动地描绘了日本人茶食的场景、风俗，呈现出一个美好的“东京诗境”。

1960 年的春节，赵朴初随以楚图南为团长的中国文化代表团和民族歌舞团访问缅甸，时间长达一月有余。他写到缅甸人的饮茶：

忆江南·访缅杂咏

南国话，饮食有多方。湖岸行吟餐竹饭，橡林坐话啜椰浆。清味嚼茶姜。[2]

缅甸的茶不只是喝，也嚼着吃。茶叶加芝麻油、虾仁、姜、蒜，一层层堆着，发酵好了之后，随时取出嚼食。赵朴初一行走在秀美的湖岸，欣赏着旖旎的南国风光，唱着歌，吃着竹筒饭。坐在橡树林里聊着天，啜饮着新鲜的椰茶。把茶与姜放在一起共食，感觉味道特别的清新。

至于国内各地的茶，则大量见于赵朴初诗中。中国是茶叶大国，各地茶品种、茶风味、茶文化皆不同，呈现在赵朴初诗里，也是异彩纷呈。仅举二例：1986 年，赵朴初到广东视察佛教工作，在南海西樵山喝茶：

二月二十四日晚，抵南海，宿桃源阁，次日，游西樵山

七十二峰无尽藏，浅尝景物已堪夸。千花竞秀功名树，一叶回甘云雾茶。

山上龙舟呈浩渺，洞中窗格吐烟霞。古风爆竹喧人日，世内桃源现代家。[3]

那种云雾茶也是赵朴初没有喝过的，一片茶叶，居然可以泡上一大壶，不仅让人感到惊奇，还特别让人回味。

1986 年，在赵朴初的家乡——安徽省太湖县，开发了一种天华谷尖茶。县领导进京，带了些茶给赵朴初，赵朴初写下：

咏天华谷尖茶

深情细味故乡茶，莫道云踪不忆家。品遍锡兰和宇治，清芬独赏我天华。

赵朴初还特别写了一段序言：友人赠我故乡安徽太湖茶，叶的形状像谷芽，产于天华峰一带，所以名“天华谷尖”。试饮一杯，色碧、香清而味永。今天，斯里兰卡锡兰红茶，日本的宇治绿茶，都有盛名。我国是世界茶叶的发源地，名种甚多。“天华谷尖”也应属于其中之一，是有它的特色的。[4]

赵朴初把锡兰茶和日本宇治茶与天华谷尖作对比，极大地褒扬了家乡茶，洋溢着感人的乡情，从而使家乡茶名气大增。

1994 年后的赵朴初，因为身体不好，长期住院。在病房里，人事稍闲，却激发了赵朴初许多灵感，创作了许多优秀的“病房诗”。而日常所饮之茶，

---

①②③④　赵朴初，2003. 赵朴初韵文集．上海：上海古籍出版社．

也成为赵朴初写诗的重要素材。

感冒饮茶

不可以风别有风，茶香远胜浊醪浓。众乐何妨吾独乐，柠檬佐饮锡兰红。[①]

“众乐何妨吾独乐”，与众人一起乐，但也不妨一个人独自享受一份快乐。将柠檬切片，和锡兰红茶一起煮饮，酸苦甜味俱有，可以杀菌消毒，能够治感冒。再平常不过的饮茶，在赵朴初笔下，也充满了诗意。

赵朴初是书法大家。其一生临池不辍，对书法艺术孜孜以求，其书法于20世纪50年代开始出名，“文化大革命”后名声大振，特别是到了晚年，求字者可谓踏破门槛，不堪应付。赵朴初总是尽量满足别人，以书法广结善缘。“字如其人”，是赵朴初书法的突出特征，展示出极其典型的文人书法特色。

赵朴初创作茶诗，又再一次将茶诗创作成书法作品，姑且称之“茶书”，赠予有缘人。赵朴初的茶书，充分展示了一个茶人的心情和修养，不乏许多艺术珍品。每次与茶邂逅，他总是难掩内心的喜悦，形之于笔下，如书《御茶园饮茶》《与述之兄晤聚于方行、辛南伉俪家，谈笑竟日，述兄以故乡新茶相赠，漫成一绝，以博一笑》等，楷中略行，花开水流，欢快流畅，得大自在。有时，他由茶而生对众生、对国家、对家乡的报恩之情，则用笔端庄，一笔不苟，如书《题天华谷尖茶》《题〈中国——茶叶的故乡〉》等，以正楷为主，情意溢于纸上。

赵朴初一生创作的诗词作品，目前初步统计为2 200多首，大部分作品结集《赵朴初韵文集》，其中涉及茶诗的有百余首之多。赵朴初留下书写这些茶诗的书法，为天华谷尖、金寨翠眉等茶题名，为许多茶著作题签，书写过苏轼、郭祥正等历代茶人所作茶诗，还赠人以与茶有关的如“茶禅一味”条幅等各类作品，数量甚多。这些茶诗、茶书，堪为中国茶文化宝库中闪光的瑰宝。关于赵朴初这些茶作品及其论述，有李敏生主编《赵朴初咏茶诗》[②] 和余世磊主编《茶禅诗书赵朴初》[③] 等专著。

二、将“茶禅一味”提升至更加丰富的“茶禅诗书一味”

佛教崇尚饮茶，有“茶禅一味”之说。此处“一味”，是指茶文化与禅文化有共通之处，是同一种风味。茶有提神醒脑的功效，对于出家人修禅打坐是十分有益的，而名山出名茶，寺庙又多建在名山，故许多寺院出产名茶。禅宗

① 赵朴初，2003. 赵朴初韵文集. 上海：上海古籍出版社.

② 李敏生，2007. 赵朴初咏茶诗. 北京：朝华出版社.

③ 余世磊，2018. 茶禅诗书赵朴初. 合肥：安徽大学出版社.

有关“茶”的公案可谓不可胜数，如著名的赵州从谂禅师“吃茶去”、百丈安禅师“更吃一碗茶”等。

作为佛教徒的赵朴初，其大量诗作在无意中流露出或深或淡的禅意。与茶相关的诗中，更多一份禅味。赵朴初是做佛教工作的，常去寺院。每到一个寺院，寺僧往往以茶相招。在寺院中吃茶，自然比俗世又要更多一份禅味。1961年7月22日，以赵朴初为团长的中国宗教界代表团一行5人到日本东京参加世界宗教徒和平会议。会后，京都佛教界的朋友又邀请赵朴初去比叡山、黄檗山参访。赵朴初写日本黄檗山：

黄檗山

普茶饭，倍情亲，一堂早课随钟磬。真个是万里香花结胜因，三百载一家心印。①

普茶饭，即寺院里请僧众一起喝茶、吃饭。赵朴初在黄檗山惊奇地发现，自己所见所闻，与中国寺庙基本一样。在这样的茶饭里，诗人不仅感觉到禅意，也感受到中日佛教文化交流之历史悠久，中日两国佛教徒之法谊深厚。

1994年春，赵朴初南下，视察江苏佛教。法师们以茶相赠，在诗人笔下，无不洋溢着深深的禅意。

忆江南·安上法师赠碧螺春新茶

殷情意，新茗异常佳。远带洞庭山色碧，好参微旨赵州茶。清味领禅家。②

苏州西园寺方丈安上法师来南京拜望赵朴初，特赠新春碧螺春茶，赵朴初以诗回赠。“殷情意，新茗异常佳。”这一碗清香的碧螺春，不仅味道极佳，更是安上法师一片浓厚的情意。“远带洞庭山色碧”，生动地写出了碧螺春如山的碧色。“好参微旨赵州茶”，喝着这一碗茶，更重要的是能够参悟到茶中蕴含的禅味。“清味领禅家”，最好的茶味，还是在佛家里，是“茶禅一味”。

特别是赵朴初到了晚年，毕生修行，阅尽沧桑，愈发进入无我的禅的境界，体现在其茶诗里。如：

病房生活（选四）

一、清心须清腹，日摩三百回。何事最堪喜？饮茶第一杯。

二、茶有诸宗派，种制各有异。但以喜心饮，一一有禅意。

三、吾爱荣西师，茶禅一味语。和敬与清寂，四海来今雨。

四、汤药午前后，两占茶人肠。常感毛公救，青囊与锦囊。③

病房成为赵朴初参禅之地，茶成为赵朴初参禅的契机。佛家以病为师，以烦恼化菩提。赵朴初正是这样，把病境视为乐境，享茶饮，助诗思，证禅意。

赵朴初作为佛子、茶人，在他的日常生活中，可谓充满了“茶禅一味”。

①②③ 赵朴初，2003. 赵朴初韵文集. 上海：上海古籍出版社.

而他作为一个诗人，以诗来写茶、解禅，让文雅的诗味融入“茶禅一味”之中。而他作为一个书法家，以书法的艺术来表现茶、禅、诗，书法中有茶的清纯、茶的妙香，又揉以墨香、诗韵、禅意。可以说，他是以心为炉，以茶、禅、诗、书为原料，烹出一种浓烈而美好的“茶禅诗书一味”。

佛教僧人自古诵经、品茗，佛教文化中凝聚着丰富的茶文化。佛教为茶文化提供了“无我”的哲学思想，深化了茶文化的思想内涵，使茶文化更具神韵。尤其是禅宗的空明灵彻、安定祥和，在茶里更是得到生动的展现。诗与书都是表现气质与美感的，添得茶事、禅意，使得气质更加清纯，美感略显空灵。而茶与禅同样，若得诗与书来表现，其神韵与空明更上一层。故说，无论是“茶禅一味”“茶诗一味”“诗禅一味”或“茶书一味”，这些“一味”都没有达到最妙的境界。而最妙的境界，是将这茶、禅、诗、书融为一味，是将更多美妙、益心的物事融为一味。

能像赵朴初一样，妙手灵心，将茶、禅、诗、书，乃延伸至画、乐、舞等融为一体者，也还是大有人在的。我们不仅可以认真品味、分析赵朴初有关茶诗、茶书所表现的佛禅意味和艺术水准，还可从两千年佛教文化中，去寻找和发掘有关现象和内容，在“茶禅一味”的基础上，把“茶禅诗书一味”提炼上升为一种理论，并且加以实践，使之成为一种文化现象。

三、努力开展不同国家和地区茶文化交流

赵朴初每到一地，喝着当地的茶，都会对茶表现出特别浓厚的兴趣，并把感受写于诗中。他写过中国不同地区的茶，也写过不同国家的茶，这本身就是一种茶文化的推介和交流。

赵朴初十分重视和支持中国茶事业的发展，凡有所求，必定尽力支持。

为了团结海内外中华茶人，发扬爱国主义，增进茶事友谊与合作，弘扬茶文化，促进茶叶事业的发展，1988 年，经土畜产进出口总公司顾问黄国光提议，筹备成立中华茶人联谊会，报经民政部正式批准，1990 年 8 月在北京召开成立大会。赵朴初一直对此事表示极大支持，因忙不能参加成立大会，特写诗祝贺：

贺中华茶人联谊会成立之庆

不美荆卿游酒人，饮中何物比茶清？相酬七碗风生腋，共吸千江月照心。
梦断赵州禅杖举，诗留坡老语花新。茶经广涉天人学，端赖群贤仔细论。①

诗人信手拈来许多典故，赞美茶之高贵、美好。最后的“茶经”，不是简

① 《中华茶人》1992 年第 1 期。

单指陆羽的《茶经》，而是指所有关于茶的学问和知识，广泛涉及人天之学。赵朴初希望联谊会各位茶人贤者慢慢去研究、弘扬。

像这样为茶活动的题词还有很多，如《题〈茶经新篇〉》《题〈中国——茶叶的故乡〉》《中日茶文化交流八百周年》等。

1992 年，赵朴初联络全国佛教界、文化界等社会各界爱好、关心茶禅文化的知名人士共同发起成立中国茶禅学会。1992 年 12 月，中国茶禅学会筹备组报请当时的国务院宗教事务局同意，正式向民政部提出申请。经民政部社团司审核，1993 年 7 月正式批准成立中国茶禅学会。同时，中国茶禅学会第一次全国理事会会议召开，赵朴初当选会长。中国茶禅学会自成立以来，在赵朴初的高度重视下，在弘扬中国茶禅文化，促进国际友好文化交流中开展了许多工作。目前，中国茶禅学会继承赵朴初遗愿，仍然不定期开展不同内容的活动。

赵朴初在国际茶文化交流上作出的突出贡献，是他倡导对日本茶道的学习和借鉴。

日本茶道源自中国，代有发展，里千家和远州流是日本较为有名的茶道流派。赵朴初访日时，亲见日本茶道，对这些在中国失传、在日本得到光大的茶文化十分欣赏，希望能将它引回中国。为此，他做了大量的工作。在他的盛情邀请下，1981 年 7 月 8 日，以日本里千家千宗室家元为团长的日本里千家茶道文化交流使节团一行 45 人，在北京广济寺大殿佛前举行了隆重的供茶仪式。1994 年 9 月，日本茶道里千家驻京办事处在北京外国语大学茶室内举办茶会，赵朴初亲自参加活动。1994 年 10 月，赵朴初在中国佛教协会亲切会见了日本里千家千宗室家元，双方就以茶会友、广结善缘来加深友好往来的问题达成了共识。1995 年 2 月 10—14 日，应赵朴初的邀请，里千家茶道“中日茶道交流视察团”赴福建省厦门、武夷山、福州进行了友好访问；1995 年 7 月 1 日，应赵朴初的邀请，日本远州流茶道中日文化友好交流访华团来到北京，做茶道交流。1995 年 5 月 23 日，“中韩日三国佛教友好交流大会”在北京召开。开幕式上，举行了“中韩日三国佛教友好交流会议祈祷世界和平法会”，受赵朴初邀请，里千家茶道千宗室家元率团在会前举行了庄严的“献茶仪式”。1996 年 6 月 28 日，里千家千宗室家元（坐忘斋）率访华青年之船来华，在人民大会堂表演茶道。赵朴初和中国人民对外友好协会副会长王效贤、文化部副部长刘德有前去观看，还把佛学院的学生也全部派去观摩学习。

1995 年，赵朴初与时任中国佛学院副院长传印法师商定，请日本里千家在中国佛学院开设茶道课，由日本派遣讲师。中国佛学院自开设日本茶道课程以来，至今有历届数十位学生毕业并取得了证书。每年春天，中国佛学院所在地法源寺丁香盛开之际，中国佛学院都要举办丁香茶会，这些活动极大地推动了茶道在中国佛教界的传播，并扩展至整个中国社会。[1]

四、将茶文化的闲情雅致，提升至报众生恩的崇高境界

赵朴初作为佛子，积极践行大乘佛教精神，以“知恩报恩”作为自己毕生的行愿。佛教有四恩之说，即父母恩、国家恩、众生恩、三宝恩，而赵朴初最看重的是报众生恩。正是因为众生的劳作和付出，才有了我们的一切，此恩最不可忘，最该去报。

喝茶，在很多人眼里，可能只是闲情雅致，而在赵朴初的眼里，借此广结善缘，更希望世人在喝茶中不忘众生，并努力去报众生恩情，从而将喝茶提升至一种极其崇高的境界。

1990 年底，赵朴初视察云南上座部佛教。诸事完毕，从西双版纳返回昆明，主人安排他到温泉宾馆泡个澡，让他好好休息一下。品味着南方的好茶，享受着舒适的温泉，他写下一首诗：

温泉宾馆

无事是有福，负暄睡无梦。饮茶气清新，吸氧神飞动。

温良喜友朋，贤劳感卫从。洗身复洗心，为作温泉颂。[2]

当赵朴初享受着这些清闲和快乐之时，他首先想到的是他人，正是得益于有那么多朋友热情安排，得益于随行者、工作人员的精心服务、保卫，才有了这种清闲与舒适，不能不对他们表示感恩。不仅是对众生，对世间一切都值得感恩。

1994 年 4 月，赵朴初到江苏视察佛教工作。在南京鸡鸣寺，有关人员陪同他在豁蒙楼休息喝茶。他填写了这首《忆江南》：

四月三日，访鸡鸣寺

饮茶处，旧日豁蒙楼。供眼江山开远虑，骋怀云物荡闲愁。志业未能休。[3]

此词着重写了饮茶于豁蒙楼之感想，“供眼江山开远虑，骋怀云物荡闲愁”，看着远处的江山，让思想驰骋于云物之外，感觉个人的一些思虑、闲愁都被涤荡干净，心中只有“志业未能休”，这种志业，可以理解为建设国家，为报众生恩。

赵朴初是这么说的，也是这么做的，报众生恩不尽，直至他生命的最后一息。

---

① 中国佛学院，2016. 法海涌碧波——中国佛学院六十年历程 . 北京：宗教文化出版社 .

②③ 赵朴初，2003. 赵朴初韵文集 . 上海：上海古籍出版社 .

结　语

习近平总书记在党的二十届三中全会上再次强调："必须增强文化自信，发展社会主义先进文化，弘扬革命文化，传承中华优秀传统文化，加快适应信息技术迅猛发展新形势，培育形成规模宏大的优秀文化人才队伍，激发全民族文化创新创造活力。"

自古以来，中国人就种茶、制茶、饮茶，茶几乎与每个中国人每天的生活息息相关。数千年形成的中国茶文化，无疑是中华优秀传统文化的一部分。在今天，做好茶文化、茶产业、茶科技"三茶统筹"工作，特别是继承发扬中国优秀茶文化，对于我们进一步提高生活品位、推进中国式现代化建设、推进人类命运共同体建设等必然发挥极大的促进作用。

古人将茶、禅相结合。而在赵朴初这里，又将诗、书融入茶、禅之中，形成更为隽永悠长的"茶禅诗书一味"。在此基础上，我们还可以将茶与音乐、绘画、建筑、旅游等相结合，形成更加丰富的味道，提升我们每个人乃至整个社会的生活和精神境界，从而丰富和发展社会主义先进文化。而赵朴初对中国茶文化的这些贡献和做法，无疑值得我们学习和借鉴。

第二篇

茶 史 探 赜

全球史视野下清代中后期徽州茶商的际遇

康　健

引　言

18世纪后期到19世纪60～70年代为国际茶叶贸易格局的重要转折期。其重要转向有二：一是国际茶叶贸易格局由绿茶为主向红茶为主转变；二是19世纪60年代以后，华茶在国际贸易中"一统天下"的局面被打破，转而面临周遭国家茶叶产品的激烈竞争。中国绿茶在国际市场上的份额逐渐被日本绿茶挤占；虽然国际茶市中红茶贸易日趋繁荣，但中国红茶逐渐受到印度、锡兰等英属殖民地所产红茶的强烈冲击。在此国内外局势复杂多变的近百年时间里，徽州茶商发展历经繁荣—受挫—复兴的曲折际遇。

以往学界有关徽州茶商的研究成果虽然颇为丰硕①，但未能深刻注重从全球史视野综合考察徽州茶商如何应对日益复杂的国际茶叶贸易格局②，以及徽州茶商如何因时而变，追求创新而走向复兴的背后逻辑，因而在相当程度上限制了研究的深度和广度。有鉴于此，笔者从全球史的视野切入，综合考察18世纪后期到19世纪60～70年代的百年国际贸易格局重大变动下徽州茶商的际

作者简介：康健，安徽师范大学历史学院研究员，历史学博士，研究方向为明清社会经济史、茶叶贸易史和徽学。

① 吴仁安、唐力行：《明清徽州茶商述论》，《安徽史学》1985年第3期；张燕华、周晓光：《论道光中叶以后上海在徽茶贸易中的地位》，《历史档案》1997年第1期；王国键：《论五口通商后徽州茶商贸易重心转移》，《安徽史学》1998年第3期；周晓光、周语玲：《近代外国资本主义势力的入侵与徽州茶商之兴衰》，《江海学刊》1998年第6期；周晓光：《清代徽商与茶叶贸易》，《安徽师范大学学报（人文社会科学版）》2000年第3期；张小坡：《近代徽州茶商的同业组织及劳资关系处理》，《中国农史》2018年第3期；梁仁志：《近代徽州茶商的崛起与新变——兼论徽商的衰落问题》，《安徽大学学报（哲学社会科学版）》2018年第6期等。另外，关于徽州茶商研究的综合回顾，可参阅朱传炜、康健：《新世纪以来徽州茶商研究回顾与展望》，《农业考古》2019年第2期。

② 仅有少数学者注意到从国际贸易角度关注徽州茶商、茶农研究，如陈国栋：《馥馨茶商的周转困局——乾嘉年间广州贸易与婺源绿茶商》，李庆新主编：《海洋史研究》第10辑，社会科学文献出版社2017年版，第393－434页；刘永华：《小农家庭、土地开发与国际茶市（1838—1901）——晚清徽州婺源程家的个案分析》，《近代史研究》2015年第4期；［美］刘仁威著，黄华青、华腾达译：《茶业战争：中国与印度的一段资本主义史》，东方出版中心2023年版，第62－95页。

遇以及应对之策，以期从宏观上深化对近代徽州茶商与茶叶贸易发展的既有认识。

一、繁荣的隐忧："广州体制"时期徽州茶商贸易之盛衰

17世纪初，荷兰人最早将中国茶叶作为商品输入欧洲，此后英国、法国、瑞典、丹麦、美国等相继来华采购茶叶，运往欧美销售，从而开启茶叶的全球贸易格局。荷兰、英国最初来华主要是购买绿茶，18世纪30年代以后，对华贸易中红茶采购量逐渐增加，18世纪中叶，形成绿茶、红茶并重的贸易格局，到18世纪后期，红茶贸易逐渐超过绿茶成为新的发展趋势。尤其是在18世纪末至19世纪初，以英国为主导的国际茶叶贸易格局中，红茶贸易占据压倒性地位，并随着时间推移而愈发明显。早在20世纪70年代，日本学者角山荣就注意到，18世纪中期英国进口的茶叶中，红茶占66%，绿茶约占34%，"红茶与绿茶的地位发生了逆转，英国人选择红茶的取向已固定下来"①。

19世纪中叶以前，中国几乎为世界唯一的产茶大国，西方茶叶贸易份额几乎为中国独占。因此，18世纪中叶以后国际茶叶贸易格局由绿茶为主向红茶为主的整体转向对中国茶叶出口产生深远影响，刺激徽商积极从事茶叶出口贸易，推动徽茶大量出口。彼时徽商不断将松萝茶、屯溪绿茶运往广州，通过十三行的行商出售给洋商，从而转口到欧美国家。荷兰、英国、美国等国家则从广州大量购买松萝茶、屯溪绿茶。从1742年开始，荷兰对华茶叶贸易中大量采购松萝茶、屯溪绿茶等徽州绿茶。1742年购买松萝茶75 710荷磅，占对华茶叶贸易总量的8%。1743年采购松萝茶193 041荷磅，占对华茶叶贸易总量的18.3%。② 该年为荷兰采购松萝茶数量最多的年份，此后荷兰虽然每年采购松萝茶，但数量逐渐减少，该国在对华茶叶贸易总量中所占比重也不断降低。1760—1794年，荷兰每年都从广州采购屯溪绿茶，形成了松萝茶、屯溪绿茶并行的徽茶出口局面。1760年，荷兰从广州采购屯溪绿茶51 747荷磅，1761年采购屯溪绿茶28 747荷磅。因受到国际茶叶贸易格局转变的影响，1760年以后，荷兰在广州采办的绿茶也逐渐减少，采购的松萝茶、屯溪绿茶仅占茶叶总量的5%～10%，而武夷、工夫、小种、白毫等则占90%以上。③

---

① ［日］角山荣著，崔斌译：《茶的世界史：绿茶的文化和红茶的社会》，台海出版社2021年版，第49页。

② 刘勇：《近代中荷茶叶贸易史》，中国社会科学出版社2018年版，第193页。

③ 刘勇：《近代中荷茶叶贸易史》，中国社会科学出版社2018年版，第197-207页。

18 世纪中叶以后，英国东印度公司虽然形成红茶为主、绿茶为辅的对华茶叶贸易结构，但在广州采购的松萝茶、屯溪绿茶也颇多。这主要是因为采购绿茶走私到欧美其他国家能获得巨大经济利益。1730 年，英国东印度公司职员米德尔顿和韦塞尔两人坚持说，“给尼什的训令只包括供应绿茶，连续五个月都反对他的各项订购，只承认松萝茶一项”，那个贸易季购买松萝茶 6 000 担，每担价格在十五六两①，可见，当时徽州松萝茶出口英国颇为兴旺。1720 年，英国从中国进口的茶叶中 50%以上是松萝绿茶，到 1750 年以后，进口到英国的松萝绿茶下降为 30%，武夷红茶上升到 60%以上。② 1778 年开始，英国逐渐在广州采购屯溪绿茶。当年，英国东印度公司从潘启官、瑛秀、文官、周官、球秀等行商手中采购从徽商那里贩运来的松萝茶和屯溪绿茶 8 000 担。③ 1784 年英国在广州行商潘启官、石鲸官、周官、钊官、鹏官等手中采购松萝茶、屯溪绿茶 11 000 担。④ 1787 年贸易季，从广州运出的松萝茶和屯溪绿茶多达 40 000 担。⑤

独立战争之后，美国民众的茶叶消费从红茶为主向绿茶为主转变。美国消费者的口味逐渐丰富化，从一味依赖武夷红茶转向饮用口感更加丰富的小种、白毫、熙春、松萝、雨前、珠茶等茶叶品种。⑥ 徽州的松萝茶、屯溪绿茶通过广州十三行出口美国。

18 世纪中叶以后，西方人饮茶习俗日趋普及，荷兰、英国、美国等国对华茶叶贸易需求日益增长，华茶采购量不断加大，有力地刺激华商不断将茶叶运往广州出口。梁嘉彬在《广东十三行考》说：“茶叶一项，向于福建武夷及江南徽州等处采买，经由江西运入粤省。”⑦ 徽商将本地所产松萝、屯溪等绿茶大量运往广州出售，从事“广庄”生意的徽商日益增多。

“中国铁路之父”詹天佑出自著名的茶商家族，自清中叶以来，该家族四五代人持续在广州经营茶叶贸易。詹天佑的曾祖父詹万榜生于乾隆十年

① ［美］马士著，区宗华译、林树惠校、章文钦校注：《东印度公司对华贸易编年史（1635—1834 年）》第 1 卷，广东人民出版社 2016 年版，第 228 - 229 页。

② ［美］简·T·梅里特著，李小霞译：《茶叶里的全球贸易史：十八世纪全球经济中的消费政治》，中国科学技术出版社 2022 年版，第 37 - 38 页。

③ ［美］马士著，区宗华译、林树惠校、章文钦校注：《东印度公司对华贸易编年史（1635—1834 年）》第 2 卷，广东人民出版社 2016 年版，第 32 页。

④ ［美］马士著，区宗华译、林树惠校、章文钦校注：《东印度公司对华贸易编年史（1635—1834 年）》第 2 卷，广东人民出版社 2016 年版，第 113 - 114 页。

⑤ ［美］马士著，区宗华译、林树惠校、章文钦校注：《东印度公司对华贸易编年史（1635—1834 年）》第 2 卷，广东人民出版社 2016 年版，第 147 页。

⑥ ［美］简·T·梅里特著，李小霞译：《茶叶里的全球贸易史：十八世纪全球经济中的消费政治》，中国科学技术出版社 2022 年版，第 203 页。

⑦ 梁嘉彬：《广东十三行考》，广东人民出版社 2009 年版，第 140 页。

(1745)，卒于嘉庆十年（1805)，其在乾隆中叶以后“贷资经商，独偿众逋数千”[①]，开启其家族在广州的茶叶外销贸易事业。[②] 万榜之子世鸾（1772—1839）继承父业，“关外遭回禄，茶商窘，不得归，多告贷，鸾慷慨赀助，不下万金”[③]。为便于经商和子弟在侨寓地读书仕进，嘉庆二十五年（1820)，世鸾在广东南海县申请入籍成功。世鸾子兴洪（1823—1903）继续在广州从事茶叶贸易。当时詹氏家族共有 12 个房派，其中长、二房留在徽婺家乡，第七房分迁粤东阳江，其余九房在粤东省城居住，多从事茶叶贸易。[④]

婺源清华东园胡氏在乾隆以后，大量前往江西、广州从事茶叶贸易。胡植奎父亲在广州经营茶叶贸易，娶东粤女卢氏，生植奎。植奎“年十二，习会计，于豫章出入”，其后继承父业，继续从事茶叶贸易，“由是经商东粤，时往来存问”。[⑤] 嘉庆、道光之际，胡承合（1794—1845)，“谋生理于江右，持筹握算，积余资业茶东粤”[⑥]，“以茶业益大其家，自是新堂宇，拓田园，入资为国子生，复由国子生转贡生”[⑦]。胡高端（1744—1802)，以经营茶行为生。高端子大榜（1781—1820)，“承袭祖业，业茶为生”；大榜长子仕德（1803—1850)，“自父弃世，箕裘克绍，家业光前，商茶往来粤东十有余载”[⑧]。祖孙三代持续在广州进行茶叶贸易。

歙县茶商是徽州茶商中的一支劲旅。嘉庆前期，歙县人江绍莲云：“北擅茶荈之美，近山之民多业茶，茶时虽妇女无自逸暇。……歙之巨商，业盐而外，惟茶北达燕京，南极广粤，获利颇赊。其茶统名松萝，而松萝实乃休山，匪隶歙境，且地面不过十余里，岁产不多，难供商贩。今所谓松罗，大概歙之北源茶也。其色味较之松罗，无所轩轾，故外郡茶客胥贩之于歙，而休山转无过问者矣。”[⑨] 可见，歙县茶商在北京、广东等地的茶叶贸易颇为兴盛，贩运松萝茶的利润也较为丰厚。歙县薛坑口人毕体仁是个既以行医为生，又是从事茶叶生意的中小茶商。道光十五年（1835)，其父毕肇翰在歙县南乡土名末坑口的地方购置茶行屋业，行屋“前后三进，并左边厢屋门前披壤前通河，后至山，余业据一应买价，连过税中资，共计用去足钱一千三百余千文”。随后，

---

① 道光《婺源县志》卷 20 之 3，《人物九・孝友四》，道光五年刻本，第 10 页。

②④ 《徽婺庐源詹氏支派世系家谱》，光绪十年詹天佑手书族谱。

③ 光绪《婺源县志》卷 35《人物十・义行八》，光绪八年刻本，第 11 页。

⑤ 《婺源清华东园胡氏勋贤总谱》卷 6《艺文・植奎五十序》，民国五年刻本，第 101 页。

⑥ 《婺源清华东园胡氏勋贤总谱》卷 6《艺文・承合妻戴氏八十寿序》，民国五年刻本，第 109 页。

⑦ 《婺源清华东园胡氏勋贤总谱》卷 7《艺文・承合传》，民国五年刻本，第 6 页。

⑧ 《婺源清华东园胡氏勋贤总谱》卷 7《艺文・仕德传》，民国五年刻本，第 30 页。

⑨ （清）江登云始辑、（清）江绍莲续编，康健校注：《橙阳散志》卷末《备志・歙风俗礼教考》，安徽师范大学出版社 2018 年版，第 329 页。

将茶行“租与张永大号设做京庄”。[①]

道光十七年（1837），英国怡和洋行商人查顿从广州十三行行商安昌行签订购茶、存茶合同，“恒义二五箱屯茶二百一十件”。[②] 道光十八年（1838），英国怡和洋行从徽商溥馨茶号采购茶叶，双方约定，“和平茶一千六百篓，约共八百担，言明每担（无饷）价银四两五钱正，限至七月尾陆续交足，即收到定银一千五百元，其余俟货交到之日，一色找楚，不得至误”。[③] 同年，英国商人查顿在行商仁和行那里购买“和顺长箱屯茶二百七十件、锦美斗箱屯茶九十八件”[④]。这些都反映出鸦片战争前夕，徽商将屯溪绿茶运至广州，通过行商转售给洋商的贸易不断发展。

虽然当时包括徽茶在内的华茶出口欧美兴盛一时，徽州茶商由此发家致富者甚多。从 19 世纪初开始，广州十三行行商的资金日益短缺，周转不灵，纷纷向洋商借贷，由此陷入日益严重的债务危机，影响了茶叶出口贸易。[⑤] 徽商多将茶叶贩运给行商，通过行商转售给洋商，因而行商的商业困境直接影响了徽商茶叶贸易。其中又以婺源馪馨号茶商和徽商刘德章创办的东生行盛衰轨迹尤为典型。

嘉庆年间，婺源馪馨茶号洪氏茶商在广州从事茶叶贸易达数十年，“父亲提办全泰字号来广，二十余年；又接手经营，于今五十一年”，经营松萝茶和馪馨、馨馨、庆馨、穌馨、惟馨各字号熙春茶，“除纳息之外，年年颇沾微利”。但在嘉庆十四年（1809）以后，该茶号在对外贸易中一直亏损。嘉庆十六年（1811）以后，该商每年收到英国东印度公司订单银，采办三四千件松萝茶。但因资金有限，多借款办茶，结果“年年拖利，互相滚赔，共计约亏去三万。再加二十二、三两年，屯茶又赔蚀一万余两之多”。因亏损过大，洪氏茶商十分沮丧，“如此亏空重大，毫无花费分文，自知年已七旬，命途多蹇，欠债又深。计欠广东银一万九千两，江西及南雄、韶州等处一万一千余两，休宁七千七百余两，婺源家乡五千五百余两。谅难借本经营，筹划无法，只得盘算不得已歇业倒帐”。嘉庆二十三年（1818）亏损最多。当年该商号“接办屯茶三千件（连同孚五百在内），连正、皮茶共过本四万二千零，内蒙付定单银一

① 《薛坑口茶行屋业本末附体避乱实录兼叙平生碎事》，王振忠主编：《徽州民间珍稀文献集成》第 2 册，复旦大学出版社 2018 年版，第 414 页。

② 《道光十七年安昌行为英国商人查顿存储茶叶合同》，英国剑桥大学怡和洋行档案，档号 MS JM/H1/31/01。

③ 《道光十八年溥馨印章单据》，英国剑桥大学怡和洋行档案，档号 MS JM/H1/32。

④ 《道光十八年仁和行英国商人查顿购买茶叶合同》，英国剑桥大学怡和洋行档案，档号 MS JM/H1/33。

⑤ 陈国栋著，杨永炎译、陈国栋校译：《经营管理与财务困境——清中期广州行商周转不灵问题研究》，花城出版社 2019 年版。

万五千，另借本二万七千零，净赔本利九千二百余两”。[①]向英国东印度公司求助无果，该商号茶商不久之后倒闭歇业。[②]

19 世纪开始，广州贸易行商提供的出口茶叶多集中在福建的武夷、工夫和屯溪茶等种类，“行商经常拒绝包括其他任何种类”。[③] 当时经营屯溪茶的为怡和行、丽泉行、广利行和东生行四大行商，四家占据英国东印度公司在广州采购屯溪茶贸易额的一半以上。这些行商大多从徽商手中采购屯溪茶，其中东生行由徽商刘德章开设，1828 年采购的屯溪茶达到顶峰的 10 000 箱。[④] 彼年东生行的行商刘东给英商的信中说：“承问徽茶一节，今五月初四日，徽州洪水涨发，茶叶被冲，尚属有限，谅不至有碍。昨彝山客人来信，据云今岁头二春茶价，比旧岁贵一两有零。其茶因雨水太多，茶身未免稍粗。三春丰熟，比前价略松一两。”[⑤] 可见，当年因雨水过多，东生行的徽茶和武夷茶生意受到一定影响。仅仅两年以后，即道光十年（1830），徽商开设的东生行陷入巨大的财务危机。英国东印度公司大班向两广总督呈文，要求地方官府帮助追讨东生行商欠。[⑥] 两广总督李某发文指出，“东生行既系该职员先人遗业，前曾在行帮办理。今被夷人指控私携银两归家，责无旁贷，应即帮同刘东实力清理，并将各夷账银两上紧，设法措还，不得藉词诿卸”，要求东生行偿还债务。但因欠款多达数十万两，东生行无力偿还，最终倒闭。[⑦] 十月初八，南海知县发布告示，查封东生行的行栈、房屋产业，“交众商变卖，先完饷项，次及夷欠”。剩下债务则由“众洋商在洋行公用银两，分限摊还”。[⑧] 东生行的盛衰可谓当时徽商茶叶贸易兴衰的一个缩影，折射出广州贸易繁荣背后暗含巨大的商业风险。

此外，黟县卢氏茶商不仅在汉口、常德从事内销茶贸易，也在广州经营外

---

① 《嘉庆二十五年安徽馥馨字号茶商陈情书及历年赚赔情形清单》，英国国家档案馆藏，档号 FO 1048/20/5。

② 陈国栋《馥馨茶商的周转困局——乾嘉年间广州贸易与婺源绿茶商》，李庆新主编：《海洋史研究》第 10 辑，第 393 - 434 页。

③ ［美］马士著，区宗华译、林树惠校、章文钦校注：《东印度公司对华贸易编年史（1635—1834 年）》第四卷第 256 页。

④ 吕长岭：《清代“一口通商”时期徽州“屯溪茶”外销到英国东印度公司的出口量研究》，《黄山学院学报》2020 年第 4 期。

⑤ 《道光八年刘东通报外商徽茶行情》，英国国家档案馆藏，档号 FO 1048/28/42。

⑥ 《道光十年英国广州商馆大班具禀两广总督追讨东生行商欠》，英国国家档案馆藏，档号 FO 1048/30/5。

⑦ 吕长岭、冷东：《徽商刘德章家族与清代国际贸易》，周晓光主编：《徽学》第 16 辑，社会科学文献出版社 2022 年版，第 168—194 页；吕长岭、冷东：《徽商刘德章家族与清代国际贸易（续）》，周晓光主编：《徽学》第 17 辑，社会科学文献出版社 2022 年版，第 136 - 176 页。

⑧ 《道光十年南海县处理东生行商欠告示》，英国国家档案馆藏，档号 FO 1048/30/28。

销茶贸易。但在嘉庆二十二年（1817）以后，因行商大多陷入债务危机，卢氏茶商广庄茶贸易也大受影响，生意颇为冷清。嘉庆二十四年（1819）五月一日，汉口卢占春给黟北卢道南写的信中强调，“广庄皮茶今年必不敢多办”[①]，透露出对当时广州茶叶贸易的隐忧。

婺源商人程广富，早年在苏州经商，随后将苏州生意交给二弟、三弟打理，他则回婺源，“就近业茶，渐致赢余”[②]，从事茶叶生意，并由此起家。婺源茶商王邦达，在澳门从事茶叶贸易长达46年之久，在道光二十四年（1844）与荷兰领事吼咙哐进行茶叶贸易，当时“包种茶五百六十件，小种茶八百件，即将船主收茶单转交大班”，后因钱款问题产生纠纷。[③] 由此可见，五口通商之前，徽商不仅在广州从事茶叶贸易，而且还在澳门进行茶叶贸易。

二、短暂繁荣：五口通商初期的徽州茶商贸易

五口通商打破了广州贸易体制局限，西方国家扩大了对华贸易范围，极大刺激华茶出口贸易。第二次鸦片战争以后，汉口开埠，洋商可以深入内地进行茶叶贸易，促使华茶出口贸易迅猛增长而一度兴盛。徽茶作为华茶中品质最优者之一，两次鸦片战争极大地促进徽茶外销，徽州茶商力量日趋壮大。1848年11月4日，英国植物学家罗伯特·福琼乔装打扮，深入徽州茶区考察。他描述屯溪当地茶叶贸易的景象：“屯溪据估有15万人，最大宗的贸易物品就是绿茶。这儿有很多大的茶叶商，他们从茶农或和尚手中购买茶叶，然后进行加工与分类，把茶叶分成不同的批次，运往上海或广州，在那儿再卖给外国商人。据说每年屯溪要运出七八百批次的茶叶。”[④] 对此，夏燮在《中西纪事》中指出：“徽商岁至粤东，以茶商致巨富者不少，而自五口既开，则六县之民无不家家蓄艾，户户当垆，赢者既操三倍之贾，绌者亦集众腋之裘。较之壬寅以前，何翅倍蓰耶。”[⑤] 明确说明五口通商以后，徽商贩茶到广东贸易更为兴盛的景象，以茶发家致富的比比皆是。

晚清时期，绩溪茶商颇为兴盛，活跃于各大通商口岸。对此，近代学人胡

---

① 《嘉庆二十四年五月初一日卢梅（卢占春）寄二兄大人（卢道南）收启》，中国人民大学家书博物馆编：《中国民间家书集刊》第2册，国家图书馆出版社2021年版，第60－64页。

② 道光《婺源县志》卷二十三之四，《人物十·义行六》，第7页。

③ 《监生王邦达为与荷兰领事吼咙哐交易银钱纠葛事呈理事官师爷禀》，刘芳辑，章文钦校：《葡萄牙东波塔档案馆藏清代澳门中文档案汇编（上）》，澳门基金会1999年版，第684页。

④ ［英］罗伯特·福琼著，敖雪岗译：《两访中国茶乡》，江苏人民出版社2015年版，第258页。

⑤ （清）夏燮撰，欧阳跃峰点校：《中西纪事》卷23《管蠡一得·盐茶裕课》，中华书局2020年版，第375页。

祥木曾说：“吾乡人多操茶业，侨上海，道咸间称最盛。近则惟汪裕泰、程裕和二肆魁，其曹偶余者皆自郐以下焉。”汪裕泰茶号就是最为著名的代表之一。其创始人汪立政（1827—1895），13 岁时到上海当学徒，积累一定资本，于道光三十年（1850）在沪南创立汪裕泰茶庄，“所业隆隆日上，闻誉交驰，前后三十年间相继于上海、苏州、奉贤等处创列九肆”①。由此可见，汪立政抓住五口通商之后茶叶外销的有利时机，创办汪裕泰茶庄并迅速获得发展。歙县芳坑江氏茶商此前在广州经营茶叶贸易，五口通商之后，茶叶外销日盛，江氏茶商同时在广州、上海经营外销茶，获利颇丰。

现代著名学者胡适出身于茶商世家，其家族茶叶贸易历程在徽州茶商家族中具有一定的代表性。胡适父亲胡传（1841—1895）在自撰年谱中说：“余家世以贩茶为业，先曾祖（瑞杰）考创开万和字号茶铺于江苏川沙厅城内，身自经理，借以资生。”由此开启该家族的茶叶生意并传承数代。胡适曾祖胡锡镛子承父业，继续在上海川沙地区经营茶叶贸易。胡瑞杰、胡锡镛的茶叶经营时间集中于乾隆末年至道光中叶。胡适祖父胡奎熙、父亲胡传两代人的茶叶贸易应系鸦片战争前后至 19 世纪 60 年代。因胡锡镛去世较早，胡奎熙成年后就接手茶叶生意并使其日益兴隆，“每岁之春必归里采办各山春茶”②。道光二十三年（1843），胡奎熙在上海开设茂春茶号。咸丰三年（1853），上海受到小刀会起义影响，胡奎熙在宝山高桥镇避乱，并重新开设茂春茶号。起义镇压后，胡奎熙在上海大东门外重开茂春字号茶铺。咸丰七年（1857），又在大东门内鱼行桥头他添设茂春西号茶铺。咸丰八年（1858）在川沙北街开设嘉茂字号茶铺，每年皆获利颇丰。③ 咸丰六年（1856），16 岁的胡传开始跟随父亲学做茶叶生意。当年八月，胡传和父亲胡奎熙运茶到歙县竦口，乘坐竹筏到渔梁，然后换乘小船，顺江而下，经严州、杭州、石门、嘉兴等地至上海茶铺销售。④ 胡奎熙不仅贩运徽茶，而且还在皖南宁国等地采办茶叶，运到上海出售。咸丰九年（1859），胡传跟随父亲到宁国山中采办山茶。⑤ 胡适父祖辈抓住五口通商之后西方国家大量购买华茶的有利商机，数代成员业茶于沪上，集中体现了徽商敏锐的商业眼光与坚韧的从商精神。

---

① 《余川越国汪氏族谱》卷 3《传状上 • 汪以德公传》，民国五年刻本，第 15 页。

② （清）胡传：《钝夫年谱》，欧阳哲生编：《胡适文集》第 1 册，北京大学出版社 1998 年版，第 444 页。

③ （清）胡传：《钝夫年谱》，欧阳哲生编：《胡适文集》第 1 册，北京大学出版社 1998 年版，第 452 页。

④ （清）胡传：《钝夫年谱》，欧阳哲生编：《胡适文集》第 1 册，北京大学出版社 1998 年版，第 445 页。

⑤ （清）胡传：《钝夫年谱》，欧阳哲生编：《胡适文集》第 1 册，北京大学出版社 1998 年版，第 446 页。

道光二十五年（1845），歙县茶商毕体仁的叔祖毕钜典接手家族的茶叶生意，将“傍余基地兴造包厢楼屋，以便加锅添做洋庄箱茶，而本行用息较前益加倍进。通盘划算，似属合宜”，转而经营洋庄茶生意。为此，毕钜典扩大行屋规模，添设制茶设备，“核计通直，五间包厢楼屋并添茶锅一切经费约需钱陆百余千文之谱，家下资斧不足，比蒙张号允借钱三百千文，议定一分一厘行息立券，将下年应得用息钱按月偿利，陆续拨本，至道光二十九年已将借张号款本息完清”。由此可见，毕氏茶商不仅扩大了茶叶经营规模，偿还了债务，而且还获得一些利润。咸丰二年（1852），毕氏茶行进一步升级，将茶行前进屋宇拆除改造，扩大门面，增加晒场，花费不少，“需费一切，计用去钱四百余千文”。[①] 毕氏茶商两次扩大茶叶经营规模显然与五口通商之后带来的巨大商机有关。

道光末年，祁门茶商胡元龙协助父亲胡上祥开山种茶，“入山雇工种茶萪、茶子，以为养老计”。在咸丰二三年之时，获得五六百两的收入，从而在贵溪村“半山建造培桂山房”，开设日顺茶号，扩大经营规模。[②] 婺源茶商在五口通商之后也获得新的发展，不仅继续在广州贸易，而且也在上海经营茶叶外销生意，实力较为雄厚。例如俞文诰“佐父业茶于粤东，积资百万”，俞起鸾“承父茶业，客粤东，粤俗繁华，不为所染”。[③] 台湾学者陈慈玉也说：“徽州商人的茶业活动主要是由婺源商人所担当的，而在所有徽商活动之中，茶业比重之增大，与徽商之中婺源商人的地位之提升有关联。”[④]

鸦片战争以及随后的五口通商仍旧无法满足西方国家对华茶的巨大需求，为追逐商业利益，西方商人冒险深入尚未开埠的内地茶区采购茶叶。咸丰十年（1860）冬，英国怡和洋行商人颠地进入江西，先经过河口，然后到达景德镇，随后赴屯溪、婺源一带收购茶叶。[⑤] 咸丰十一年（1861）五月，九江关监督称，怡和洋行原本打算到义宁州采办红茶，但因当地附近有太平军活动，改到南昌府吴城镇租栈收购茶叶。同时，英国宝顺洋行与美国琼记、旗昌洋行没有任何凭照，但却陆续前赴吴城镇办茶。不仅如此，“洋商自在九江向内地商人买茶者，又有商人采办徽茶，由饶州来至九江者”。[⑥] 英美商人在长江内河开埠前深入内地茶区采办徽茶，显系违反条约规定的不法行为。

---

① 《薛坑口茶行屋业本末附体避乱实录兼叙平生碎事》，王振忠主编：《徽州民间珍稀文献集成》第2册，第415－417页。

② 《光绪十七年祁门胡上祥立遗嘱章程文》（义字领），抄本；《民国五年胡元龙立分关书》，抄本。

③ 民国《婺源县志》卷42《人物十一・义行八》，民国十四年刻本，第11页。

④ 陈慈玉：《近代中国茶业之发展》，中国人民大学出版社2013年版，第226页。

⑤ （清）夏燮撰，欧阳跃峰点校：《中西纪事》卷17《长江设关》，第291页。

⑥ （清）夏燮撰，欧阳跃峰点校：《中西纪事》卷17《长江设关》，第291－292页。

所谓“有商人采办徽茶”者系指祁门红茶创始人之一的黟县茶商余干臣。关于其人来祁门从事茶叶贸易尤其是改制红茶的时间，学界普遍认为是在光绪初年。事实上并非如此，从新见的总理衙门档案来看，早在咸同之际，余干臣就来到祁门从事茶叶贸易，而且当时他还假冒洋商之名，行私茶贸易之实，逃避厘捐，并由此引发中外贸易纷争，系以典型的奸商形象呈现世人。

祁门知县史懌悠在咸丰十一年八月十三日到任后，随即开始盘查祁门当地茶叶贸易情况，并向上司禀报：

该县出产茶叶，向系由商人采买，挑至屯溪装箱成引，完纳厘捐，运至上海销售。本年浙河不通，商人私由祁门西南乡，运至江西九江售卖，本地应完厘捐，两次皆已偷漏。该令八月十三日到任后，使得查悉，因点明未出境之茶，尚有二十余引，令其照完厘捐，方准起运，并查得该县程村碣地方，有黟商领广客资本，开设宝顺茶号。本年获私茶之利最多，因令捐银五千两，借助饷需等情。①

上揭祁门知县的奏报显示，祁门的茶叶通常由茶商采买，贩运到屯溪装箱，完纳厘捐。但在咸丰十一年，因新安江水运不通，茶商私将茶叶由祁门西南乡经阊江运至江西九江发卖。史知县上任后，查明此事，发现黟县商人领“广客资本”，在南乡程村碣私自“开设宝顺茶号”，进行私茶贸易。因当时正处太平天国战事期间，军饷匮乏，于是祁门知县令其捐银五千两以助军需。

咸丰十一年十一月初一，两江总督曾国藩在给总理衙门的奏折中称：

据护江西九江道蔡锦青禀称，本年九月十九日，准英国驻扎九江领事官佛礼赐照会，内开宝顺洋行在徽州祁门县地方租设栈房，采买茶叶。今有祁门县知县史懌悠，突于八月二十四日，带回差役，到栈假托稽查，平空讹索，捏称漏税，即将栈中茶叶尽行封住，随将司事人余干臣等，趋押而去，逼勒捐输银一万两。因查厘金一款，随处完捐，均是报效。本年茶叶运赴九江码头，所有捐厘一事，由景德镇每担捐银一两四钱，尧山每担捐银二钱，湖口每篓六十五斤，捐银二钱。该行厘遇卡即完，并无偷漏情弊。至在栈之茶，尚未出门，不得谓其漏税而封，且和约规条具在，所有内地出口各货抽厘，俱照出口关税减半。茶叶出口，例税每百斤纳银二两五钱，遵照税则，减半完厘计算，已有盈无绌。该县何得又平空勒索，妄加例外之捐，实属不晓事务，有碍通商章程。用特照会，请烦查照，希即转移皖南道速饬该县，将讹索英商宝顺洋行银货，剋日发还。倘有疏虞，决不甘休，毋任阻扰，致干和好等因到道，准此

① 《安徽祁门县英商私行设立茶栈应恐华商假冒抗捐》，档号01-31-004-01-006，咸丰十一年十一月初一。

卑护。①

在上引曾国藩的奏折中，当年八月二十四日，祁门县知县史懌悠以偷漏税的名义，将所谓在祁门开设栈房的“宝顺洋行”的茶叶及司事余干臣押解，并要求其捐输银一万两。英国驻九江领事官佛礼赐获悉此事，立即向九江道员蔡锦青提出强烈抗议，称宝顺洋行“厘遇卡即完，并无偷漏情弊”，且其贸易是符合第二次鸦片战争后与清政府签订的“和约规条”的，因此，祁门知县的这种行为是“平空勒索，妄加例外之捐，实属不晓事务，有碍通商章程”。不仅如此，英国领事官还以照会的名义发文，要求清廷查办此事，将“讹索英商宝顺洋行银货，剋日发还”，态度十分强硬。

九江道员收到英国领事官的照会后，觉得事情十分棘手，立即向两江总督曾国藩奏报：

道查祁门县系安徽省所辖，该县知县史令查封宝顺洋行茶叶，系因何事而起，无从知悉，有无逼勒捐输情事，亦系该洋商一面之词，既准照会到道，理合据实禀明，俯赐札饬祁门县史令，查覆饬知到道，以便转复佛领事，遵照等情。②

收到九江道员的奏报后，曾国藩立即向总理衙门奏报此事。曾国藩这件奏折由此拉开调查中外贸易纷争的序幕。

清代从事茶叶贸易需要在牙行领取牙贴，获取经营资格，在相应部门领取茶引后才能进行茶叶贩运。若没有履行上述手续，则是私茶贸易，需要受到惩处。鸦片战争后，西方经济势力不断渗透中国各地，按照条约规定，洋商在内地采办茶叶、租设行栈，也需要由该国领事与地方官进行商谈，进行备案并获得许可后，洋商才能到内地租设行栈、贩运茶叶。若洋商没有履行这些手续，则地方政府不准洋商“租地造房”，目的是“以杜内地奸商假冒影射之弊”。而咸丰十一年，在祁门程村碣地方私自开设的宝顺茶号并没有“洋商设栈明文”，被祁门知县以贩运私茶之名查办。知县旋即要求黟县茶商余干臣输捐，他就声称该号为“洋商开设”，曾国藩怀疑“恐系内地商人串通冒认”，要求皖南道员负责查办此事：

如所捐系黟商之银，不与洋商相干，应无庸议。若所捐果系洋商之银，再行酌核退还，仍候分咨总理各国通商事务衙门、总理各口通商事务，与各国明定章程。此后洋商在内地设栈置货，必须由领事官与地方官会商，先行呈报，以杜弊端，而敦和好。仰即转复佛领事知照，仍候抚部院批示，并录报查考缴印发，并分饬署皖南道姚道体备，署祁门县史令懌悠外，相应咨明。

①② 《安徽祁门县英商私行设立茶栈应恐华商假冒抗捐》，档号 01-31-004-01-006，咸丰十一年十一月初一。

此后，总理衙门、两江总督、江西巡抚、祁门县、英国领事馆等中外衙门之间围绕这场茶叶贸易争端反复调查、讨论。

十一月十二日，总理衙门给英国发出照会称：

现准两江总督曾咨称，内地奸商设立行栈，往往假冒洋商为名，诸多弊端，请与各国明定章程。此后洋商在内地设栈置货，必须由领事官与地方官会商，先行呈报，以杜内地商人串通冒认等情，前来相应照会，贵大臣通饬各处领事官，晓谕各商人。嗣后，如有洋商在内地设栈置货，必先报明领事官，由领事官转报海关监督，交地方官存案，以便稽查。中国定必按照条约办理，倘不先期呈报，无论华商、洋商，所有一切捐输、抽厘，均照内地章程办理，庶几内地奸商不致假冒洋商为名，从中作弊，请烦贵大臣查照施行。[①]

从这份照会中可知，经过一番调查，清廷认为内地奸商多假冒洋商的名义进行茶叶贸易，要求洋商今后在内地设栈办货需要走官方程序，由该国领事官转报海关监督，交地方官备案。

收到总理衙门的照会后，英国领事馆颇为不满，于十一月二十九日给总理衙门发出照会声称：

来文内开两江总督曾咨称：内地奸商假借外国商名，开立行栈，期免抽厘等项一节。此事曾大人所指何处而言，本大臣实难分晓。若论内地城镇，则约内本无外商进内开行之条。若论各口，则地方官宜将某行是否洋商所立，向该国领事官一询便知。本大臣之见，此等情弊，原无英商在内，合俟曾大人详加确查转咨，以便查办。[②]

在这份照会中，英方不仅要求清廷进一步调查是否真实存在内地奸商假冒洋商名义开设行栈的事情，并就行栈是否为洋商所开，向该国领事官询查。同时，英方对曾国藩提出的“内地奸商假借外国商名，开立行栈，期免抽厘”的指控加以否认。

收到英国照会后，总理衙门在给英国回复的照会中称：

查英国条约第九款载：英国民人准听持照前往内地各处游历、通商，并无准在内地赁房设栈之语。第十二款载：英国民人在各口并各地方租地盖屋，设立栈房等语。所谓各口者，如上海之吴淞海口也。所谓各地方，系指附近海口，或府或县之地方而言，如上海县之城外是也。条约只有各地方三字，并无内地字样。今祁门县程村碣在徽州府境，系属内地，非洋商应设栈房之所，英

---

① 《安徽祁门县英商私行设立茶栈应恐华商假冒抗捐》，档号 01－31－004－01－007，咸丰十一年十一月十二日。

② 《内地城镇按约不准洋商开行恐系华商假冒》，档号 01－31－004－01－008，咸丰十一年十一月二十九日。

领事言宝顺洋行，在祁门租设栈房，实与条约不合。至茶叶出口税，每百斤纳银二两五钱，如洋商自赴内地置买，应纳内地关税，但须在所经第一子口，呈单报验货数，请领运照，沿路验放。至最后子口报完内地半税，茶叶百斤纳银一两二钱五分。洋商锱铢必较，岂肯遇卡捐厘，至一两九钱余之多。诚如曾大臣来咨，恐系华商串通洋商冒认，怂恿领事出头争论。此案应由曾大臣饬查明确，酌量核办。惟外国商人止准赴内地游历、通商，不得在内地赁房设栈，似应申明条约，立定章程，拟请贵总理衙门照会英、法公使，通行各口领事，转饬洋商，一律遵照，并拟请俟接据英法照覆后，再给美国公使蒲姓照会一分，发交本署大臣转递，令其一体通行，各领事转饬遵照。为此，咨呈。①

这份照会重申外国商民有在中国通商口岸游历、经商的特权，而不准其在未开通商口岸赁房设栈。按照中英《北京条约》第九款、第十二款规定，外国商民只允许在通商口岸，及各地方游历、经商，并不准在未开通商口岸开设行栈，进行贸易活动。祁门县程村碣为深居内地的徽州府山区，并非已开通商口岸，因此，英国领事官所言洋商开设的宝顺洋行，在祁门开行设栈，与中英双方已签订的条约相背。所以，总理衙门要求照会英法公使，要求洋商一体遵照，并再次重申洋商不得在内地未开通商口岸开设行栈。

其实，早在咸丰十一年六月，英国商人就违反条约，私自在江西南昌府吴城镇开设栈房，他们“或停泊河干，或游行镇市，或住宿洋栈”。当时的江西巡抚毓科对此感到忧患，要求凡在吴城镇的洋商，必须随时通报，并查验其是否有护照文凭。②

同治元年（1862）二月初四，总理衙门在给江西巡抚沈葆桢的下行文书中称：“惟吴城镇地方，并非通商口岸，应不准其设立行栈。本衙门前因两江总督咨称，有安徽黟商在祁门县设立行栈，而英国领事乃出为承认，称系洋商开设一案。经本衙门照会英国公使，旋据照覆内称，内地城镇，约内本无外商进内开行之条。此等情弊，原无英商在内等语。”③ 在此，总理衙门将洋商在吴城镇开设行栈的行为，与此前黟县茶商余干臣假冒洋商之名，在祁门县程村碣地方开设行栈的事情相提并论，其目的则是为强调洋商此种行为均是违法的。

经过中英双方多次来回商讨之后，同治元年二月初五，总理衙门就咸丰十一年双方因在祁门县境内发生的宝顺茶号贸易争端一事，向英国政府发出照会。现将其文字抄录如下：

---

① 《祁门县属内地按约不准洋商设立行栈恐内地奸商假冒照会英使查明办理》，档号 01－31－004－01－009，咸丰十一年十二月初二十九日。

② 《英人在吴城镇设栈并在义宁州办由》，档号 01－31－004－01－010，同治元年二月初一。

③ 《吴城镇洋商设栈应严行禁止由》，档号 01－31－004－01－011，同治元年二月初四。

二月初五日，本衙门发英国照会，前准两江总督曾咨称，内地奸商设立行栈，往往假冒洋商为名，经本爵于上年十一月十二日，照会贵大臣，设法分别，以免奸商假冒。旋准贵大臣照覆内称，内地城镇，则约内本无外商进内开设行栈之条。若论各口则地方官易将某行是否洋商所立，向该国领事官一询便知等情弊，原无英商在内，合俟曾大人详加确查转咨，以便查办等因前来。本爵当即行文两江总督，令其查办。嗣据覆称，徽州祁门县程村碣地方，有黟商开设茶行，偷漏厘捐。经地方罚令捐银五千两，而贵国领事官佛照会九江道则称：该茶行系宝顺洋商开设，该县妄加格外之捐，请将银货发回等语。

本爵查祁门地方，距长江口岸甚遥，系属内地，并非外国商人应设行栈之处。该领事索还捐银，自系受内地奸商蒙蔽。为此，照会贵大臣，即烦转饬佛领事，查照条约，及贵大臣前次照覆所称各等语办理，勿为内地奸商所蔽，庶不致与条约相背。又现据江西巡抚文称：去年六月后，有洋商在吴城镇开设栈房等语。查吴城镇系南昌所属，亦系内地城镇，并非通商口岸。洋商不应在彼开设行栈，相应一并照会贵大臣，转饬驻扎，九江领事官，查明吴城镇是否有洋商开设行栈。如有国有此事，亦应查照条约，及贵大臣前次照覆所称各等语，晓谕该洋商等，勿得在吴城镇开设行栈，并希饬令各口领事官，晓谕各口商人，均不得在内地城镇有开设行栈之事，以符条约。惟此事系去年六月以后之事，至今始行，查明呈报，该地方官实属不明条约，疏于查察，除将该地方官议处外，所有该处领事官，及洋商人等，亦应由贵大臣饬办。俾得两相遵守，以免紊乱条约。是为至要。

从这份照会文字可以看出，咸丰十一年所谓的中英双方的贸易争端是因黟县茶商假冒洋商名义，在祁门地方开设宝顺茶号，中外商人相互串通，偷漏厘捐，从而引起中英两国贸易争端。

因此，早在咸同之交而非光绪初年，黟县茶商余干臣就曾与英商串通，假冒洋商名义来祁门县开设行栈，进行不正当的茶叶贸易。同时，此前学界对余干臣商业贸易多是正面评价，强调其创制祁门红茶所带来的变革意义。但从档案资料来看，余干臣唯利是图，为牟取暴利而不惜与洋商串通，其负面商业形象跃然纸上。卞利教授撰文指出，徽商在徽州本土和域外呈现出正负两种截然不同的形象①，而祁门红茶早期创始人之一的余干臣则为徽商的负面形象提供一个绝佳注脚。这些都说明，在长江内河正式开埠前，因经营外销茶有很大利润，中西商人在茶叶经营上互相勾结，同时也折射出徽州茶商善于把握世界市场茶叶贸易发展的新趋势。

① 卞利：《论徽州本土和域外对徽商形象认同的差异及其原因》，《学术界》2019年第4期。

三、挑战与机遇：国内外局势变动与徽州茶商的复兴

19世纪中叶，国内外复杂局势给华茶和徽商带来巨大的商业挑战。就国内来说，咸同兵燹使江南地区和徽州本土都惨遭战火洗劫，正常的社会秩序和商业活动无以维系，徽商资本多被劫掠，茶叶经营被迫中断。从国际方面来看，中国茶叶出口日益遭到印度、锡兰等英属殖民地所产红茶和日本绿茶的强烈冲击，在欧美市场的份额逐渐被他国茶叶挤占。同时，伴随着国际茶叶贸易重心整体由绿茶向红茶转变，国际上红茶贸易迅猛发展，客观上推动红茶制造技术在国内不断传播，红茶产区由此日益扩大，给徽商的茶叶经营带来新的机遇。为顺应国际茶叶贸易格局的发展变化，徽州茶商迎难而上，追求创新，创制出黄山毛峰、祁门红茶等新的茶叶品牌，在时代赋予的挑战与机遇的夹缝中走向复兴。晚清以后，徽商在食盐、典当、木材等传统行业经营中逐渐衰败，徽州茶商由此成为引领近代徽商群体发展变迁的核心力量。

（一）挑战：海外茶叶的竞争与咸同兵燹的冲击

19世纪中叶以后，华茶在国际贸易中逐渐受到印度和锡兰红茶的冲击。笔者对1859—1895年英国进口茶叶数量进行了统计，如图1所示。

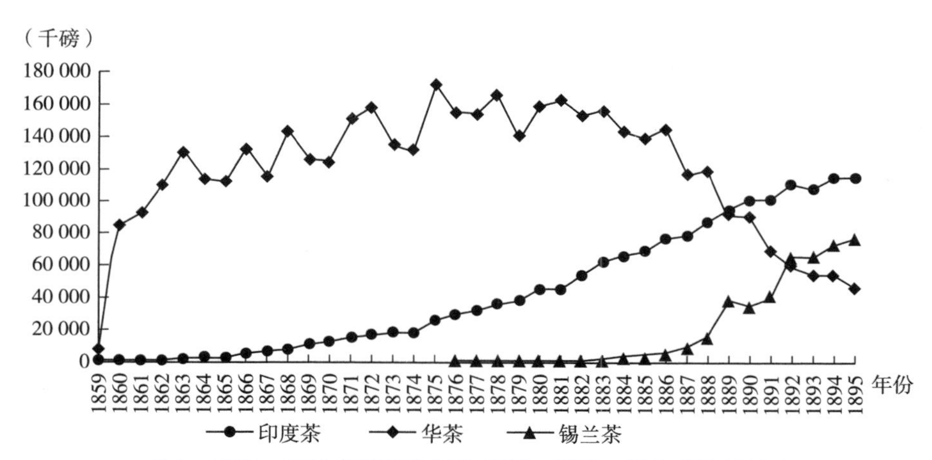

图1　1859—1895年英国进口印度茶、华茶、锡兰茶数量对比

资料来源：1859—1886年印度茶数据来自 *Tea*，1888，第116-117页；1887—1895年印度茶数据来自陈慈玉：《近代中国茶业之发展》，中国人民大学出版社，2013年版，第239、243页。华茶数据来自陈慈玉：《近代中国茶业之发展》，第238-239页、243页。锡兰茶数据来自彭泽益：《中国近代手工业史料》第2卷，中华书局，1962年版，第181页。

从图1可以看出，19世纪中叶以后，英国进口的华茶（主要是红茶）、印度茶和锡兰茶呈现出此消彼长的关系。具体来说，1863年以后，华茶出口英国数

量出现波动性上升，到 1874 年出现第一个低谷，1875 年达到历史最高峰，此后开始呈现波动性下降。与此相比，印度茶出口英国数量从 1859 年开始逐渐上升，1875 年以后整体上升幅度进一步增大。到 1889 年，英国进口的印度茶数量开始超越华茶且继续保持原有上升幅度，在国际市场上对华茶造成严重冲击。

19 世纪 60～70 年代以后，英国不仅扶持印度茶叶，而且也积极扶持锡兰茶叶发展。自 1876 开始，锡兰茶叶在英国茶叶市场销售量不断增长，1888 年以后整体开始大幅度上升，已对华茶构成实质性威胁。民国初年，茶学家程天绶指出："锡兰植茶，始于光绪二年，其历史最短，而其进步则最速。……故锡兰虽为后起之秀，然其制茶之精良，颇邀时誉，产额以红茶为大宗，绿茶则颇少，畅销于各国之范围颇广。"① 锡兰茶叶发展之快，对华茶冲击之严重可见一斑。

从上述分析可知，1875 年对于华茶出口英国贸易而言是一个重要的分水岭，即由此前的整体上升趋势转入整体下降趋势，并逐渐受到印度茶、锡兰茶的不断冲击。19 世纪 60～70 年代以后，以英国为首的西方资本主义国家主导以红茶贸易为主的国际茶叶贸易新格局，在挑战中国茶叶出口贸易的同时也带来新的机遇。

十分不幸的是，当印度、锡兰红茶冲击中国红茶国际贸易市场的同时，日本绿茶也在不断冲击中国绿茶在美国的市场，造成中国绿茶出口不断下降甚至出现滞销的困境。笔者对 1859—1882 年美国进口中国和日本绿茶情况统计，如表 1 所示。

表 1　1859—1882 年美国进口中国绿茶、日本绿茶数量统计

单位：磅

年份	日本绿茶	中国绿茶	年份	日本绿茶	中国绿茶
1859—1860	365 300	17 859 100	1871—1872	15 842 119	20 226 731
1860—1861	251 100	8 687 400	1872—1873	17 271 617	22 234 339
1861—1862	322 100	12 565 200	1873—1874	18 459 751	19 846 729
1862—1863	977 200	8 473 200	1874—1875	21 969 308	19 218 652
1863—1864	2 412 800	12 094 000	1875—1876	26 282 956	17 076 417
1864—1865	1 214 100	7 058 600	1876—1877	23 218 491	14 937 560
1865—1866	759 230	12 774 200	1877—1878	22 558 088	15 623 372
1866—1867	6 054 300	14 896 800	1878—1879	25 350 710	12 987 573
1867—1868	7 102 700	13 482 000	1879—1880	34 758 172	15 333 000
1868—1869	10 296 700	18 834 500	1880—1881	39 778 129	19 339 196
1869—1870	10 852 520	18 771 700	1881—1882	35 137 933	20 708 746
1870—1871	12 384 100	17 898 400			

资料来源：1882 年纽约领事高桥新吉氏的报告《通商汇编》，1882 年转引自陈慈玉：《近代中国茶业之发展》，中国人民大学出版社，2013 年版，第 241 页。

① 程天绶：《印度锡兰茶业概况与华茶之竞争》，《国际贸易导报》第 1 卷第 6 号。

从表1可以看出，1859—1882年，美国进口中国和日本绿茶数量整体呈现出此消彼长的态势，中国绿茶在美国市场日益遭受日本绿茶的冲击。具体来说，1860年开始，美国进口的日本绿茶整体不断增长，在1863—1864年突破200万磅，在1868年已突破1 000万磅，开始对中国绿茶在美国市场构成实质性威胁。尤其在1874—1875年，美国进口的日本绿茶数量接近2 200万磅，首次超过中国绿茶的进口数量，并于此后在美国占有份额的增长速度更快，取得压倒性优势。换言之，1875年左右对于华茶出口美国贸易也是一个分水岭，中国绿茶在美国市场的优势逐渐被日本绿茶挤占，已成江河日下之势。

综上所述，18世纪末以来逐渐形成以红茶为主的国际茶叶贸易新格局在19世纪以后不断得到增强。尤其是在19世纪60～70年代以后，华茶在国际市场中不断受到印度、锡兰和日本等国茶叶的冲击，华茶出口贸易日趋衰落。

19世纪中期的咸丰、同治兵燹使徽州本土、江南、闽粤地区都遭受战火打击，徽州茶商的茶叶贸易陷入万劫不复的境地。

咸丰、同治年间婺源惨遭战火洗劫，婺源茶商受到重大打击。胡起彬（1833—1876），“时父以下，不下十数人，东西趋避，用度日繁，倍形困惫”，为解决家庭生计问题，遂与人合伙从事粮食贸易，逐渐起家。虽身处乱世，但志向高远，他有感“近世起家多从茶业，因业茶，不期茶大失利，旋贩木于浙之灵湖，以图恢复”，但“淹滞数年，资斧尽丧，素手归来，才经两载，抑郁成疾，赍志以终”。[①] 婺源胡焕林年轻时“始设肆清华，继业茶申江，半世蝇营，曾无暇日”。[②] 但在咸丰、同治年间，“茶业折阅，家计萧然”[③]，生计受到严重影响。胡华鏞（1824—1880）活跃于咸丰、同治年间的商场，其祖上三代经营粮食贸易。到华鏞时，他除继续从事粮食生意外，还与人合伙从事茶叶贸易。但在咸丰、同治兵燹期间，“起家半由茶业，因失利，遂绝志，或聘同事固，固辞。旧岁，茶遭大厄，而亏利亏本者，靡不垂头丧气”。[④]婺源胡旺中（1825—1901）于咸丰、同治年间“业茶业木，并顾兼营。久之，茶既失败，木又亏损，始萧然，无复有湖海志”[⑤]，战乱造成其茶叶、木材生意亏损严重，遂从商海退隐。

前述胡适祖父胡奎熙的茶叶贸易虽然在五口通商之后一度兴盛，但当战火波及徽州和上海之后，其茶叶生意受到重创。咸丰十一年十二月，太平军攻占川沙、宝山，胡奎熙和胡传在两地经营的两处茂春茶号被毁。同治元年，上海

① 《婺源清华东园胡氏勋贤总谱》卷7《艺文·起彬行状》，民国五年刻本，第31页。

② 《婺源清华东园胡氏勋贤总谱》卷7《艺文·福祖及妻江氏传》，民国五年刻本，第20页。

③ 《婺源清华东园胡氏勋贤总谱》卷8《艺文续编·茂辉行状》，民国五年刻本，第44页。

④ 《婺源清华东园胡氏勋贤总谱》卷8《艺文续编·华鏞行述》，民国五年刻本，第51页。

⑤ 《婺源清华东园胡氏勋贤总谱》卷8《艺文续编·泗公房德立行状》，民国五年刻本，第45页。

到绩溪的路途被战乱阻断，胡氏家族“家中前年所购茶百数篓，被贼掠去，其资本及屡次避乱迁徙之费，共计二千八百金”①，茶叶经营无法维系，胡传家人被迫开始逃难生活。

当然，咸同兵燹并非造成所有徽商生意都万劫不复，在此期间发家致富者也偶有人在。婺源茶商胡宏楷壮年“叠业茶务，获白金。由是构新居，置田产，纳粟，贡成均”。② 但在战乱中能发家致富的仅是少数，绝大多数茶商都陷入困境。

（二）机遇：国际茶叶贸易格局的新转向与徽州茶商的复兴

面对国际局势的新变化，徽州茶商积极寻求新发展。主要表现有二：一是根据清廷政策，及时转换茶叶贸易口岸，将茶叶贸易从广州逐渐转移到上海；二是迎合国内外市场需要，结合徽州本土茶叶的资源禀赋优势，注重制茶技术的革新，创制黄山毛峰、祁门红茶等新的茶叶品牌，极大满足国内外茶叶市场需求，使徽州茶叶与茶商发展迎来新的契机，推动茶商成为近代徽商的核心力量。

20 世纪 80 年代，台湾学者陈慈玉就注意到 19 世纪前期国际茶叶贸易格局中红茶取得压倒性地位的新转向，并认为其限制了徽州茶商的发展。③ 笔者认为，这一转向促使徽州茶商审时度势，创制新的茶叶品牌，为自身发展赢得新的契机。

黄山毛峰创始人为歙县茶商谢正安。咸同兵燹期间，谢氏家族备受战乱打击，家业被毁，谢正安和弟谢正富跟着父母逃避战火，东躲西藏。同治初年以后，动乱逐渐平息，谢正安开始经营茶叶生意，逐渐积累财富。他利用黄山周围优越的茶叶资源，于光绪元年前后创制黄山毛峰，开设裕大茶行，将茶叶贩运到上海、东北等地销售。关于谢氏茶叶生意的兴起发展，谢正安长子谢大均在民国九年（1920）的阄书中说，“溯自幼年习易于潜口，恪守店规，及壮经理茶务于本里。数十年来，先父创于外，余襄于内。薄置山场田产，兴养开垦，克成实业，一切谨遵遗训，不敢有违”④。其家族茶叶创制发展之艰辛由此可见一斑。谢正安也在皖北运漕新街开设谢永馨店，在柘皋镇北门开设天成茶叶店，两处后又各设分店，可见当时茶叶外销形势大好。宣统元年（1909）的分家书中，谢正安叮嘱“裕大和记号内所制洋庄做茶家俱全堂存公，以备做茶公用”，可见洋庄生意在谢氏家族中的地位。黄山毛峰的经营，在谢大均这一代得到更好的发展，“数十年经商得意，名震欧洲四五载”⑤，经营黄山毛峰

① （清）胡传：《钝夫年谱》，欧阳哲生编：《胡适文集》第 1 册，第 452－453 页。

② 《婺源清华东园胡氏勋贤总谱》卷 7《艺文・宏楷传》，民国五年刻本，第 9 页。

③ 陈慈玉：《近代中国茶业之发展》，第 224 页。

④⑤ 张斌：《关于“黄山毛峰”创始人谢正安家族的两份阄书》，《黄山学院学报》2007 年第 1 期。

的谢裕大茶行闻名遐迩。

前文已提及，祁门红茶创始人之一的余干臣于咸丰十一年到祁门南乡为英国宝顺洋行收买茶叶，此时正值祁门红茶萌芽于乱世之中，影响有限。当时国际茶叶贸易中以红茶为主，进一步刺激红茶制造技术在国内传播，促进红茶产区不断扩大。祁门红茶制造技术来源有二：一是学习宁红制法，以胡元龙为代表；二是学习闽红制法，以余干臣为代表。民国调查报告也说："安徽向制青茶，改制红茶实肇始于建德。当民国纪元前三十七年，即有黟县人余姓在建德尧渡街地方设红茶庄，试制红茶。翌年，即往祁门设子庄，勤导园户酿色遏红诸法，出高价收买红茶（指毛红茶）。第二年，即在祁门西乡闪里开设红茶庄。祁人胡君仰儒，本南乡大园户也，特自制红茶以为之倡，此为徽茶改制红茶之始。"①

胡元龙和父亲胡上祥在咸丰年间开山种茶，逐渐积累资本。光绪元年（1875）前后，胡元龙请江西宁红制茶师舒基立来改制红茶，获得成功，"建设日顺茶号，及承纶堂、居仁堂，种种基业，皆我父子兄弟半生日夜辛勤，备尝艰苦，始得臻此完美"。② 黟县环山人余光奎，幼年在建德经营茶叶，随后到江西义宁州学习红茶制法，观察到当地茶质不如祁门之茶，于是建议祁门茶商改制红茶，没能得到采纳。余氏回到黟县立川，请其宗育之出资，光奎代为经营，"后果得外人鉴赏，获利倍蓰"，此后茶商纷纷改制红茶，祁门红茶逐渐闻名于世，后人评论"开祁茶之利源，始余育之，而献议经办，实公之首功"。③

因国际贸易中红茶十分兴盛，很多徽商纷纷从事红茶贸易。绩溪茶商王维达，12 岁到上海程裕和茶号为学徒，但茶号老板墨守成规，仅限于本帮茶生意。王维达建议该茶号将茶叶"推广至山东青岛一带，倾销俄罗斯国"，因"以信实招来，店务日起"④。婺源茶商俞嘉法"奔劳湖海，跋险山川，江西、广东之地，宁波上海之区，皆尝托足贸易焉……江西义宁州土产红茶，我婺商畏其途远，不敢问津，翁独囊赀赴宁采办，以为之倡。后之婺商接踵至宁者，咸道翁先开通之力……以茶业积赀不下万金"⑤。歙县茶商吴士彦，"道光季年，海禁大开，益扩充实业，设庄制出口茶以换回利权，业益进，家益兴，置田宅"⑥。黟县茶商孙理和，"开新牌于汉镇，他若茶香馥郁，味亦略尝，酒醸

① 谢恩隆、陆溁：《调查祁浮建红茶报告（续）》，《农商公报》1915 年 14 期。

② 《民国五年胡元龙立分关书》，抄本。

③ 《黟县环山余氏宗谱》卷 18《懿行传赞·光奎公》，民国六年刻本，第 99 页。

④ 《绩溪庙子山王氏谱》卷 20《世传六·家传·商人传·王维达》，民国二十四年铅印本，第 14 页。

⑤ 《泗水俞氏干同公支谱》卷末《嘉法公传》，民国十一年刻本，第 1 页。

⑥ 《歙县北岸吴氏慎德堂支谱》卷 8《士彦公传》，民国十年刻本，第 123 页。

清纯……意切振兴国货，运红茶于海参崴境，志存推广华商”。[①] 将茶叶贩运到海参崴，直接参与中俄茶叶贸易。祁门茶商陈丽清在光绪初年经营红茶生意，“怡丰红茶头字，在汉口单价售三十七两五钱”[②]。晚清士绅汪光淼和族人经营红茶贸易，开设泰来亨茶号。他在日记中写道，“接二兄来信，泰来亨头字红茶，九江出三十七两，未卖，抵汉口，售四十一两，甚获厚利。十一日成盘，十五三更信到闪”[③]。因九江茶价较低，运到汉口出售，获利较丰。在日记中，汪光淼还记载了当地茶商经营红茶生意的一些侧面，如“历口怡恒隆，十八日发红茶，汉口售卅四两五钱，有利息。亿同昌，九江售廿八两”[④]。祁门茶商李训典家族从事安茶、红茶贸易，虽然在光绪五年（1879）“红、安两茶，均遭亏折，继开景隆茶号又蒙钜创”，但随后在李训典的努力下，在光绪十四年（1888）已有了不少盈余，并将之用于建造新房。[⑤] 晚清时期，祁门境内已是“植茶为大宗，东乡绿茶得利最厚，西乡红茶出产甚丰，皆运售浔、汉、沪港等处”[⑥]，茶叶贸易盛极一时。婺源茶商胡海，光绪八年（1882）“业茶折阅，囊橐一空，且负债务”。但他没有垂头丧气，而是继续坚持茶叶贸易。在光绪十七年（1891），“运茶赴南省，同伴三人驾轻舟，出彭蠡，沿江直下……茶抵金陵，获利以归，从肆本里之双溪，兼代客过载，诚信所敷，远来近悦”。[⑦] 茶叶生意获利颇丰。

结　　语

18 世纪中叶至 19 世纪 60～70 年代，由荷兰、英国等西方国家相继主导的国际茶叶贸易格局呈现出从绿茶贸易为主向以红茶贸易为主的重大转变。在海外对华茶不断增大的需求下，经营外销茶有利可图。在广州贸易体制时期，徽商经营的松萝茶、屯溪绿茶通过十三行出口欧美国家，茶叶贸易十分兴盛，徽商由此发家者甚多。但行商资金短缺，商欠日多的商业困境也直接影响了徽商茶叶贸易。

两次鸦片战争打破了原有的华茶出口贸易格局，客观上扩大与西方贸易往

① 民国《黟县四志》卷 14《杂志·孙理和先生七旬寿序》，民国十一年刻本，第 172 页。

②③ 《清光绪祁门历口利济桥局局董日记》，王振忠主编：《徽州民间珍稀文献集成》第 3 册，第 440 页。

④ 《清光绪祁门历口利济桥局局董日记》，王振忠主编：《徽州民间珍稀文献集成》第 3 册，第 505 页。

⑤ 《李训典行状》，抄本。

⑥ （清）刘汝骥：《陶甓公牍》卷 12《法制·祁门民情之习惯·职业趋重之点》，《官箴书集成》第 10 册，黄山书社 1997 年版，第 601 页。

⑦ 《婺源清华东园胡氏勋贤总谱》卷 8《艺文续编·溶公房永汉行状》，民国五年刻本，第 70 页。

来的开放程度，短期内迅速刺激西方对华茶的市场需求，极大地促进徽茶外销。徽商抓住这一新的机遇，不断将徽茶贩运到上海等地出口，迎来新的发展局面。与此同时，包括徽州茶商余干臣在内的中西商人为追逐商业利益，在茶叶经营上互相勾结，也反向折射出徽州茶商快速察觉国际茶叶贸易格局变动的敏锐眼光。但随即而来的国内战乱和周遭国家茶叶产品的激烈竞争，使得华茶在世界市场所占份额不断减少，在给徽商带来巨大挑战的同时也蕴含着新的机遇。徽州茶商在夹缝中迎难而上，主动迎合国内外市场需求，注重技术革新，创制黄山毛峰、祁门红茶等新的优质茶叶品牌，努力争取并拓宽世界市场空间。

在国内外经济、政治局势发生重大转变的背景下，清代中后期的徽州茶商贸易经历繁荣—受挫—复兴的曲折际遇。从广州贸易体制时期到开埠通商时期，除外贸商业中心的变更外，更是充斥着两次鸦片战争及咸同兵燹等战火的冲击。徽州茶商始终前后相续，在历史巨变中勇于创新而走向复兴，成为引领近代徽商群体发展变迁的核心力量，在推动近代中国茶叶贸易乃至近代社会经济变迁中留下浓墨重彩的一笔。今后对徽州乃至近代中国茶商群体的研究中应更加注重运用全球史视野，从国内、国际市场相互作用的背景出发进行综合考察，如此可望在将来对该群体在近代中外经济互动中的作用与地位获得更为深刻的认识。

（本文原刊《学术界》2024 年第 2 期）

祁门茶业改良场创建考

许德康

中国茶叶作为中国传统的对外贸易大宗商品，在世界市场上长期处于垄断地位。19 世纪后期，随着印度、锡兰、爪哇等新兴茶叶生产国的加入和竞争，中国茶叶在世界市场上的份额发生剧烈变化，垄断地位被打破。华茶对外贸易由盛转衰，一落千丈。为扭转颓势，朝野各方有识之士疾呼挽救，纷献良策，创设茶事试验推广机构就是其中之一。辛亥鼎革，民国肇建。近代民族资产阶级的代表人物、状元实业家张謇出任农商总长。在他的推动下，1915 年 10 月，北洋政府农商部选址祁门平里，创建了中国历史上第一所由中央政府举办的茶业科研推广机构——安徽模范种茶场。它的成功创办，是中国近代茶业改良史上极富影响力的标志性事件，"开中茶自古未有的创举"①，由此揭开了中国近现代茶业改良和复兴的大幕。平里，这个沉寂多年的皖南古镇也因它而一跃成为中国茶业之中心，引起世人瞩目。该场虽诞生于战乱频仍、政权屡易之时，乱世烽烟，板荡不已，几经存废，数度易名，但在创场场长陆溁的带领下，从筹备初期至正式建成，始终坚持科学研究与生产实际相结合，与示范推广相结合，为复兴中国茶业，推动茶业科学技术进步，加快茶业改良进程，发挥了重要作用，具有鲜明的时代特色。

一、祁门茶业改良场创建的历史背景

茶叶原产于中国，行销世界。19 世纪 60 年代之前，中国茶已独占世界茶叶市场两百多年之久。从 1860 年开始，外国茶开始初登国际市场，但它们在世界茶叶市场的供给中只占有较小份额。1867 年，西方世界消费的大约 90% 的茶叶，仍是由中国提供的。五口通商后，出口益增，至 1880 年已达 200 余万担，尤以 1886 年为最高，竟达 220 万担。"惟华茶自一八八六年登峰造极，空前巨额，昙花一现，遂不复见于史册。故一八八六年乃华茶输出由盛而衰之

作者简介：许德康，安徽省茶文化研究会常务理事、学术委员会副主任。

① 陆澄溪：《我的自述》，《江苏文史资料选辑》第 18 辑，江苏人民出版社，1986 年，第 137 页。

回归线，实值得吾人深刻纪念者也。”①

19 世纪 80 年代后，由于世界红茶消费大国——英国的主导，印度、锡兰、爪哇等地相继试制红茶成功，世界茶叶市场，开始由卖方市场转为买方市场，印度等后起的新兴产茶国，在国际茶叶市场上与中国捉对厮杀，疯狂抢占市场份额。带着浓厚殖民地色彩的印锡茶业，在以英国为首的政府关税保护和欧美商人强大资本的操纵下，茶叶栽培制造采用大规模农场式经营，成本降低，出品价廉。加上“印度茶和锡兰茶的浓厚味道因为适合西欧之加牛奶的饮茶习惯而渐被喜爱，而馨香淡薄的中国茶却往往因加牛奶而散失芬芳，故不受欢迎”。② 中国红茶在世界茶叶市场上已优势不再，激烈的市场竞争使中国茶逐渐败北，呈江河日下之势，从 1886 年出口量最高时的 220 万担，跌至 1910 年的 60 余万担，跌幅之深，令人瞠目。

华茶对外贸易的衰落，给近代中国社会造成了牵一发而动全身的影响。茶叶出口的衰落，还导致清政府关税的减收，加剧了清政府财政困难，从而加速了清王朝的覆亡。

面对中国茶业急遽衰落的颓势，包括清政府各级官员在内的社会各阶层，开始深虑洋茶日盛、华茶萎缩的出口困境，他们从振兴实业，革除陈弊，挽救茶业，以维系清朝封建统治之根本目的出发，在清末采取了一系列的挽救措施。如茶业改良在观念层面的更新，提倡学习模仿印锡茶叶生产方法，引进制茶机器，设立加工工场，开设茶务讲习所等。这些措施犹如强心剂，或多或少起到一定的作用，对中国茶业向近代化转型作出了一定的贡献。由于历史的局限，其效果却不是很明显，并未能从根本上改变和扭转华茶衰落的命运。

湖广总督张之洞、两江总督刘坤一、户部员外郎陈炽等开明官员深刻认识中国茶业的转型不可避免，多次向清廷奏报茶务条陈，疾呼茶业改良，力陈整顿茶务措施，以求达到“挽利源而维商本”之目的。《申报》《农学报》《东方杂志》《时务报》等也连篇累牍登载中外茶叶方面的内容。这些舆论宣传，开阔了人们的视野，促使政府、商界和普通民众进一步认识到华茶所处的困境及挽救华茶的必要性、重要性和可能性。难能可贵的是，清政府终于放下“天朝上国”的架子，虚心向人家学习“长技”，迈出了近代中国境外茶业考察学习的第一步。

光绪三十一年（1905），清两江总督派郑世璜去印度、锡兰考察茶业，郑世璜回国后，力主设立机械制茶厂，以树表式。时任两江总督，乃安徽至德（今东至县）人周馥。

---

① 俞海清：《六十年来华茶对外贸易之趋势》，《社会月刊》，第 2 卷 第 3 期，第 5 页。

② 陈慈玉：《近代中国茶业之发展》，中国人民大学出版社，2013 年，第 237 页。

周馥（1837—1921），字玉山，号兰溪。早年入李鸿章幕府，追随李鸿章长达40余年。受李鸿章提携，光绪二十八年（1902）出任山东巡抚，并破例加兵部尚书衔。光绪三十年（1904）署两江总督兼南洋大臣。光绪三十二年（1906），调任闽浙总督兼两广总督。茶乡出身的周馥，自小耳濡目染，深知茶业之于地方民众和地方经济的重要，履新我国重要茶产区主官后，随即派属下候补道员郑世璜率团赴印度、锡兰考察茶务。

据《北洋官报》载："香港华字报云，中国茶务日见衰败，其销路半为印茶所夺，而印度输入之洋药又岁销六万箱，漏卮之大，急宜抵制。现署江督周玉帅有鉴于此，特拨巨款，派员前往锡兰印度一带考察茶土制造之法及各种商务情形，以备参考。现该委员等已于前日乘法国公司船行抵本港，旋向新加坡印度洋进发。闻委员为道郑观察世璜，浙江慈溪人。西员为赖匆洛，英国人。翻译沈鉴，文案陆溁，皆江苏人。此外，有茶工三人，仆役二人。"①

郑世璜于光绪三十一年农历四月初九出发，八月二十七日回国，一般认为这次即"我国考察国外茶叶的嚆矢"。郑世璜回国后，给两江总督府撰写了一份详细的"印锡种茶制茶暨烟土税则事宜"的条陈。值得一提的是，在郑世璜上署两江总督筹议改良内地茶叶办法条陈中，鲜明地提出了在安徽祁门择地设厂、进口和改制茶机、收购生叶统一加工、编印宣传资料、兴办茶务讲习所等建议，这些建议无一不是开当时风气之先。1906年初，清廷将郑世璜、陆溁写的考察报告专文下发给各产茶省，饬令各地遵照办理。但是，此时的清王朝气数已尽，风雨飘摇，行将就木，所提事项根本无力付诸实施。

有必要介绍一下随团的书记（亦称文案或秘书）陆溁。陆溁（1878—1969），字澄溪，江苏武进人，常州龙城致用学院毕业。早年任《中外日报》《时事报》等媒体外勤记者，开始接触茶业。1904年春，得江苏老乡、南通张季直（张謇）提携，参与大生纺纱厂计划。光绪三十一年（1905），经与两江总督周馥私交甚密的张謇力荐，陆溁参加了考察团赴印锡考察茶土事宜。作为团队的核心人物及实际操笔人，这次考察的主要成果《印锡种茶制茶暨烟土税则事宜条陈》《改良内地茶叶办法条陈》等大多出自他手。陆溁和郑世璜分别著有《乙巳调查印锡茶务日记》《乙巳考察印锡茶土日记》刊印行世，日记中对中国茶业出口现状作了痛心的分析，疾呼"中国红茶如不改良，将来决无出口之日"。

陆溁良好的人文与科学素养、扎实的专业功底，深得考察团领导郑世璜的赏识。在《郑观察世璜上署两江总督周筹议改良内地茶叶办法条陈》第八项"设立学堂以提倡风气也"中，郑世璜极力推荐随他出国考察的书记员陆溁，

① 《派员考察锡印茶土制法》，《北洋官报》第672期，1905年，第7页。

称其“潜心科学，理化亦精”“研究商工实业尤能体会入微”“近更在皖考察内地茶市情形，也颇有见地”，甚至提出“将来开办官厂暨设立茶务学堂，在在需才，该书记足膺其选俟。”[1] 丝毫不吝赞美之辞，并作公开推荐。一方面是郑世璜伯乐相马、慧眼识珠，另一方面足见陆溁才智过人，堪当重任。这篇禀文先后在《东方杂志》和《南洋官报》《四川官报》等予以全文刊载，一时间，陆溁得以声名远播。正是基于这次出国茶业考察的机缘，为后来北洋政府农商部把模范种茶场设在祁门平里以及遴选陆溁为创场场长，埋下了伏笔。

二、祁门茶业改良场的筹设与选址

1911 年 10 月，武昌起义爆发。1912 年，中华国民政府成立。1913 年 12 月 24 日，工商部与农林部合并组建农商部，近代民族资产阶级的代表人物、状元实业家张謇为农商总长。

张謇随即委派他的江苏老乡，曾随郑世璜出国考察茶业的陆溁为农商部佥事兼整理全国茶业事业名义，随农商部技正谢恩隆调查东南六省茶产区情况，为决策提供依据。这次调查，时间长、范围广、项目多、收获丰。陆溁与谢恩隆或合作或单独发表了《调查浙闽茶业报告》《调查安徽汉口茶业报告》《谢恩隆关于调查庐山林产情形并种茶计划报告》《调查祁浮建红茶报告书》等。这些调查报告基本摸清了我国茶叶主产区产销情况，并针对性地提出茶业的改良措施。

张謇在担任农商总长期间，除提请颁布以奖励实业为中心的一系列法令、条例外，并拟具整理茶业的办法，制订茶叶检查条例，以振兴茶业，挽回利权。他多次提出由国家投资开办并采用先进技术和新式管理方式的农事实验场，学习并实践资本主义的农业管理模式，把中国农业引向世界近代农业，创设茶业试验场就在他的工作计划中。

民国四年（1915）3 月 3 日，农商部发出第 124 号饬文，《饬本部技正谢恩隆、办事员陆溁前往汉口，协同茶业顾问员栢来德视察茶务由》：“为饬知事，兹派技正谢恩隆、办事员陆溁前往汉口，偕同本部茶业顾问员栢来德驰往产茶各省视察茶务。仰剋日就道，详细调查，毋负委任。此饬。”得令后，谢恩隆、陆溁随即陪同英籍顾问栢来德赴祁门、浮梁、建德等红茶主产区视察茶务。陆溁在《我的自述》中说，他们一行是从上海至杭州，溯新安江而上经屯溪、休宁、渔亭到祁门的，存疑待考。其间“有偕洋员会同调查者，有与洋员

[1] 《东方杂志》1906 年，第 3 期，第 78 页。

分途调查者”，根据调查情况，撰写了《调查祁浮建红茶报告书》，在当年的《农商公报》和1917年的《安徽实业杂志》上连载。

多年后，邑人马本龄先生的一段回忆也印证了此事。

小时候，我家中有不少茶园，每年茶季均需雇些人来做事，住在城郊的茶农康宝珍是年年必到的。一来二去，他与我家很是熟稔。康老时年60多岁，满头白发，很喜欢小孩子。干活间隙，常常带我玩耍，他为人健谈，有时还讲故事给我听。有一次，我们在闲聊中，不知怎么扯到了外国人，当时叫“洋人”。康老很是得意，不无炫耀地说：我还和洋人握过手呢？我十分好奇，便缠着要他说清原委。据康老说：大概是民国三年春（应为民国四年即1915年之误——引者注），一天早上，县府一职员带着4个人来找他，其中一个是农商部的，名字好像叫做谢恩隆；另一个是外国人，谢先生介绍说其来自英国，是个茶叶专家。他们是特意来我县考察茶叶生产的，想到县城附近看一看茶山，要找一个熟悉情况的人带路。康老便带2人出西门，从孤老坞（今祁门县城茶山路位置——笔者注）上茶山，时值茶季，有不少茶妇正在采茶，山上很是热闹。他们从山脚到山顶，一连翻了好几座山头。那位英国人非常认真，一路上观察细致入微，并不时叽里咕噜地吐出一串串英语，提出许多问题，多是茶园栽培管理方面的。谢先生充当翻译，康老有问必答，约莫到了中午，3人才下山分手。[①]

此行，谢恩隆、陆溁还肩负另外一项使命——为农商部创设茶业试验场选址。

陆溁他们到了祁门南乡的平里。山清水秀的平里村，是一个历史渊深、古建蕴积的千年古村落。在水运为王的时代，作为当时祁门茶区主要交通孔道的阊江河穿村而过，碧波荡漾的河水，倒映着两岸郁郁葱葱的青山，凸显交通之便利。这里居住着章、胡两姓家族。进平里村是一条宽阔青石板路，建筑在阊江河岸上。村西口，章姓人在洲头栽了一大片水口林（今梅南公园），参天大树，遮天蔽日，生机勃勃地锁在村口。河对岸是程村碣古码头，一条老街沿关坑溪水南北而建，南高北低的街面与河边的十几级青石阶梯相连接。青石阶梯下是宽大的扇形码头，供往来货物堆放、转运、过载和行人摆渡，自古商贾云集，樯帆盈河，街市繁华。咸同之际，黟商余干臣在程村碣顶宝顺洋行之名设栈收茶，直接触碰清廷外商不得在内地设栈营商的底线，被祁门知县史怿悠拘捕重罚，引发了一起惊动朝廷的涉外茶业大案，程村碣遂被中外茶商所知晓。北岸的平里和南岸的程村碣犹如两颗璀璨明珠，镶嵌在阊江两岸。这里与祁南

① 马本龄：《旧时茶事见闻》，倪群主编：《祁门文史》第5辑，政协祁门县委员会，2002年5月，第157页。

红茶发源地的贵溪古村相距咫尺，常年云雾缭绕，林木扶疏，山水相依，土地肥腴，无疑是研究和改良祁红的最佳选址。

得知陆溁老师来平里的消息，学生章人光等喜出望外，随即召集皖赣同学与恩师欢聚一堂，共忆当年师生情，共谈茶业改良事。原来，宣统二年（1910），两江总督张人骏向清廷奏报："皖赣等省，产茶最多，向运宁沪出洋销售。宁垣为南洋适中之地，拟设茶务讲习所，专收茶商子弟及与茶务有关系地方之学生，延聘专门教员，编辑讲义，悉心教授。学科计分二级，先习普通科学一年，再入本科二年。所收学生以一百二十名为限，额定宁苏三十名；皖赣各三十名；其余省份三十名。所有开办暨常年经费，均由皖南茶税局拨支。"① 宣统三年（1911）元月十一日奉皇帝硃批允准，茶务讲习所在原劝业会钟山旅社地址成立。出洋考察归国后一直在南京事茶的陆溁被聘为所长，考选皖、赣、鄂、湘茶农茶商子弟160名来南京，开始了现代茶业教育。包括章人光、李家騄②等多名祁门茶商子弟受业于陆溁门下。

陆溁还在学生们的陪同下，在祁门南乡的平里、溶口等处，查勘茶山，比较评估，为茶业试验场场址作预选调查，拟初步方案。

三、祁门茶业改良场的正式开办

就在陆溁一行在祁门紧锣密鼓地筹划此事之时，民国四年（1915）4月27日，张謇辞去农商总长职务，回南通老家继续办实业、兴盐垦。周自齐（子廙）接任农商总长。

陆溁一行回到北京，周自齐总长即告知陆溁，最高国务会议已研究同意农商部创设茶业试验场的方案，定址安徽祁门的平里，暂名农商部祁门茶业试验场。农商部委任陆溁佥事兼任祁门茶业试验场场长，着即速往祁门，克期开办。得令后的陆溁没有犹豫，稍做简单准备，即再赴祁门，在当地官署和章人光等学生的支持、协助下，租山场、建厂屋、征良种、订计划，短短的时间内，就完成了茶业试验场的初步准备工作。

1915年10月10日，由中央政府开办的首家集种制、科研及示范推广于一体的国家级茶业试验场在祁门平里正式成立。

茶业试验场创设属新生事物，当即引起媒体关注。《申报》等曾多次进行报道。

① 《江督经营实业奏片两则》，《申报》1911年2月20日，第1张后幅第2版。

② 李家騄（1892—?），字越凡，号攀月，别号饮雪嚼冰者，祁门茶商李训典长子。

农商部改良茶厂①

农商部因本国茶业不振，今年春间采茶之时，会派茶务专员陆溁偕同英国技师二人，前赴皖南及江西义宁、浮梁各地，切实考察其原因。由于制茶用脚蹴揉，用力不均，且欠净洁，应改手搓或用机器，云云。曾志本报。现在部中复遣陆部员南下，着手开办模范茶厂，以示提倡。每年由部拨常费六千元，先于祁门平里地方设总厂一所。制法一面改用手搓，以示改良；一面兼用机器，为将来之预备。对于民家茶厂，并施以补助及保护方法。盖以茶业不振，制法固为主因，而开设茶厂不必皆殷实之户，往往借资经营，利息高而担负重，以致不能产出良好货物。故用补助方法，每年由皖省拨省款六千元，以最低之利率，贷与民厂或作为分厂。既可助民厂之经营，亦即以传播新式之制法，庶可收改良之实效也。……闻陆部员向服务于南京茶业讲习，于茶务上颇有心得，商场情形亦颇熟悉，非如他项官员以万能本领而服务者可比，当不致有官场之习气。其对于江西亦拟仿安徽办法，请省中拟拨若干以补助之。若祁梁连界，皖商有补助，而浮独向隅，殊觉不合。果能效法办理，则茶业振兴，当可操左券矣。

农商部茶业试验场成绩②

农商部周子廙总长对于实业本采积极进行主义，茶业一种尤为注意，今年在安徽祁门县设立茶业试验场。该处多属山坡，本为产茶之地，惟因山农不知修剪、培壅、下肥之法，以致产额年年衰减，树老山荒，无人顾问。自农商部派员设立试验场后，与当地士绅农户演讲栽培修剪诸法，并采集各省著名茶种，开辟山地，分区栽种。所有山坡均仿作梯田形，其老年茶树次第修剪，现已整然可观。闻该处人民对于此事非常满意，群悟栽茶之利益。自试验场设立后，争先开山种茶，纷纷仿效传习种法，大小已有六七十处之多。风声所播，收效颇宏。可见各种实业，全在上者之尽心提倡，苟有利益无不乐于从事也。

1916年1月7日，农商部正式下发第96号饬令，将农商部祁门茶业试验场定名为农商部安徽模范种茶场，并正式任命陆溁为首任场长：

为饬知事，本部前派该员赴祁门等处，筹办茶业试验场，现已规模粗具，应改为农商部安徽模范种茶场，即派陆溁充该场场长。除关防另行刊发外，此饬。

农商总长周自齐

右饬安徽模范种茶场场长陆溁

准此

洪宪元年一月七日③

---

① 《农商部改良茶厂》，《申报》，1915年12月12日，第6版。

② 《上海亚细亚日报》，1915年12月24日，第8版。

③ 《政府公报》第81号，1916年3月，总第83册，第369页。

1916年2月7日，农商部报告了安徽模范种茶场的开办情形："窃维中国茶叶日衰，欲求根本救济之方，首在改良种制之术。臣部于去年八月拟具改良种制办法，呈奉批善，等因。遵即督饬司员详细讨论，佥以产茶省份如安徽祁门各属，夙所著名，惟山户安常习故，风气未开，办理之初应择栽植素盛之区，教以简便易行之法，尤须分区传习，庶几观感易周。祁门县属平里一带，土质宜茶，且南河水道上趋建德下达浮梁，皆为茶栈繁盛之处，将来遍行指导皖赣两省之茶，得以联络一气。设场试办，自以平里为宜。当于去年九月十七日遴派部员前往筹办，一面咨行各省征集著名茶种。办理以来，阅时四月，经营布置，粗具规模。"①

北洋政府农商部编印的1918年农商统计表，在表格的备考里，这样简述了祁门茶业试验场的创设经过："肇始于前农商总长张謇次派陆溁赴各省产茶地方研究，并两赴祁门调查。因祁门荒山最多，茶质最高，于（民国）四年七月由部呈请设场试验，为提倡改良茶业之基础。常年费暂由部匀拨，分区补助费由皖省协助。奉前大总统批准，当于九月七日派陆溁赴祁门开办，十月十日成立。旋又奉批茶场经费交财政部查照筹拨。定名曰安徽模范种茶场。"

民国六年（1917）11月23日，农商部发布第530号训令，将模范种茶场改称为茶业试验场。同年11月28日，农商部以第151号委任令，委任办事员陆溁充茶业试验场场长。

四、结　　语

民国十五年（1926）9月，北伐军入境祁门，经费断绝，农商部茶业试验场遂告停办。

民国十七年（1928）4月，该场转隶安徽省政府，先后更名安徽省立第二模范茶场、省立第二茶业试验场、省立第一模范茶场、省立茶业试验场。

民国二十一年（1932）11月，始名安徽省立茶业改良场。民国二十三年（1934）7月，南京国民政府全国经济委员会、实业部、安徽省政府决定重新合组祁门茶业改良场。

民国二十五年（1936）7月后，转由安徽省政府管辖，实业部拨款补助。

太平洋战争爆发后，改良场暂停相关科研工作，转入保管状态。抗战胜利后改良场划归省立，改名"安徽省立祁门茶叶改良场"。

新中国成立后，由人民政府接管，不久进行了拆分，种植、科研部分改称祁门实验茶场，后经演变发展，即为今之安徽省农业科学院茶叶研究所；茶叶

① 《农商公报》，第2卷 第8期，1916年，第9页。

生产制作部分则演化为后来的祁门茶厂。

弹指一挥间，民国农商部安徽模范种茶场落地祁门平里已经过去近 110 年。它诞生于战乱频仍、政局动荡、国茶危困之际，虽几经更名，多次转隶，以及后来的总场迁址、机构拆分，饱经风霜，历经坎坷，但一直初心不改，矢志不渝地投身中国茶业的改良和复兴。陆溁、吴觉农、胡浩川、刘淦芝、冯绍裘、庄晚芳、潘忠义、张辅之、范和钧、张维等茶业先贤，“偏安”一隅，筚路蓝缕，焚膏继晷，以艰难不屈的学术追求和斐然卓越的学术成果，引起世人关注。他们在这里种下理想，长出绚烂，不仅“开中茶自来未有的创举”，并使之成为“中国茶业中心”“茶叶科技人员的摇篮”“茶业界的黄埔军校”。祁门茶业改良场的历史功绩将永载史册！

近代安徽省立第一茶务讲习所记述

郑　毅

19世纪中期，针对中国茶业一蹶不振的客观情况，洋务派、维新派及社会上一些有识之士从振兴茶业的根本目的出发，提出了种种补救措施，其中就有建立学校，培养茶叶人才的内容，这种呼声可视为茶学教育诞生的前奏。

清光绪二十四年（1898）9月，由于清政府对于培植人才，振兴商务重要性的认识已提高，允许各省为振兴茶务举办茶学教育。光绪帝批准了刑部主事萧文昭奏请办学意见，并就茶务学堂事宜作了批示："谕于以开通商口岸及产丝茶省份，迅速设立茶务学堂及蚕桑公院。"然由于形势的骤然变化，加之戊戌变法的失败，清政府实施茶务教育的愿望未能实现①。光绪二十七年（1901）9月4日，清政府在推行以"废科举，办学堂，派留学"为重要内容的"新政"时。命令各省城书院改为大学堂，各府及直隶州改设中学堂，各县改设小学堂，并多设蒙养学堂。光绪二十八年（1902）2月13日，清政府公布了推广学堂办法。同年8月15日，又颁布了《钦定学堂章程》等，以致新式学堂如雨后春笋，各地办学热潮达到前所未有的程度。光绪三十年（1904），张百熙、张之洞等人在"重订学堂章程"的奏折中，再一次提出在产茶省份"设立茶务学堂"之事。然早在1899年，湖北创办农务学堂时，就已经开设了"茶务、蚕茶"等课程。这无疑可以视作是我国茶业设课授学的最早记载。

宣统元年十二月十三日，清廷农工商部再次上奏皇帝："奏为华茶销场日减，请就产茶省份设立茶务讲习所，以资整顿，而挽利源，恭折仰祈圣事。"农工商部在奏折中建议"于赣、皖、闽、粤、湘、鄂、川、浙等产茶各省，筹设茶务讲习所"；主要是"俾种茶、施肥、采摘、烘焙、装潢诸法，熟闻习见，精益求精，备使山户，尘商胥获其利，人力，机器各洽其宜"。奏折中还说："如蒙俞允，即由臣部通行产茶省份各督抚臣，一律迅饬兴办，并将人手办法，厘定章程，送部备校，仍由臣部随时考察。俟办有成效，再由

作者简介：郑毅，安徽省茶文化研究会副会长，黄山市徽茶文化研究中心主任。

① 苑书义，孙华峰．张之洞全集．石家庄：河北人民出版社，1998.

臣部照章给奖，以示鼓励[1]。”值得提及的是：农工商部分析了华茶面对的国际形势，提出来解决问题的建议；因此也得出了“诚能拼力经营，自可即使而补救”的结论。可以说，这是充分肯定了举办茶务教育对于茶业振兴的巨大作用。

宣统三年（1911）元月十一日，两江总督张人骏也上奏清朝廷，他认为：“茶叶为土货出口大宗，皖、赣等省向运宁沪出洋销售，宁垣为南洋适中之地，拟设茶务讲习所，专收茶商子弟及与茶务有关系地方之学生，延聘专门教员教授。”张人骏还对茶务讲习所的学科设置、招生名额、常年经费以及学生毕业后的委用等，提出了可行性建议。但是，成功开办茶务讲习所却是民国政府成立以后的事了。当时，各地陆续出现了一些茶务讲习所或传习所等茶业教学机构，随着全国局势的稳定，各地开办的茶务讲习所或传习所等茶业教学机构日渐增多。民国七年（1918），在安徽休宁县屯溪镇郊区开办了安徽省立第一茶务讲习所。

一、以清茶交挚友　出国门开眼界

俞燮（1872—?），字枢臣、祛尘、去尘，号鄣海山人，安徽婺源县石佛人（婺源现属江西省）。方志记载“增贡生，上海法政毕业”[2]。另载“俞燮君之父，少时甚贫，亦以业茶致富，厚德高年，乡邦重望”[3]。清末，俞燮受聘于屯溪茶商吴俊德开办的吴美利茶行，兼职徽州乙种商科学校任教员。

民国三年（1914）4月，中华职业教育社创始人、大儒黄炎培考察徽州，俞燮有幸接待并陪同这位声名赫赫的职业教育家、实业家、政治家；两人以茶相交相识且相谈甚欢。黄炎培在4月28日的日记中，首次提到了俞燮，黄炎培说：“抵屯溪。访、晤俞君枢臣（燮）。长途仆仆，得此有如归之感。是日行七十里。”黄炎培在屯溪吴美利茶行拜访了茶商吴俊德并会晤俞枢臣。吴美利茶行开设在屯溪老街的繁华地段，主要是收购毛茶并为自己的十多家茶号生产提供茶叶原料；其次是为茶商、茶农提供行情咨询并招待食宿方便；茶行还设有外账房，有管账先生和行倌、厨师等若干人员；其服务收费低廉，茶农吃饭不付现金，可等到毛茶脱手后一并结算。茶行还有代办货物寄存，陪伴茶客游玩等服务项目；由于服务周到，所以很受欢迎，以致成为当时屯溪茶行中的佼

[1] 《本部具奏请就产茶省分设立茶务讲习所摺》，《商务官报》第5册，（庚戌）1910年第1期，第11-12页。

[2] 江峰青纂，葛韵芬修，《重修婺源县志》（卷18），《选举志》民国十四年（1925年）刻本，第4页。

[3] 乡人，《徽州杂述》（二），《申报》1920年3月19日第14版。

佼者。由于吴美利茶行善于经营，加之俞燮的人品和能力，每年自仲春到初秋，来自婺、休、歙等县深山的茶农络绎不绝，上等毛茶源源不断。因此，吴俊德的茶叶生意日益兴旺，吴美利茶行以及俞燮的声名大振。所以，黄炎培在4月30日的日记中，记录了接受俞燮的招待以及行程的商定："游溪南稽灵山回，俞君饷以婺源制食品，若蒸蹄、蒸鸡、蒸苋、蒸粉、蒸腐之属，皆精美而浓厚，其酒为封缸酒。味甘而性醇。私念饮食食物之厚薄与浇淳。殆亦其地风俗人心之一种表征乎?! 乃与俞君商，明日往游黄山。"俞燮给首次见面的黄炎培留下了很深印象，甚至是达到了黄炎培愿尽力相帮的程度，这也是黄炎培在结识俞燮以后，在极为钦佩之下，遂向安徽省实业厅力荐俞燮日后任职、出访的缘由。黄炎培在结束考察将离开屯溪赴杭州时，书赠吴美利茶行对联"率水由山，其民好礼；春蚕秋稼，有女如荼"，并在上联后注"屯溪有山日由山，水曰率水"，下联后注"民国三年夏，游屯溪，主于吴美利行，留此纪念。《六经》无茶字，荼即古茶字"。黄炎培撰联及小注，表明他此行在屯溪均由吴美利茶行负责食宿及行程安排，而俞燮就是具体接待者和陪同者。俞燮对茶业的熟稔和对华茶改良的远见卓识，深得黄炎培的赞许，以致两人成为挚友；也正是有了这次机缘以及经黄炎培的推荐，俞燮走上了为华茶振兴的职业教育之旅。

民国四年（1915）2月，俞燮经黄炎培举荐赴上海，作为中国政府组织的游美实业团代表，于3月启程（往返共4个月）赴美国进行考察。当时，农商部定制了《游美实业团简章》八条，筹划在全国实业界中择其实地经营成绩卓著者人组成中国实业代表团，并饬北京、天津、上海、汉口、广州五处商会，于各地推举熟悉实业情形，素有声望者一人充之。按照这个条件，在徽州茶界"素有声望者"的俞燮可谓是理想人选。其时，俞燮不仅有丰富的业茶经验，而且热心茶界公益。早在1909年，俞燮协助徽州婺源茶商成立了茶商工会，并请皖南茶税局立案。民国元年（1912），俞燮又发起并改组屯溪茶业公所为徽州茶务总会，同时还制定了《徽州茶务章程》。据傅宏镇《皖浙新安江流域之茶业》记载："迨入民国后，屯镇吴永柏、俞燮等，以屯溪为徽茶总汇之区，而婺歙祁已有茶商分会之设，发起改组屯溪茶业公所为徽州茶务总会，以符名实。"① 因此，俞燮以唯一茶界代表的身份参加了农商部组织的"中国游美实业报聘团"。

中国游美实业团由南洋巨商张弼士任团长，同行者还有西美联合商会代表大来、农商部美籍顾问罗秉生等17人；实业团于1915年5月4日抵达旧金山，参加了巴拿马博览会并游历美国各地。这次访美打开了中国实业家的视

① 傅宏镇．皖浙新安江流域之茶业．国际贸易导报，1934（6）：151.

野，在中国近代实业史上有着重要意义。对此，俞燮在回忆文章中写道："燮虽亦家世业茶，惟近四五年来，随侍服务茶业中，殊惭谫陋，茶事经验，实不敢以自信。遽作实业报聘团员，代表茶商游美，自觉非分，然于茶之调查研究辄有志焉。[①]"民国五年（1916）5月，归国不久的俞燮，又接到安徽都督兼省长倪嗣冲之令，再赴日本考察茶务及各种实业教育。此次考察目的明确，即学习日本先进的茶务经验，为设立安徽茶务讲习所作必要的准备。这次赴日考察人员共4人：安徽省公署实业科科员徐思齐（渭贤）、省立农事试验场场长郑奂之（�）、省立第一桑蚕讲习所所长陈仁辅（怀德）以及俞燮。同年10月16日，俞燮一行从上海吴淞口乘日本三菱公司博爱丸号轮船放洋出海，几经颠簸，于18日晨抵达日本长崎，转乘火车于20日经静冈抵达东京。在日期间，俞燮一行马不停蹄，遍访安徽来日留学学生，参加安徽留日同乡欢迎会，拜访日本相关知名人士，了解日本茶务及实业教育情形。在日本友人的引领下，俞燮先后参观考察了东京府立农事试验场、中野蚕事试验场、中央农事试验场、化学工艺博览会参观场、东京日本蚕事株式会社、大坂中华总商会、静冈红茶研究所、茶业组合联合会议所等。

俞燮访日归国后，随即以《安徽省委赴日考察茶务日记》行文上报复命，同时，将文中所附调查茶务情况以《考察日本茶叶种植制造报告书》为题，在《安徽实业杂志》刊上分期发表并且引起了茶界的高度关注。俞燮在《考察日本茶叶种植制造报告书》中按时间顺序将所到之地访询了解的茶务情形作了较为详细的记述。同时也对考察的主要目的作了交代，他说："茶之事业兼农工商三者之事业也，如种植农也，制造工也，贩卖商也。燮此次奉省令赴日本考察者，为茶务讲习所之设置，图种植制造之改良。故考察目的，特注重于农与工之事，而于商则从略焉。[②]"自此，俞燮的茶业生涯走向了一个新的高度。同时，他所结识的中外各界朋友，也为他日后开办讲习所以及经营茶叶等提供了便利的条件。

二、讲习茶学知识　倡导知行合一

据《安徽历史大事记》载：省立第一茶务讲习所于1918年5月上旬开学，省长黄家杰委任俞燮担任茶务讲习所所长并颁发了聘任证书。其时，茶务讲习所学员采取茶区选送，学校考试择优录取两种方式。第一期计划招收学员40名，学制三年，设有茶树栽培、制茶法、茶业经营以及国文、数学和英语等课

① 俞燮．游美调查茶业之报告书．申报，1915-08-03（11）．

② 俞燮．考察日本茶叶种植制造报告书．安徽实业杂志，1917（8）：1．

程，另外还有茶叶栽培、制作的手工实践。俞燮在茶务讲习所开学前夕，题写了“讲栽培技巧，习制作精良”的对联，贴在了讲习所的大门上，过往的人都说写得明白、看得懂，可谓是言简意赅，主题明确。而在讲习所的厅堂里，也有俞燮的一副对联“活火长烹容品茗，清风不断好谈诗”。俞燮还请好友严挺兰撰写了一副楹联：“龙团雀舌，玉川文字；旗风枪雨，陆羽品题。”《安徽实业杂志》对省立第一茶务讲习所亦有关注，曾在《本省纪闻》中报道：“皖省行销外洋物产，实以红绿茶为大宗。省公署急图改良，前经遴委徐渭贤、俞燮会同前往日本著名茶叶地方，调查种植制造诸法，以为改良茶务之计。现经俞燮于茶叶报告之外，并条陈改良茶务意见，附拟开办茶务讲习所预算，呈奉省长核准可行，即委俞燮为省立第一茶务讲习所所长，地点设在屯溪，并令休宁县协助进行云①。”

俞燮在省立第一茶务讲习所开学时，以所长的身份向全体教、学员致开学训词，他说：“茶务讲习所，是一种实业教育也。中国向来教育自教育，实业自实业，一似风马牛之不相及，无所谓实业教育，此中国之实业所由至今不振也。”他在开学训词中还说：“中国出产熟货，于国际贸易上，茶固为一大宗，尤为吾皖多数县分多数人民之利赖，是吾皖一种最优之实业也。无如此业者，相沿旧习，寻至今日，利权丧失，几乎有江河日下，一蹶不可复振之势者。盖于此种实业，未受教育，致不能从学理上研究改良，而谋推广之耳。兹幸前兼省长五现黄省长，热心实业，深望茶务之振兴，为国计民生增福利，委创兹所，诚千载一时之盛举也。诸君能仰体省长盛意，来所就学，是知趋重实业，知趋重实业之教育；而有志于茶务之振兴者，深足为诸君嘉尚。”俞燮还语重心长地说：“今日开学伊始，鄙人窃有所勉望于诸君者，愿稍备具词焉。一在有恒心，南人有言，人而无恒，不可以做巫医。孔子善之，无恒则巫医且不可作，遑论其他之事业。孔子又云，得见有恒者斯可矣。可见吾人无论作何事，贵乎有恒心。诸君来学茶务，则对于茶务上之学理事实，则需要有恒心研究之；勿浅尝而辄止，勿始勤而终怠，勿见异而思迁，恒常久也，久于其道，自然化成焉。此所以勉望诸君要有恒心也。一须有恒心。中国茶务之不改良振作，未始非业此者之不能有虑心所致。何以言之？吾国茶业，发明最先，种植制造，他国皆属后进，遂以为惟我独尊，更无有出其右者。咸存一自满之意，不求变通尽利，致让后进产茶国，朝夕讲求，时日研究，反令我先进产茶国之茶业，退却而衰减，岂非无虚心之过欤？所以勉望诸君须有虚心也。一尤宜肯负责任。我国茶业之不能发达，推广不推广，大众之事，非一人之事，彼推此御，年复一年，相沿旧节，恬不相怪，致演成今日茶业似不可收拾之惨剧。诸

① 纪闻，《茶务讲习所之创办》，《安徽实业杂志》1918年（续刊）第10期，第1页。

君今即有志于是，一意求学，贵乎各有肯负责任之心。孟子有言：‘夫天未欲平治天下也，如欲平治天下，当今之世，舍我其谁？’是肯负责任也，诸君对于茶务，宜亦曰：‘夫天未欲振兴茶务也，如欲振兴茶务，当今之世，舍我其谁。’学孟子之肯负责任则善矣，茶务中多一份肯负责任之人，则茶务中多充足一份膨胀之力，力量充足，茶务焉有不能振兴者。此所以勉望诸君各宜肯负责任也。鄙人今勉望诸君之词，概括于此，别无妄训，愿诸君谛审而坚守之，茶务前途幸甚①。”

安徽省立第一茶叶讲习所成立后，俞燮不仅聘请了余小宋等人担任教员，同时，为了让学员能够熟练地掌握茶叶制作方法，俞燮更是延请了制茶师吴庭槐担任讲习所的技术指导。为了满足学员练习以及操作的需要，讲习所还租赁了屯溪郊区高枧乡村的百十亩茶园，以供学员实习茶叶育苗、栽培以及管理技术。据称，徽州最早的一台新式制茶机，也是俞燮让其在日本留学的儿子购置的，主要供讲习所学员实习茶叶制作时使用。

俞燮自讲习所开学以来，一直倡导“知行合一”的教育理念。他不仅亲自编纂各种专业讲义，还号召其他老师也参与茶专业教材的编写。他还鼓励学员在学习理论的同时，让实习也同销售等经济活动联系起来。因此，俞燮将制茶师指导学员试制的茶叶推向了市场，以弥补讲习所经费的不足。存世的茶务讲习所茶叶商标即是例证。那些印有“中国名茶”“商标”“制造者”以及“中国安徽省立第一茶务讲习所”和“中国屯溪”的中、英文字样的红色茶标上，还盖有长条形“红茶”和“雨前”绿茶的印戳②。据民国七年（1918）《安徽实业杂志》题为“茶务讲习所新发制茶之品评”的简讯报道：皖南出口物产，向以徽茶为大宗。故（民国）六年度预算，特于屯溪设茶备讲习所，教以新法，为改良推广之。计委俞燮君先往日本和中国台湾调查，然后设讲习所，益于皖省实业前途所关其巨也。原定预算，本有学生实习制茶，分赠各机关商会等处，以为陈列考验之资。兹俞君来省，分赠新发所制之茶，煮雨尝之，色香味俱佳，加以精进，将来皖省茶业，必能放一异彩云③。另据民国二十四年（1935）《中国建设》刊载的一份调查报告称：茶务讲习所开办“翌年（即1919年），俞氏接美茶商信函，乃倡改用罐装法，每罐一磅*，并以破除茶号用靛加色之弊，分发美国各界，一时推为盛举”。显然，上述商标就是讲习所罐装外销茶叶所使用的。而这些印刷精美的商标，不仅证明了茶务讲习所“知

① 俞燮．安徽省立第一茶务讲习所开学训词．安徽实业杂志，1918（12）：1－3.

② 孙萌萌，郑毅．茶人俞燮及茶务讲习所逸事．徽州社会科学，2020（9）：51－56.

③ 康健．近代祁门茶业经济研究．合肥：安徽科学技术出版社，2017.

* 磅为非法定计量单位，1磅＝453.6克。——编者注

行合一”的茶学成果，同时也表明茶务讲习所的红、绿茶生产既有一定的数量，也有比较好的品质。否则，茶叶无法“分发美国各界”，而且是“一时推为盛举”。与此同时，俞燮和他的茶务讲习所在当时也有了一定的知名度。尤其值得注意的是，在当时的茶叶生产行业，弥漫着一股着色、掺料，甚至是造假的歪风，许多茶厂、茶商为了使茶色均匀有光泽，普遍使用蓝靛、滑石粉和蜡脂等色料来进行调配，不仅压抑了茶叶的天然色香味，对人体健康来说也是不利或者是有害的，更是极不可取的。但是有一些商家是利令智昏，依然故我。所以，减少或不使用色料是许多有良知的茶商们的积极举措。而俞燮则是为最终革除使用附加色料这一陋习的倡导者之一，他呼吁并抵制乃至带头禁止茶叶着色等不良行为，以致茶界称他为“力戒茶号用靛加色的弊端”。可以说，俞燮在推动无色制茶、改良茶叶工艺和品质方面也是作出了积极的贡献。

三、培育茶界人才　毕生奉献华茶

20世纪以前，中国茶叶称霸世界；进入20世纪以后，中国茶叶生产和出口开始走向衰落，而日本和印度等产茶国，茶叶生产却蒸蒸日上。因此，中国茶界开始反思中国茶业衰落的根由，以期扭转落后衰落之局面。经过茶业界一些有识之士的努力，民国政府开始派出技术人员去国外考察茶业先进技术，安徽省立第一茶务讲习所的学员，无疑就是合适的人选。

由此可知，虽然安徽省立第一茶务讲习所开办时间短暂，但在当时的茶学教育和茶叶实验生产中，均起到了一定的示范作用，同时也培养了一批优秀的专业人才，如民国时期享誉茶界的胡浩川、方翰周、傅宏镇、潘忠义等人，他们为安徽乃至中国茶业作出了杰出的贡献。

近代安徽省立第一茶务讲习所部分教员学员简历：

佘小宋（1895—?），徽州休宁屯溪人（一说铜陵县大通人）。安徽省立第一茶务讲习所教员。佘小宋博学多才，自学了英文、法文和俄文，对现代科学极有兴趣，特别是在生物学方面，20世纪30～40年代，他翻译了《人类的始祖》《长生论》和《遗传学》等几本进化论方面的书，是我国早年的生物和化学专家。佘小宋在茶务讲习所担任老师时，认真负责，是一个“防微杜渐，以身作则”的人，对学生很严格，态度却很温和。佘小宋是胡浩川的老师，他们虽然只相差一岁，但胡浩川却是一直尊敬地称他为老师。民国十二年（1923）9月以后，佘小宋去了芜湖先与吴觉农同在芜湖第二农校教书，后担任了新民中学校长。民国三十年（1941）3月，东南茶叶改良总场在浙江衢县成立，作为茶叶改良总场的负责人，在总场的筹备时期，佘小宋做了大量的前期工作并组织技术人员去婺源、修水、祁门、屯溪茶场、茶叶精制厂参观学习。

朱文精（？—1925），号映楼，云南会泽人。安徽省立第一茶务讲习所主任教员。朱文精于1913年通过云南省赴日留学生选拔考试后，与其他40名学生一起赴日本留学茶科。朱文精立下“学习救国”“实业救国”的宏愿，在日本留学近5年时间里，努力学习茶树选种、育苗、病虫害防治以及各类茶的制作方法，且均有收获。1918年，朱文精学成归来，由于当时国内正在进行反对北洋军阀独裁统治的护法运动，交通受阻。因俞燮访日期间，与朱文精多有交往，朱文精在当年5月，就先来到刚成立的安徽省立第一茶务讲习所担任主任教员。朱文精自编讲义，讲授茶叶地理等课程。年底，局势稍微平稳后，朱文精即结束在茶务讲习所的教学工作，离开屯溪回到云南。很快，胸怀振兴云茶良策的朱文精受到云南督军兼省长唐继尧嘉许和器重，次年，云南省长公署任命朱文精为云南省茶业实习所所长。1919年，署名养真的作者在《停开了的安徽茶务讲习所底印象记》中写道：“安徽省立第一茶务讲习所开设之初，又有专学茶业的朱文精做技师，很能振作起来。[①]”可见，对朱文精先生的加盟，俞燮和安徽省立第一茶务讲习所是抱有很大希望的。

方翰周（1902—1966），又名藩，徽州岩寺罗田村人。安徽省立第一茶务讲习所第一批学员。方翰周1920年在省立第一茶务讲习所毕业，1927年派往日本学习制茶，1931年回国后长期从事茶叶教育、生产技术工作，并长期担任国家茶叶加工技术领导工作。一生主持制订了中国各类茶叶的毛茶收购标准样、价、品质系数体系，各类茶的精制成品标准样、花色等级、品质系数体系，国营初制、精制厂建厂设计方案，全国红茶、绿茶、花茶、乌龙茶、紧压茶的精制技术规程和茶厂管理等八项制度，对推动我国机械化制茶工业的建立和发展作出了卓越的贡献，被誉为二十世纪中国十大茶学家之一。

潘忠义（1898—1966），安庆桐城人，安徽省立第一茶务讲习所第一批学员。潘忠义是1918年由安庆茶区择优选送到省立第一茶务讲习所学习的，1920年毕业后在祁门平里茶业改良场负责茶叶制造和审评的试验工作，后任安徽省立祁门茶业改良场绿茶部主任。据寿星茶人朱典仁回忆，潘忠义入学茶务讲习所后，先后与胡浩川、方翰周、傅宏镇、姚光甲、程启善等人为同班同学。

吴觉农《在祁场的一年》的文章中记述：“机械方面，犹有特殊所在。秋季特由潘忠义先生前去考察，兼以促成密切联络，并于试验研究、商量合作。”1938年，安徽省茶叶管理处委任潘忠义在屯溪柏树金家庄筹备创建屯溪茶叶

---

① 养真．停开了的安徽茶务讲习所底印象记．中华农学会报，1923（37）：178.

改良场，为改进、提高屯绿生产作出积极的贡献。

胡浩川（1896—1972），原名本翰，曾用名涣、膺吾、蕴甫，六安县张家店乡胡家大湾人，安徽省立第一茶务讲习所第二批学员。胡浩川于1919年从芜湖第二甲种农校转学到省立第一茶务讲习所，1921年结业后被选送公费留学日本，在静冈县农场茶叶部当见习生。1924年学成回国后即致力于茶叶技术研究和教学工作，先后在实业部上海商检局、安徽祁门茶叶改良场工作。两次（分别为第七任、第九任）担任祁门茶叶改良场场长，同时兼任茶叶改良场技术主任、安徽茶叶管理处副处长、屯溪茶场场长等职。1941年10月至1943年5月，受聘任重庆复旦大学茶叶系主任、教授、茶叶研究室主任等职。1949年12月调往北京，参加中国茶业公司的筹建工作并担任总技师、技术室主任和计划处处长等职，主持制订全国茶叶产销计划、茶叶收购加工和出口的标准以及加工技术规程、规章制度等。

傅宏镇（1901—1966），祖籍江苏句容，出生安徽安庆，安徽省立第一茶务讲习所第二批学员。傅宏镇1919年考入茶务讲习所，1921年毕业，先后在安徽秋浦、祁门茶场任职。1932年底参加吴觉农组织的祁门茶业调查，主笔《祁门之茶业》（1933），这是祁门最早的一篇茶业报告。1934年后，在浙江第五区茶场和三界茶场任职，指导茶叶生产和制作。1938年后，傅宏镇在安徽从事茶业工作直到1965年退休。傅宏镇一生从事茶业工作，写过多篇茶业调查、茶叶制作改良和茶文化学术文章，编撰《中外茶业艺文志》和《茶名汇考》。

汪静之（1902—1996），原名汪安，学名汪立安，字静之，徽州绩溪上庄余川人，安徽省立第一茶务讲习所第二批学员。汪静之为武汉茶叶店学徒，1919年春考入安徽省立第一茶务讲习所，1920年入浙江第一师范，1921年与潘漠华发起组织“晨光文学社”，1922年春成立湖畔诗社，同年夏出版《蕙的风》，引发了一场持续七八年之久的文艺与道德的论战，推动了新诗（尤其是爱情诗）的创作。汪静之成为湖畔诗人后的数十年，回忆1919年春天的报考经历依然是十分清晰：我进的那个茶务学校在屯溪，我进学校是很糟糕的，因为我没有上过小学，考学校时要考数学、英语，我没有读过，ABC都不认识。汪静之仅在私塾读书几年，没有较长时间的经济活动经历，他的报考也与从事茶业职业愿望无关，完全是出于一种对“新教育即新希望”的朦胧感觉。但是，汪静之关于茶务讲习所、关于老师和同学的回忆，亦是值得关注和重视的珍贵历史资料。

凌大庭（1902—?），字毓秀，行二，徽州歙县北乡双溪人，安徽省立第一茶务讲习所第二批学员。凌大庭毕业后茶事不详，但是他的后人凌倫洤，也许是为了纪念、炫耀抑或其他原因，将凌大庭在茶务讲习所毕业时的一份试卷以及家族人名、祖上迁徙的概况等，收集并委托歙县“徽城张维新斋写刻社”汇成册页。通过这份册页可以清晰地看到学员淩大庭毕业答卷的题目是“对于职业教育之感想”，淩大庭在文中写道：“谚曰：耕当问奴，织当问婢。又曰：农之子，恒为农，工之子，恒为工；尚之子，恒为商。旨哉言乎。盖职业为其人所素习者，其业之精，必有百倍于人者。自然之理也。今日者，民穷财尽欲求人人有以谋生者其必以职业为基础乎。然欲职业之发达而能日新日盛竞争世界其必權与於教育也乎，特是论教育，难论，职业之教育则尤难。昔日之职业，守旧而已。今日之职业则尚新。昔日之职业与一国争胜而已，今日之职业则当争胜於世界。”淩大庭在答卷结尾时写道：“果有热心毅力厉行提倡者，庶几闻风兴起，必将家喻户晓，人人以职业教育求其实用，可以立身家，可以致富强，可以树远大之功勋，可以垂不朽之名誉。皆将於职业教育拭目俟之矣。馨香祷之矣。”同时，还看到了阅卷者给予淩大庭毕业作文的点评：“文于职业教育议论能从大处落墨询是利器。”尤为重要的是，在这份答卷上还有“民国十年，安徽实业厅长（高）；省派监试委员（吴）以及所长（柳）字样”。由此可知，此时讲习所所长已是姓“柳”而非俞燮了。

四、结　　语

民国九年（1920），安徽省立第一茶务讲习所所长俞燮因事去职，离开了他为之努力奋斗，为之奉献且自豪的安徽省立第一茶务讲习所。然令人不解的是，竟无人知晓原因，亦无法查明去向，可谓是渺无音讯，谜团重重……此后，安徽省立第一茶务讲习所也因俞燮的离去而陷入了混乱的局面，也可以说是命运多舛；先是易人，后又易名为省立茶场，最终因政治、经济等方面的原因，于 1923 年彻底关闭。想来，甚是遗憾！

（本文原刊《茶业通报》2022 年第 2 期）

复旦大学茶业组科创建始末

丁以寿

一、缘　　起

（一）茶学教育发展的历史需要

早在19世纪末，一些有识之士从振兴中国茶业的目的出发，提出了种种解决中国茶业问题和补救措施，其中就有建立学校，培养茶业专门人才的建议。清光绪二十四年（1898）九月，光绪皇帝对刑部主事萧文昭奏请办学意见作了批示："谕于以开通商口岸及产丝茶省份，迅速设立茶务学堂及蚕桑公院。"然而由于戊戌变法的失败，清政府实施茶务教育的愿望未能实现。1899年，湖北创办的农务学堂，就在招生告示中公布开设"方言、算学、电化、种植、畜牧、茶务、蚕桑"7门课①，这是中国学校设立茶业课程的最早记载。光绪三十年（1904），张百熙、张之洞等人在"重订学堂章程"的奏折中，再一次提出在产茶省份"设立茶务学堂"之事。光绪三十一年（1905），两江总督兼南洋大臣周馥派郑世璜、陆溁等去印度、锡兰考察茶业，回国后，在《郑观察世璜上署两江总督周筹议改良内地茶叶办法条陈》中提出了在安徽祁门择地设厂、兴办茶务讲习所等建议。而后各地设立的茶务讲习所，使茶务不再只是一门课程，而是发展成为专业茶业教学。

宣统元年（1909）闰二月，农工商部上奏朝廷，请求次年在各产茶省份设立茶务讲习所，宣统元年十二月十三日（1910年1月23日）颁旨同意。安徽巡抚朱家宝领旨后，迅即批示劝业道童祥熊办理。童祥熊在接到任务后，力邀故交旧友陶企农出山为助。宣统二年（1910），皖北茶务讲习所成立。开办不久，辛亥革命成功，清王朝覆灭，皖北茶务讲习所停办，前后只有一年多时间。

宣统二年（1910），时任两江总督张人骏向清廷奏报："皖赣等省，产茶最多，向运宁、沪出洋销售。宁垣为南洋适中之地，拟设茶务讲习所，专收茶商

作者简介：丁以寿，安徽农业大学茶业学院教授，安徽省茶文化研究会会长。

① 朱自振．茶史初探［M］．北京：中国农业出版社，1996.

子弟及与茶务有关系地方之学生，延聘专门教员，编辑讲义，悉心教授。学科计分二级，先习普通科学一年，再入本科两年。所收学生以一百二十名为限，额定宁苏三十名，皖赣各三十名，其余省份三十名。所有开办暨常年经费，均由皖南茶税局拨支。”宣统三年（1911）元月十一日奉皇帝朱批允准，南洋茶务讲习所在原劝业会钟山旅社地址成立。出洋考察归国后一直在南京江南商务局植茶公所事茶的陆溁被聘为所长，考选苏、皖、赣、浙、鄂、湘茶农茶商子弟160名来南京，开始了现代茶业教育。因受时局影响，不久停办。

清末民初，全国有多所茶务讲习所出现。1909年，湖北省在羊楼洞茶业模范场，附设茶务讲习所。1910年，四川省在灌县设通商茶务讲习所，后迁成都。1915年，湖南省在长沙岳麓山设茶务讲习所，后移安化。1918年，安徽省在休宁屯溪开设两年学制的茶务讲习所，设置茶树栽培、制茶法、茶业经营等专业课程，培养了胡浩川、方翰周、傅宏镇等茶业人才，但是不到三年亦即停办。1920年，云南省设立茶务讲习所。

20世纪30年代，由于茶叶生产与流通实际的需要，各地陆续举办过一些训练班或讲习所。1935年，全国经济委员会农业处在安徽祁门开设以初中生为招收对象的训练班，用以指导茶农合作事业。1936年，上海商品检验局产地检验处举办以高中生为招收对象的茶业技术人员训练班。

随着民国教育事业的发展，茶业职业教育替代了传统的茶务讲习所。1921年，四川成都设立四川高等茶业学校，后迁至灌县。1923年，安徽省立六安第三农业学校在农科内设茶科。1935年，福建省创办福安初级农业职业学校；1937年，又将该校由初级职业学校改为高级职业学校，并增设高级茶业科。1940年，方翰周创办婺源茶业职业学校，于1947年迁往修水，改名修水茶业学校。1940—1944年，安徽省立徽州农业职业学校增设茶业科，学制3年，共办了两届。此时期，主要产茶省份的农业学校大都设有茶业科，培养中等茶业技术人员。

1931年，广东中山大学农学院创设茶蔗部，开设茶作课，并开辟茶园，建立茶业初制厂，培养高级茶业专门人才，开创了中国茶学高等教育先河。1940年秋，浙江英士大学特产专修科附设茶业专修班，延聘陈椽执教。设于福建崇安的苏皖技艺专科学校的茶科，有学生20余名，后因经费关系，茶科学生移并福建省立农学院继续学习。1940年前后，中央大学、浙江大学、安徽大学、金陵大学、中山大学等都在农学院开设过茶作的课程。

随着中国茶学教育的不断发展，迫切需要建立完善的初、中、高等茶学教育体系。

（二）战时培养茶业人才的现实需要

1937年“七七”事变后，抗日战争全面爆发。1938年，民国政府为开辟财源、补充军需，财政部设立贸易委员会，以土特产换取外汇。对一些重要的出口土特产品实施统制、统购、统销，负责桐油、茶叶、生丝、棉花等农产品的生产、收购、运销及对外贸易等一切业务。当时，苏联政府答应以易货方式进口中国茶叶，贸易委员会委托中国茶叶公司办理。年初，时任财政部贸易委员会副主任的邹秉文电请吴觉农到汉口，委以全权代表中国与苏联进行易货贸易谈判。谈判很成功，中苏双方都很满意。此后，邹秉文决定对苏以茶易货事宜由贸易委员会直接办理，交由吴觉农负责。贸易委员会在香港设立了办事机构，把内地茶叶转运香港再行出口。然而英国以保持中立为名，不准中国政府在香港设立官方机构。于是，贸易委员会在香港注册富华公司开展工作。贸易委员会主任陈光甫委任吴觉农为贸易委员会专员兼富华公司协理，专管茶叶易货贸易与茶叶外销业务。吴觉农利用当时温州、宁波、福州等港口尚未陷落之际，英、美等国轮船尚能自由出入之时，通过贸易委员会在各地设立的办事机构，把内地的茶叶运送到香港出口。邹秉文还支持吴觉农提出的发展云南茶叶的主张，派冯绍裘和郑鹤春去凤庆调查、研发。那年冬天，他们在香港收到冯绍裘用云南大叶种试制的滇红样茶。

1938 年底，鉴于茶业人才的急需，吴觉农在香港富华公司举办茶业统制人员训练班，至翌年三月结业。参加训练班的主要是一批流亡香港、有志于茶业事业的知识青年，如毕业于中山大学的陈兴琰，毕业于浙江大学的张堂恒，以及在富华公司工作的陆松侯等人。在此期间，浙江、安徽、湖南、江西、福建的茶管处、改良场、茶厂也开设过类似的训练班，其中以安徽、浙江尤为突出。1938—1941 年，安徽省茶叶管理处在祁门茶业改良场举办 2 期茶业高级技术人员训练班，学制 1 年；1939—1942 年又在屯溪茶业改良场举办了 1 期茶业初级技术人员训练班，学制 3 年。1937—1940 年，浙江茶业改良场在嵊县三界举办茶业技术训练班 4 期，学制 2 年，培养技术人员 100 多人。1938 年，浙江省在绍兴平水、章家岭等地办有茶业讲习会。1939 年，浙江省油茶棉丝管理处茶叶部举办驻茶厂管理员训练班。训练班开设了茶树栽培、茶业制造、茶树病虫害、茶业经济等课程，培养了一批从事茶业生产和科研工作的人才。

为了开展茶叶易货贸易与茶叶外销，实行茶叶统制、统销，急需大批专门的茶业技术人才，茶业人才培养便是抗战时期的当务之急。吴觉农深切体会，“故自办理统销政策之始，即有才难之叹”。[①]

（三）复旦大学农学院自身发展的需要

抗日战争时期，私立复旦大学大部内迁重庆北碚对岸嘉陵江畔黄桷树镇夏

---

① 中国茶叶学会．吴觉农选集［M］．上海：上海科技出版社，1987.

坝，少部分师生留沪组成上海补习部。当时四川由于大批人员涌入，对粮食、蔬菜、副食品需求迅速增长，发展农业、开垦边疆、增加农副产品供应成为紧迫任务。为此，于1938年秋，复旦大学聘请原上海劳动大学农学院院长李亮恭来校，筹建垦殖专修科并附设农场。垦殖专修科在李亮恭主持下陆续延聘王泽农、陈国荣等教授来校，由陈国荣兼任农场主任。李亮恭在《复旦大学的农业生产教育》一文中回忆，“决定先创设一个两年制的‘垦殖专修科’。希望两年以后就有一批青年，可以到西北地区去领导开垦广大的荒地，以增加粮食的生产。然后再陆续增设四年制的学系，以组成农学院”①。1939年秋，成立园艺学系，由陈国荣任系主任。按照民国教育部的大学章程，必须有两个系才能组成学院。因此，还需要筹建一个新系才能成立农学院。在农学院没有成立前，垦殖专修科和园艺学系暂属理学院。

处于战争之非常时代，如何争取经费和人力，在已有的垦殖专修科和园艺学系的基础上，筹创农学院是复旦大学当时面临的一个急迫问题。是故，当吴觉农与复旦大学代校长吴南轩、教务长孙寒冰商谈筹建茶业系时，一拍即合。不幸的是，在筹建过程中，孙寒冰于1940年5月27日日机轰炸时罹难。1941年12月，吴觉农在复旦大学纪念周所作的讲演《复旦茶人的使命》中沉痛悼念孙寒冰，并特别提到：“这一系科的最先提议设立的为孙寒冰先生。他当初常来香港，看到我们的事业那时颇有发展，同时看到沪、汉两地的茶商以及依附于这些茶商为生活的所谓‘知识分子’的捣鬼和横行不法，却为我们的前途担忧。结果在1939年下期以后，沪、汉茶栈确有借尸还魂的事实，于是1939年冬，兄弟到了重庆，由他商请吴校长特设系科，并嘱兄弟担任系主任以为茶业的未来造就专才。他的待友之诚，察事之明，使人永远不会忘记的。”②

二、动　　议

（一）吴觉农的夙愿

1914—1917年，还在浙江省甲种农业专科学校读书时，吴觉农便立志从事茶叶事业。1919年，他考取由浙江省教育厅招收的去日本农林省静冈县茶叶试验场的官费留学生。1922年，学成回国。发表《中国茶业改革方准》一文，在文中分析中国茶业失败的原因，提出了包括培养茶业人才、组织团体在内的振兴华茶的根本方案。在第四章第一节“茶业人才的养成”中，具体措施第一就是在云南、贵州、四川、湖北、湖南、江西、安徽、浙江、江苏、福

① 洪绂曾．复旦农学院史话［M］．北京：中国农业出版社，2005.

② 中国茶叶学会．吴觉农选集［M］．上海：上海科技出版社，1987.

建、广东各地设立茶业专攻科，学校招收中学或甲种实业学校的毕业生，聘请东西洋专门技师，教授茶树栽培、茶叶加工、茶叶化学及其他应用科学。第四是设立茶业传习所，学制一两年，专门为培训茶树栽培、茶叶制造的人才而设。第五是在甲乙种农校添置茶科，或增课茶业。① 那时正值军阀混战，政局动乱，他本想在茶业上有所作为，但事与愿违。

吴觉农真正走上为振兴中国茶业的理想而奋斗的道路，是从应实业部上海商检局局长邹秉文的邀请，筹办茶叶出口检验开始的。1931 年 9 月，邹秉文邀请吴觉农去上海工作，委以技师、技正之职。吴觉农在商检局主办的《国际贸易导报》第 2 卷第 3 号发表《改善华茶之新气运》，提出五点革新意见，其中第三“关于人才之培养者”，设立茶务讲习所，培养专门人才；设立茶业专门学校。②

1932 年冬，应安徽省建设厅厅长程振钧的邀请，并得到邹秉文局长支持，吴觉农前往安徽恢复荒废已久的祁门茶业试验场。到祁门之后，他又邀请胡浩川、方翰周等一起开展工作。经吴觉农的努力，由全国经济委员会牵头，实业部、安徽省政府参与，三方合组祁门茶业改良场。他们运用科学方法制茶，经试验祁门红茶品质可与世界著名的印度、锡兰红茶媲美。祁门茶业改良场建成后，吴觉农推荐胡浩川主持场务，自己回到上海商检局工作，但是仍关心祁门茶业改良场。1933 年，他与胡浩川合著《祁门茶业复兴计划》。1935 年，又与胡浩川合著《中国茶业复兴计划》，明确指出：“茶业生产技术的研究，生产成本的减轻，以及茶农的组织，都需要有专业人员去担负。因此有计划地培育人才，有其必要。”提出“由省、区农学院设立茶业系”。③

1936 年，吴觉农发动安徽、江西两省组织“皖赣红茶运销委员会”，又筹建中国茶叶公司，试图自营茶叶出口，但是遭到洋商、洋庄和茶栈的极力抵制。几经周折，这个由实业部和皖、赣、浙、闽、湘、鄂六个产茶的省政府集资，少数私人资本参与合营的茶叶公司总算成立了，实业部不得不作出让步，由时任中央银行业务局长的寿景伟任总经理，吴觉农任协理兼总技师。

1937 年，抗战全面爆发。上海商品检验局停止办公，吴觉农赴嵊县三界浙江省茶业改良场任场长兼技正。同年，与范和钧合著《中国茶业问题》，对茶园经营、茶叶制造、茶叶贸易、茶业组织、茶叶检验等问题作了详细而精辟的论述。

1939 年冬，原先由财政部贸易委员会直接管理的茶叶外销经营权划归中国茶叶公司，仍受贸易委员会领导。贸易委员会增设茶叶处，由吴觉农任处长，兼任中国茶叶公司协理、总技师及技术处长。在香港时，经冯和法介绍，

①②③　中国茶叶学会．吴觉农选集［M］．上海科技出版社，1987.

吴觉农结识了复旦大学教务长兼法学院院长孙寒冰，两人商谈“要振兴茶业，必须大量造就专业技术人才”的问题。创建中国茶学高等教育体系，正是吴觉农长期以来梦寐以求的追求。

（二）冯和法牵线搭桥

冯和法（1910—1997）是一位农业经济学家，20 世纪 30 年代末、40 年代初曾在浙江油茶棉丝管理处、香港富华公司工作，为抗战时期中国茶叶的发展和出口做了大量的工作。1932 年春，冯和法从国立上海劳动大学毕业，到上海商品检验局编辑《国际贸易导报》，从此结识吴觉农。1933 年初，他开始负责《国际贸易导报》，并在《国际贸易导报》增加了国际经济和国内商品运销分析文章，使导报的内容多样化起来。同时他还积极了解、关注茶，后来导报的每一期都有关于茶业的文章。1933 年 5 月，导报出了第一期茶业特刊，1936 年 11 月，又出了一期茶业特刊。那几年，吴觉农常在《国际贸易导报》上发表文章，与冯和法讨论农村合作事业、农业经济、茶业经济等问题。也是在商检局，吴觉农介绍冯和法参加了陈翰笙组织的中国农村经济研究会。于是，冯和法不仅编商检局的导报，而且还编写了几本关于农村经济方面的书，同时又参加了《中国农村》的编辑工作。

1938 年底，吴觉农安排冯和法到香港富华公司任专员。1939 年初，为了配合抗战以茶易苏联武器的工作，浙江省贸易委员会成立了油茶棉丝管理处，冯和法担任茶叶部主任。茶叶部开办不久，就出了《浙江茶讯》《浙江特产》和《茶人通讯》三种刊物和报纸。后来在香港，冯和法遇到在上海劳动大学读书时的老师、时任复旦大学教务长的孙寒冰。从 1931 年开始，他就在孙寒冰创办的黎明书局兼职做校对与编辑，所以两人亦师亦友。同时，他也深知同事兼领导的吴觉农培养茶业人才的夙愿，于是从中牵线搭桥。“复旦大学开设茶业专科的事情也是和法先生联系的。1939 年冬在香港，他介绍爷爷与孙寒冰先生认识，那是他们筹建复旦茶业专科的第一次会晤。从 30 年代初，爷爷就一直希望能在大学里设茶叶系，但总没有机会。1939 年，对苏贸易，以货易武器使得茶叶的地位一下提高了。他对爷爷说，复旦大学是私立学校，建立新系比较容易，而寒冰先生是复旦大学的教务长，他一定会支持，所以不要错过这个机会。”“1940 年到了重庆以后，和法先生和爷爷住在了上清寺大溪别墅贸易委员会。复旦的寒冰先生也正在重庆。一天，他约寒冰先生到爷爷的大溪别墅，和爷爷谈好了建立茶学系的一些细节。以后，寒冰先生又请爷爷去见了当时的校长吴南轩。有寒冰先生的支持和倡导，很快地，筹建中国第一茶学系的工作就在复旦大学顺利地展开了”①。1939 年底或 1940 年初，冯和法在香港

① 吴宁．冯和法先生与茶．茶叶 [J]，2010（2）：125－126.

介绍吴觉农与孙寒冰认识，而且冯和法对吴觉农强调说，复旦大学是私立大学，相对于国立、省立大学而言，建新系比较容易。1940 年初，到重庆后，他再次约孙寒冰到吴觉农所在贸易委员会的办公地点大溪别墅商谈建立茶业系的细节。

三、筹　　备

1940 年春，吴觉农从香港回到重庆后，虽然身兼数职，然因人事关系复杂，难以施展，就把主要精力放在创办茶业系上。他的想法得到了中国茶叶公司和财政部贸易委员会的大力支持。4 月，中国茶叶公司与复旦大学签订"合办茶业系及茶业专修科合约"，合约规定双方合组"复旦大学茶业教育委员会"，由中国茶叶公司负担"开办费国币九万元"及"第一年经常费五万八千元"，复旦大学负担"开办费四万五千元"及"第一年经常费一万九千元"，第二年以后的经常经费每年由委员会依照增加班次之比例议定增加数额，其中研究耗费一项全部由中国茶叶公司负担，其他各项由中国茶叶公司负担三分之二，复旦大学负担三分之一。利用复旦原有农业生产教育的基础，培植茶业技术及贸易上的专门人才，同时研究茶业产制技术及贸易的改进，以谋求中国茶叶外销的发展。双方商定在 1940 年秋季各招一年级新生一班，每班人数 30～50 人，以后每年各增一班。茶业系四年毕业，参照教育部定大学农学院章程办理，茶业专修科两年毕业，依照部定专修科章程办理。

1940 年 5 月，中国茶叶公司将合作办学一事呈悉经济部，当即被核准。当月，中国茶叶公司如约先将开办费五万元拨付复旦大学，其余四万元本拟由香港分公司转拨，因"渝港汇兑益形困难"，月底由复旦大学校长秘书冷雪樵到中国茶叶公司重庆总办事处取到。与此同时，复旦大学也迅速向教育部报呈备案。6 月 10 日，吴南轩致函教育部章益司长："本校与中茶公司订约合办茶业系及茶业专修科之各项纲要及课程兹抄具全份，备文呈请备案，并另致立夫先生一函，促请核准。该项呈文及私函兹一并附奉，即请代为转致，并鼎力促成。"不久得到民国政府教育部基本核准，但是教育部却认为茶叶是一种作物，无须设系，只允许成立茶业组。

同年 8 月 11 日，依约合组的复旦大学茶业教育委员会在黄桷树镇夏坝复旦大学召开第一次会议，吴南轩、李亮恭（时任垦殖专修科主任、代总务长）、寿景伟、吴觉农、陈时皋（中茶公司技术处专员）出席。会上报告事项包括：一、茶业专修科课程，教育部指令修正各点如何办理；二、茶业系名称，教育部令改农艺系茶业组，应如何办理；三、茶业系课程尚未奉教育部核示，惟指令更改时应如何办理；四、茶业系及茶业专修科第一届招生在渝湘浙三处分别举办，请予追认；五、湘浙两地录取新生来校旅费应如何补助；六、筹设实验茶场及茶厂应如何进行。双方对改系为组、课程设置、招生等事项进行详细商讨。

关于茶业系科主任人选问题，吴南轩此前已致函恳请吴觉农担任。“夙仰台端为国内茶业界最著名专家，学术宏通，经验充富，所有以上系科主任，即屈请台端兼任，以宏教化。”（1940 年 8 月 1 日吴南轩致吴觉农札）中国茶叶公司方面也力推吴觉农，“觉农兄对茶业研究有素，且在敝公司负技术全责，承贵校聘任茶业系科主任，至深赞同，将来双方密切合作，积极推进，定能相得益彰，实所欣盼”（1940 年 7 月 29 日寿景伟致吴南轩札）。

四、成　　立

1940 年 9 月，茶业组和茶业专修科正式设立，附设茶业研究室，吴觉农任组科主任兼研究室主任。茶业专修科学制两年，宗旨是学习一般茶业知识与技术，从事技术与营销业务，主要课程有茶业概论、经济学、作物通论、化学、土壤学、肥料学、植物生理、茶树栽培、茶业制造、茶业化学、茶业贸易、茶业检验、茶树病虫害防治、遗传育种、茶厂实习等。茶业组学制四年，一、二年级学习农业基本学科，包括植物学总论、动物学总论、农院化学、农业经济、农业概论等课程，三、四年级除加习工商科学外，则致力于茶业之实际研习，其中又分为制造和贸易两门，并从事茶场和茶厂的业务实习。主要课程有制茶学、茶树栽培学、作物学概论、遗传学、茶业检验及评级、茶病学、植物病理、茶厂管理、茶业贸易等课程。

茶业组及茶业专修科的建立为农学院的成立创造了重要条件，与原有的垦殖专修科和园艺系一起组成复旦大学农学院，由李亮恭担任首任农学院院长。复旦大学由原来的四院，发展为文、理、法、商、农五院并列。

在茶业组科的筹创初期，吴觉农利用自己在国内茶业界的广泛人脉，力邀相关专家学者来校任教。1940 年 10 月 5 日致函李亮恭，“校方所发聘书八件，业已查收。王兆澄、毕相辉、庄任、许裕圻诸先生，约双十节前后俱可到校。（毕君或尚需向西南经济研究所再作一度交涉），余已分别商电通知”。

1940 年 10 月 10 日，吴觉农复函李亮恭，“现产制部以刘君未能莅校，致全部空虚；如由中茶技术人员兼任，必影响整个教务。故弟拟另提两人为讲师，其一为张志澄，另一为张堂恒（履历另附），两君对栽培制造均有相当之学识经验，堪以应付，请转商校长决定为荷（决定后当再商中茶商调）”。

茶业组科的主要教师有吴觉农（留日，讲授茶叶贸易）、胡浩川（留日，讲授制茶学）、毕相辉（留日，讲授农业经济）、王兆澄（留日，讲授农院化学、土壤肥料学)、范和钧(留法，讲授茶叶机械)、陆溁(讲授茶叶审评)、张志澄(讲授茶树栽培)、何家泌(讲授茶树病理)、罗绳武(讲授茶史与语文)、张堂恒(讲授茶业概论)等。除专任教师外，该科还聘请校外知名教授前来兼授课程，如刘庆云虽辞聘复旦，后以兼任教授身份讲授“茶叶行政与政策”，财政部贸易委员会专家杨开道讲授“茶叶地理”等。创设初期，茶业组科的师资阵容已颇为可观，其中如毕相辉、张堂恒、刘庆云、杨开道等教员，都曾是实业部门的技术骨干，教学时自能理论结合实践，收到很好的教学效果。

1940 年夏，复旦大学茶业组科在非沦陷区的四川重庆、湖南衡阳、浙江丽水三地完成招生。首届招生 63 名新生，其中茶业组 34 人、茶业专修科 29 人。丽水和衡阳考取的学生，由中茶公司派运茶的卡车先将丽水的同学送至衡阳，再和衡阳的同学一起送到重庆。卡车是棚布货车，途经柳州、贵阳，历时半个月才到重庆。10 月，报到注册开学。1942 年秋第一届茶业专修科毕业，大部分由中国茶业公司分配工作。第一届茶业组于 1944 年毕业，其中有 15 人于 1944 年上半年征调参加美军翻译，以通译生资格毕业。

1941 年，茶业组招收 17 人，茶业专修科招收 13 人。1942 年，四年制农垦组与茶业组合并成立农艺学系，其中有 2 个茶业组学生，茶业专修科招收 4 人。1943 年，在农艺学系里有 1 个茶业组学生，茶业专修科招收 7 人。孔祥熙的亲信李泰初接任中国茶叶公司总经理后，大肆贪污，后又挟资潜逃美国，国民政府不得不“通缉查办”。1944 年 6 月，中国茶叶公司因人事腐败，并入复兴公司而结束。复旦大学与中国茶叶公司的合约终止，茶业组和茶业专修科停止招生。

1941 年 3 月，吴觉农带领中茶公司的一批技术人员离开重庆，前往浙江衢州万川，成立“东南茶业改良总场”，吴觉农任场长。同时，也吸收东南茶区的一批茶业技术人员，一起进行茶业研究。10 月，改为财政部贸易委员会茶业研究所，吴觉农任所长。翌年春，因日军大肆进攻浙赣铁路沿线，几度选址，最后迁至福建崇安赤石街，该处原为福建省茶业改良总场所在地，坐落于武夷山麓。吴觉农离开复旦大学后，茶业组科一度由毕相辉代理主持(1941.3—1941.9)，后胡浩川(1941.10—1943.5)、姚传法(1943.6—1944.6)先后继任主任。胡浩川(1896—1972)是著名的茶学家，中国现代茶业奠基人之一。他于 1920 年在安徽省第一茶务讲习所结业后，旋即赴日本静冈县茶叶试验场学习茶叶技术，1924 年学成回国，是中国最早一批赴国外学习茶叶技术的留学生之一。在日本期间，结识同在静冈学习茶叶技术的吴觉农。两人先后在安徽芜湖省立第二农校任教员，曾同在实业部上海商品检验局工作，两人合著《祁门茶业复兴计划》《中国茶业复兴计划》。1934 年始，担任祁门茶业改良场场长。又继吴觉农之后，担任复旦大学茶业组科第二任主任。姚传法（1893—1959）是著名林学家、林业教育家，中国林业事业的先驱者之一，中华林学会的创办者之一。1944—1945年，茶业专修科归属农艺系，由农艺系主任蒋涤旧兼任科主任。

由于私立复旦大学经济十分困难，不得不于1941年改为国立。吴南轩校长调到监察院，新任校长为章益，教务长为陈望道。改为国立后，学校的经费较前宽裕许多，聘请了一批著名学者前来任教。专任教师不多，但兼任教师不少。茶业组科的基础课和部分专业基础课由文、理学院教师担任，又充分利用复旦其他系科的师资力量。当时，北碚是一个较为繁华的市镇，并已成为一个文化区。除了一些学校图书馆外，还有不少研究机关，如中央研究院的动物研究所、植物研究所、地理研究所、中央农业试验所等。这些研究所的许多著名研究人员都到复旦大学理、农学院兼课，如童第周、钱崇澍等。有许多名师名家讲授茶业组科的课程，如钱崇澍主讲“植物生理学”，陈恩凤主讲“土壤肥料学”课程，曲仲湘带队实习等。钱崇澍是中国现代植物学一代宗师，植物分类学泰斗，于1942年到复旦大学任生物系教授。陈恩凤于1938年获德国尼克堡大学博士学位，1942年秋到校，任农艺学系教授兼代系主任。曲仲湘是著名的生态学家、环境科学家，1940年起任复旦大学生物系副教授兼四川大学生物系教授。这些名师名家为农学院学生开出了不少重要课程，对茶业组科的教学质量的提高起到了很大的作用。

教师除授课外，也注重科学研究。1940年秋，在创建茶业组科同时就设茶业研究室。研究人员由茶业组科教师与对茶业有造诣的专家担任。研究室内分三部，各设主任一人。一为生产部，从事茶业产制的实验与研究，由张志澄负责；二为化验部，从事茶业的化学分析与实验研究，由王兆澄负责；三为经济部，从事茶业经济、行政及政策研究，由毕相辉负责；研究室还附设有小型实验茶场和茶叶化验室。研究室人员还有王泽农、许裕圻、庄任、汪义芳、张祖声等。

1941年及1942年，茶业专修科学生赴四川铜梁县巴岳山生产实习。1943年春，因铜梁原料奇少，当地房屋以及制茶设备又不敷住用，便组织学生远赴南川和川西实习考察。1943年3月底，茶业专修科一年级、茶业组三年级学生在组科主任胡浩川的带领下，由北碚乘船至重庆，再乘船至木洞，步行过丰盛、白沙井、观音桥，一直走到南川实习地，考察茶树栽培、茶业制造、制茶工厂、茶业运销及改良等。

1944年春，由生物系曲仲湘教授带队组成川西茶业组科实习团。师生一行从重庆经内江、成都至灌县见习，然后返成都调查花茶制销情形，再至邛崃、名山、雅安、新津、峨眉、乐山，最后由乐山经内江返重庆北碚，历时整整一个月。战时能有如此远程且有规模的茶业实习，殊为难得。

除教学实习外，茶业组科学生在校社团活动也颇为丰富。1941 年 5 月 18 日，组科同学在北碚黄桷树青年茶社成立了复旦大学茶业学会。茶业学会经常举行师生座谈会和学术讲演会，搜集有关茶业资料及研究茶业有关各项问题，出版茶业刊物。一是成立壁报编辑委员会，出版“茶业学报”（壁报），专刊会员关于茶业之著述及译作，第一期壁报于 1942 年元旦出版；二是出版茶业学会会刊，定名《生草》，从 1942 年 3 月创刊，至 1944 年共出六期，围绕茶树育种、茶业现代化及茶业经济等话题，介绍师生在学术上的研究心得，以及正在实习或已毕业同学的工作情况。

五、回　　迁

1946 年 5 月，复旦大学由重庆夏坝迁回上海江湾原址。学校提前放假，全校师生陆续分批东返。陈望道任校长，周谷城任教务长，严家显任农学院院长。茶业专修科恢复招生，是年招收 10 人。王泽农教授任茶业专修科主任，增聘陈椽副教授，助教有王毓秀，后改聘郭颂仁。“茶业概论”“茶树栽培学”“茶叶制造学”“茶叶检验学”4 门课由陈椽担任，“茶叶化学”课程由王泽农担任，“茶叶贸易”聘请校外茶业界有声望的吴觉农主讲，叶知水、钱梁、乔祖同襄助讲授。1947 年招收 6 人，1948 年招收 5 人。

1949 年 6 月 20 日，复旦大学由军管会接管。9 月，复旦大学校务委员会宣布，钱崇澍任农学院院长。茶业专修科扩大招生，是年招收新生 33 人。10 月，由于王泽农出任新创办的农业化学系主任，复旦大学聘请浙江省茶业改良场场长吕允福任茶业专修科主任，并登报公告，但因茶场交接工作稽延而未能到任，改由陈椽副教授担任。增聘庄晚芳教授讲授“茶叶贸易”“茶树栽培”，管永真讲师讲授“茶叶微生物”，助教有郭颂仁、王明渊、周海龄。除了科内专任教师外，其他院系的一些名教授也为茶业专修科讲授基础和专业课。如农学院院长钱崇澍讲授“植物生理学”，曾任农学院院长的严家显教授讲授“昆虫学”，近代中国农学界第一位女教授曹诚英讲授“遗传育种”，农艺系农机化专家张季高教授讲授“茶业机械”，农化系教师唐跃先讲授“茶树土壤肥料学”。同时，茶业专修科与上海茶业界同仁联合成立“中国茶讯”社，陈椽任社长，庄晚芳任总编辑，报道中国茶业产制销等情况。1950 年，招收 32 人。当时正值抗美援朝，茶业专修科有 13 名同学响应号召，投笔从戎，献身国防事业。

1951 年暑假，唐跃先老师带领茶业专修科的部分同学开展野外土壤调查，第一站到杭州龙井茶区，第二站到余姚四明山茶区。

朝鲜战争爆发后，中国绿茶出口受阻。中国茶业公司决定在浙江平水茶区、安徽皖西茶区实行绿茶改制红茶，由陆路出口苏联，以粉碎西方国家对中国的经济封锁。1951 年 2 月至 5 月，受浙江省农林厅的邀请，茶业专修科 49 级有 20 名同学赴嵊县，分五个工作组，以技术骨干的身份参与指导。1952 年 5 月至 6 月，受安徽省农林厅的邀请，茶业专修科 50 级有 23 名同学赴大别山茶区，参与改制红茶工作。

1952 年秋，全国高等院校院系大调整，复旦大学农学院农艺、园艺、农化三系迁往沈阳建校。出发那天，同学们的行装和老师们的家具、行李等都集中在学校广场等待装车出发。突然有人来通知农化系主任王泽农教授立即去教务处，原来是学校领导临时通知他暂时不出发，就地待命。后来才知道，学校决定让王泽农教授回到茶业专修科。茶业专修科在安徽省委、省政府力争下，迁往在安徽芜湖的安徽大学农学院。是年 8 月，在陈椽主任的率领下，王泽农教授、庄晚芳教授、管永真讲师、金义暄讲师、周海龄助教，与 1951 级林鹤松、王家斌、姚月明等 20 位同学，扛着复旦大学党委授予的“响应党的号召，院系调制到安徽”的红旗，从上海江湾到芜湖赭山，成为安徽大学农学院茶业专修科，随迁的还有部分茶业图书和仪器设备。始于 1940 年 9 月的复旦大学茶业组科，结束于 1952 年 8 月，前后历时 12 年。

近代中国茶学建制化历程

樊汇川　石云里

近代茶叶科学起源于19世纪末的英属印度。彼时，随着印度茶业种植面积的急剧增长，业界对茶树病虫害、茶树栽培学以及茶叶生物化学等相关知识需求迫切；而另一方面，近代生物学、化学等学科的发展也为茶叶科学的研究奠定了基础。[①]两方面的条件促成了茶叶科学的产生，并先后在印度、锡兰、日本等国发展并逐步实现建制化。近代华茶出口衰落之后，国人逐步意识到印、锡、日等产茶国崛起的背后不仅是生产技术的改进，还有茶叶科学的支撑。引入茶叶科学成为当时振兴茶业举措中的重要内容。经过晚清、北洋和南京政府三个阶段的努力，近代茶叶科学在中国经过初步传播、发展而逐步实现了建制化。目前，关于晚清民国时期茶业革新的已有研究多集中于产业和技术革新的视角，对于这一时期茶叶科学在中国的发展状况尚缺乏系统的研究。[②]本文根据相关文献和档案，从茶叶科研机构、茶学杂志、茶学专业教育和茶叶学会四个角度对茶叶科学在中国的建制化过程加以梳理，并探讨这一过程中各方因素对于茶叶科学发展的影响。

按照现今学科划分，茶学属于园艺学下属二级学科，包括茶叶科学和茶文化学两个子学科，本文集中讨论民国时期茶叶科学的建制化问题。学科建制化的标准学界略有争议，较为权威的观点是费孝通在1979年论述中国社会学重建问题时所提出的："一门学科机构的建制化，大体要包括五个方面的内容：一是学会，包括专业人员和支持这门学科的人；二是专业研究机构，在学科中起带头、协调、交流的作用；三是大学的系科，是培养该学科人才的场所；四是图书资料中心，为教学和研究支持服务；五是本学科的专门出版机构，包括

作者简介：樊汇川，中国科学技术大学科技史与科技考古系博士研究生；石云里，中国科学技术大学科技史与科技考古系教授，理学博士。

① William H. Ukers. All About Tea. New York：The Tea and Coffee Trade Journal Company，1935，Vol 1. P408.

② 涉及这一时期茶叶科技发展的代表性成果有朱自振《茶务佥载和茶叶科技的近代化》，魏露苓《晚清西方农业科技的认识传播与推广（1840—1911）》，陶德臣《民国茶叶科技发展述论》，张小坡《近代安徽茶叶栽培加工技术的改良及其成效》。

专业刊物、丛书、教材及通俗读物。”① 本文基本采用费氏的观点，但图书资料中心在专业研究机构和大学系科中均有提及，故不再作专门论述。

一、茶叶研究机构的建立与发展

专业研究机构的设立是一个学科建制化最基础的要素。19 世纪末至 20 世纪初，印度、锡兰、日本等主要产茶国都先后建立了专业的茶叶科研机构，如著名的印度托克莱（Tocklai）茶叶试验站、日本农林省茶叶试验场等。这些茶叶研究机构都极大地推动了本国茶业的发展，并对世界茶叶科学研究作出了重要的贡献。近代中国茶叶研究机构的发展路径相对曲折，先后经历了清末民初的草创、南京十年的发展和抗战期间的全面建设三个阶段，逐步由简单的试验茶场发展为专业的茶叶科研机构。

（一）清末民初的草创

就茶叶科学研究而言，其滥觞可追至 1906 年设立在南京的江南商务局植茶公所。光绪三十一年（1905），郑世璜在完成他那次著名的印锡茶业考察后便向当时的两江总督周馥提出了建设专业茶叶研究机构的设想。② 翌年，在周馥的支持下，江南商务局拨官款银 20 000 两，于南京钟山灵谷寺附近开辟茶园，并设立模范茶场，全称为“江南商务局植茶公所”。植茶公所的《章程》开宗明义称：“以参用西法、改良土造、扩张茶业、维持商务为主义。”③ 但由于清末时局动荡，植茶公所未能持续多久便告停办。

辛亥革命后，北洋政府农商部为了提振衰败中的华茶业，于安徽省祁门县平里镇设立了农商部祁门模范种茶场。该场于 1915 年 4 月开建，1916 年初建成，首任场长陆溁。④ 随后的两年里，祁门模范种茶场在陆溁的主持下进行了各种植茶和制茶的试验。但未久因北洋政府财政拮据，经费被逐步缩减，加之继任场长邓礼寅尸位素餐，祁门茶场亦逐步陷入半开半停的状态。⑤ 此外，1911 年湖北省府在蒲圻羊楼峒设茶叶试验场，但该场仅一年有余便因经费不足停办，未能产生影响。⑥

总体来说，清末至北洋时期的茶叶科研机构处于草创阶段，不仅机构规模

① 费孝通：《略谈中国的社会学》，《社会学研究》，1994 年第 1 期，第 2－8 页。

② 樊汇川，石云里：《清末民初的境外茶业考察及其影响》，《中国农史》，2018 年第 2 期，第 66－76 页。

③ 《江南商务总局办理植茶公所章程》，《南洋商务报》，1906 年第 2 期，第 1－4 页。

④ 周自齐：《农商部饬第九六号》，《政府公报》，1916 年第 81 期，第 25 页。

⑤ 潘忠义：《国立茶业试验场参观记》，《中华农学会报》，1923 年第 37 期，第 169－175 页。

⑥ 刘伯轩：《羊楼峒茶业试验场调查表》，《湖北建设月刊》，1931 年第 3 卷第 5 期，第 201 页。

小，人员专业素养不足，研究内容也较为浅显。就规模而言：江南植茶公所只有草房两进，雇员仅茶师 1 人，督工 1 人，连同长短雇工在内也不足 10 人；[①] 祁门茶场规模略大，人员平时约 16 人，茶季连短工在内约 40 人。[②] 此外，这一时期的研究人员少有系统接受过农学专业教育者，因此所开展的工作也主要集中在两个方面，一是播种、施肥、驱虫以及晴雨、温度对茶叶影响等栽培技术的试验，[③] 二是各地茶树品种调查、茶区土壤成分分析等基础性研究。[④] 而对制茶学、茶树遗传学、茶叶化学等方面的问题均未能展开深入的研究。

尽管存在上述种种局限，但这一时期的茶叶科研机构仍具有重要的意义。不仅开创了中国近代茶叶科学研究的先河，也为后来南京政府时期的茶叶科研机构建设提供了参考。

（二）南京十年的发展

南京十年（The Nanking Decade，1928—1937）是民国各项事业的建设高峰，农业科技在这一时期也受到政府空前重视。易劳逸（Lloyd E. Eastman）曾指出：1927 年南京国民政府成立之后，农村和农业的凋敝衰败成为当局面临的一项重要挑战，实业部和全国经济委员会等部门在这一时期均大力推广近代农业科学技术，希望通过科学技术的发展和应用来提振处于衰败中的丝、棉、茶等农业经济，进而实现农业和农村的复兴。[⑤] 1933 年，时任实业部长的陈公博在《实业四年计划》的序文中解释农业技术革新的重要性时说："中国农村已濒破产是人人知道的，复兴农村已成了今日政府工作的焦点，也是人人知道的。可是农村问题，真是错综复杂……实业部所注意的单是技术问题已够研究。"[⑥] 同年，实业部制定了以科技振兴茶业的相关计划，提出了通过建设茶叶试验场以谋求茶业改进的设想。[⑦] 1935 年 1 月，为进一步推进茶叶科研机构建设，陈公博签署了致江苏、浙江等十一省实业厅和建设厅的部令，要求全面推进茶叶试验场的建设：

"令江苏、浙江等十一省实业、建设厅：查茶叶一项，原为吾国特产，向居对外贸易主要地位。年来因栽培不良，调制未宜，品质未能改善；加以日本及英属锡兰等地新兴茶业，突飞猛进，遂致海外市场渐受排挤，销路日滞，亟应改良整顿，以谋救济。应由该厅按照省内茶产情形，对于栽培及烘制方法力

---

① 《江南商务总局办理植茶公所章程》，《南洋商务报》，1906 年第 2 期，第 1－4 页。

② 《Model Tea Farm of Anhui》，《The Far-Eastern Review》XIII. 16. 1917，Manila，Philippines.

③ 《江南植茶公所试验成绩》，《广东劝业报》，1909 年第 60 期，第 35－40 页。

④ 陆溁：《安徽模范种茶场种茶报告》，《安徽实业杂志》，1917 年续刊第 4 期，第 1－22 页。

⑤ John K. Fairbank&Albert Feuerwerker：《The Cambridge History of China》Vol. 13. P152。

⑥ 陈公博：《序四年实业计划初稿》，《国际贸易导报》，1933 年第 5 卷第 8 期，第 1－14 页。

⑦ 《实部筹谋改进茶产》，《农业周报》，1933 年第 2 卷第 50 期，第 15 页。

谋改进，并划分区域，设场试验。如已设立试验场者，亦应积极整顿，励行指导及推广工作。并将省内茶产情形，拟具详细报告及改进茶产具体计划，送部审核。案关整顿全国茶产，除分令外，合行令仰遵照办理，并将遵办情形迅行具报为要。此令。”①

南京十年茶叶科研机构的建设主要由实业部和全国经济委员会（以下简称“全经委”）两部门主导，分两种模式进行：一是对原有茶叶研究机构的整顿与改组，二是设立新的研究机构。

南京国民政府建立后两年（1929），湖北省建设厅对停闭中的羊楼峒茶场进行改组，月拨经常费 1 019 元，以刘伯轩任场长，陈迁任技士。② 1932 年，原浙江省建设厅厅长程振钧调任安徽省建设厅厅长，到任后随即邀请吴觉农、胡浩川、方翰周等人讨论祁门茶场的改组事宜。1933 年，安徽省建设厅正式改组祁门茶业改良场并增拨经费。③ 翌年，全经委农业处与实业部、安徽省建设厅三方联合改组祁门茶业试验场，吴觉农任场长，胡浩川任技士。1933 年 4 月，实业部下属的中央农业试验所联合上海、汉口两地商检局，于修水县白鹏坑设立了修水茶叶改良场，月拨经常费 1 000 元，④ 俞海清任主任兼技师，冯绍裘、方翰周先后任技术员。⑤ 两年后，修水茶场改属江西省农业院。1936 年，浙江省建设厅联合实业部、全经委农业处在浙江平水县三界设立浙江茶业改良场，吴觉农任场长。

南京十年茶叶研究机构的规模较之前有显著提升。较小的如羊楼峒茶场也有房舍 13 间，茶园 125 亩 3 分；而较大的如祁门茶场则有凤凰山总场与平里、历口两座分场，另设附属卫生院一所，茶园数百亩。⑥ 研究人员也多是科班出身，如吴觉农、胡浩川、刘伯轩、方翰周等人均先后在日本学习过农学或茶学专业，其他如冯绍裘、庄晚芳、潘忠义、陈迁、王堃等人也都是国内大学农学专业毕业。此外，研究经费也有显著改观。以改组后的祁门茶业改良场为例，1936 年度的预算达到 60 000 元。⑦ 浙江茶业改良场开办费也多达 28 000 元，另有经常费 25 000 元。⑧ 与人员专业素养和经费的提升相对应，此时主要茶叶科研机构的试验条件、研究内容工作和科研成果也较前期有着长足的进步。例

① 陈公博：《实业部训令：农字第四一四四号》，《实业公报》，1935 年第 213 期，第 26－27 页。
② 刘伯轩：《羊楼峒茶业试验场调查表》，《湖北建设月刊》，1931 年第 3 卷第 5 期，第 201 页。
③ 《皖省设立茶叶改良场》，《工商半月刊》，1933 年第 5 卷第 8 期，第 84 页。
④ 陈公博：《实业部训令：农字第二三九六号》，《实业公报》，1933 年第 121－122 期，第 25 页。
⑤ 《江西茶业改良场之新贡献》，《国际贸易导报》，1933 年第 5 卷第 7 期，第 240 页。
⑥ 《祁门茶业改良场二十五年度业务报告》，《经济建设半月刊》，1937 年第 18 期，第 17－34 页。
⑦ 《祁门茶场改组》，《国际贸易情报》，1937 年第 2 卷第 5 期，第 53－54 页。
⑧ 《实部会同浙建厅签订协建茶场办法》，《浙江农业推广》，1936 年第 2 卷第 1 期，第 39 页。

如，祁门茶业改良场和浙江茶业茶场均设有专门的制茶车间和化验室，其试验内容涉及：红茶和绿茶的制茶试验、茶叶化学成分分析测试、病虫害防治试验，等等。此外，这些机构还成立了茶学图书资料中心，并组织人员翻译印、锡、日等国茶学著作，向国内传播前沿茶学知识。

（三）抗战期间的完善

1937年后，随着抗日战争的全面爆发，东南各省或沦入敌手，或濒临前线，茶叶科研机构的建设工作一度趋于停滞。但情况很快迎来转机。随着与英国、苏联等国家易货条约的签订，茶叶成为抗战期间换取外汇和战争物资的主要出口商品。[①] 由于有着促进茶叶出口的迫切需求，国民政府对茶叶科研的经费投入空前加大，加之有南京十年的积累，这一时期茶叶科研机构无论建设规格还是科研水平，都有显著的进步。

1938年，原本主导茶叶科研机构建设的实业部和全国经济委员会先后被撤销，其职能被新组建的经济部替代。同年，主管对外贸易的财政部贸易委员会（以下简称“贸委会”）成立。因此，抗战期间茶叶科研机构的建设主要由经济部和贸委会及其下设的中国茶叶股份有限公司（以下简称“中茶公司”）主导进行。

由于战争原因，这一时期新建的茶叶科研机构主要集中在江西、湖南、云南、贵州等后方省份，先后在江西河口、浮梁、婺源，湖南沅陵、高桥、桃源，四川灌县，云南思茅，贵州湄潭，福建崇安等地建成十余所茶业改良场，其中最具代表性的是贵州湄潭的中央实验茶场和福建崇安的财政部贸易委员会茶叶研究所。

1939年初，浙江大学校长竺可桢在与时任贵州省主席吴鼎昌等人商谈后，决定将几经辗转的浙大西迁至贵州的遵义和湄潭。同年9月，经济部下属的中央农业实验所联合中茶公司、浙江大学在湄潭联合成立中央实验茶场，由张天福主持场务。半年后，浙江大学农学院完成搬迁，由浙大农学院的昆虫学家刘淦芝教授任首任场长。中央实验茶场是近代第一个由大学参与建设的茶叶科研机构，由浙大与当地政府协同建设了200多亩的试验场地，其研究内容涉及茶树病虫害、茶树品种统计与调查、制茶学等。[②]

1941年2月，财政部贸委会为促进茶叶科学研究，于浙江衢县筹建东南茶业改良总场，8月奉令改名为财政部贸委会茶叶研究所，1942年元旦宣布正式成立，4月又改迁至福建崇安。[③] 财政部贸委会茶叶研究所科研活动涉及茶

---

① 孔祥熙：《抗战以来中国对外贸易与财政部贸易委员会工作概况》，《中央党务公报》，1940年第2卷第23期，第6－9页。

② 《湄潭茶场研究概况》，《农报》，1945年第10卷第19－27期，第41－45页。

③ 《贸委会茶叶研究所近况》，《贸易月刊》，1942年第4卷第九、十月号，第78－80页。

树选种和繁殖试验、茶树光照与抗冻试验、病虫害防治试验、红茶及武夷岩茶制造试验、茶叶分级标准试验、茶叶化学成分分析试验、制茶机械发明及改造试验、肥料及土壤成分分析试验等。① 此外，除了自身开展科学研究，该所还负责统筹安排贸委会对于东南各省茶区改良经费的分配。1945 年抗战结束后，该所被中央农业试验所接管。

茶叶科研机构的设立使得茶叶科学研究在中国得以有计划、成规模地开展，对中国茶叶科学的发展具有重要的意义。同时，由于当时大部分茶叶科研机构都建在茶叶主产区，也对华茶生产的科学化起到了普遍的示范作用。此外，各地茶叶科研机构建立以后，随着科研活动的大量开展，还直接促进了茶学期刊的产生。而各茶叶研究机构之间通过人员与学术交流形成了一个学术共同体的雏形，也为后来全国茶叶学会的产生奠定了基础。

二、茶业期刊与茶学期刊的创办

专业研究期刊的创办也是学科建制化的重要内容和成熟标志。中国茶学期刊的发展进程略晚于茶叶科研机构，大致经历了三个阶段：从早期综合期刊中出现的茶业专栏，到茶业期刊的出现，最后发展出茶学期刊。

近代在还没有茶业期刊的时候，有关茶学的资讯、论文通常被发表在一些地方性的综合报纸或者与茶业相关的政府部门主办的刊物上。20 世纪以后，一些主管茶业的政府部门所办的期刊也常常刊登茶学资讯。例如，1906 年，郑世璜就将他对印度、锡兰茶业考察所得出的报告发表在《南洋官报》上。② 民国以后，作为产茶大省的安徽省实业厅主办的《安徽实业杂志》和浙江省建设厅主办的《浙江建设月刊》也会定期刊登茶叶科学和制茶技术研究的文章。此外，还有相当数量的茶学论文被发表在农学期刊上，如《中华农学会报》《农报》《农声》等。

由于早期茶业科研机构较少，茶叶科学的相关研究在国内也并未形成气候，所以像这种专业茶学研究文章发表在综合杂志上的状态持续了相当长的时间。直到 1936 年，实业部为振兴华茶业，加强茶业界和茶学界的联系，主持成立了中国茶业协会，并在上海召开首届年会。年会议定的诸项决议中重要的一条，便是创办中国第一本茶业期刊《茶业杂志》。③ 该刊发刊词称："本刊之

① 《茶叶研究所两年来工作概述》，《茶叶研究》，1943 年第 1 卷第 6 期，第 4－56 页。

② 郑世璜：《郑观察世璜拟改良内地茶业办法上江督禀》，《南洋官报》，1906 年第 34 期，第 60－64 页。

③ 《中国茶业协会年会纪要》，《国际贸易情报》，1936 年第 1 卷第 34 期，第 53－55 页。

发行，即应时势之需要，报告国内外茶业之情况及改善之途径，以供茶业同志推广业务之参考。”①

此后，茶业期刊迅速发展，先后出现了十余份刊物，其中大部分由各地茶叶主管部门创办。1937年4月，实业部上海茶叶产地检验监理处主办的《茶报》创刊。主要撰稿人有陈国汉、吴觉农、蔡无忌、马世淦、陈雨泉、聂成、虞中南、范和钧、庄熙杰等，处长蔡无忌在发刊词中指出：“本报之发行，即应时势之需要，一以补检验人员实地指导之不足，二以报告国内外茶业之情形，及改善之途径，以供茶业界推广业务之考。”②

1939年6月，安徽省茶叶管理处于安徽屯溪创办了《茶声半月刊》，该刊以“配合目前的形势，以讨论茶业问题，介绍茶市情况，报道茶区实况及报告茶界动态”为主旨。至翌年7月停办，该期刊共发行24期。撰稿者大都是著名的茶学专家，如吴学农、范和钧、程铸新、傅宏镇、张堂恒、郑铭之等。该刊关注茶树种植和改良方法研究和茶厂生产管理、茶叶技术人员培训等问题；发布茶叶管理检验规则，提供茶叶销售市价行情和收购指导价格，发挥合作社的功能，刊登茶界消息。1941年1月，安徽省茶叶管理处又创办月刊《安徽茶讯》，发刊词称：“顾事业推进须以学术为其基础，茶叶之产制改良尤非随时探讨群策力不足以求其进步。本处爰于本年岁首发行茶讯月刊，举凡关于茶政兴革、生产制造、运输销售诸端与夫各地茶况、国际销场情形以及茶叶法规、茶农茶工茶商动态额分别类编借供研究。”③

1939年6月，福建省茶业管理局于福州创办旬刊《茶讯》（福州），旨在提倡茶业研究，沟通茶业消息，办理茶业指导，公布茶业政令，内容以有关茶业的论著、新闻，报道茶农、茶工、茶商的消息为主。翌年8月停刊，改办《闽茶季刊》④。《闽茶季刊》以“宣扬茶政，改进茶业”为主旨，报道国内外各地茶业信息，探讨中国茶业之未来前途，研究茶业生产各环节，介绍茶工生活情况等。⑤ 1945年福建省农林公司茶叶部创办月刊《闽茶》，发表有关茶业的论著、译述、研究及调查报告，刊登施政建议、产地通信、茶市概况、茶界动态、茶业小品，报道各地茶业消息，研究茶叶种植、加工、包装、贮藏、出售等问题。⑥

1939年，江西省农业院茶业改良场于江西婺源创办《茶讯》（婺源），初

① 汪振寰：《发刊词》，《茶业杂志》，1936年第1卷第1期，第4-5页。
② 蔡无忌：《发刊词》，《茶报》，1937年第1卷第1期，第1页。
③ 方君强：《发刊词》，《安徽茶讯》，1941年第1卷第1期，第1页。
④ 向耿西：《福建茶业管理之回顾》，《闽茶季刊》，1940年创刊号，第45-58页。
⑤ 徐学禹：《发刊词》，《闽茶季刊》，1940年创刊号，第1-2页。
⑥ 《发刊词》，《闽茶》，1945年第1卷第1期，第1页。

为半月刊，后改为月刊。主要撰稿人有吕增耕、黄直夫、吴觉农、方翰周、姚正斋等。该刊重点介绍婺源、浮梁等地茶业生产概况，探讨茶业生产管理中的各种问题，推广茶树改良，介绍国内外市场需求等茶界消息。1940 年 9 月，江西省茶叶管理处创办月刊《江西茶叶》，主要探讨茶叶生产及其改良途径、人员培训、科学栽培、选种和制作以及产地实况调查、茶叶贸易等。①

1940 年 5 月，浙江省油茶棉丝管理处茶叶部创办旬刊《浙茶通讯》。该刊以"阐扬茶政，报道茶情，推动茶人，改进茶业"为主旨，主要刊登战时茶叶政策、茶业研究、改进制茶工艺与经营管理、茶业调查报告、茶界动态、产地通信、园外茶情等。②

尽管茶业杂志包括相当的业界资讯，但其中有固定的茶学研究专栏，故就学术意义而言，已经算是茶学期刊。纯粹的茶学专业期刊则是 1942 年创办的《茶叶研究》。如前文所述，1942 年以纯科研为目的的财政部贸易委员会茶叶研究所成立后，对茶学专业期刊的创设工作也就提上了日程。翌年 7 月，该所主办的茶学期刊《茶叶研究》在福建崇安创刊，首期创刊词便开宗明义地表明了其以科研为导向的态度："国内有关茶业的定期刊物，为数原不在少……但多数是以报道茶情为主……本刊所载稿件将以试验研究报道的记录做它的中心。不但如此，我们更希望抛砖引玉，如荷茶界同志源源惠寄这类稿件，我们将尽先刊载，引为本刊的光荣。"③《茶叶研究》自 1943 年 7 月创刊至 1945 年 6 月停刊，共 18 期。其文章内容涉及茶叶化学、制茶学、茶叶调查、国外茶学介绍、茶史等各方面研究，主要撰稿人有吕增耕、吴觉农、叶作舟、张堂恒、陈舜年、王泽农、吕允福、徐大衡、胡浩川、陈观沧等。该刊成为抗战后期中国茶学界主要的学术交流阵地。

茶学期刊的创办使中国茶叶科学研究的成果有了专业的发表渠道，对茶叶科学的传播以及茶学界、茶业界的交流起到重要的推动作用。

三、茶叶学会的成立

茶学学术共同体的出现是茶学建制化的又一重要方面。本文梳理茶叶学科的建制化过程，因此以作为茶学研究者之间交流平台的茶叶学会为关注对象，至于茶业协会之类的行业组织则不在考察范围之内。

清末民初，在真正意义上的茶叶学会出现之前，已有一些具有部分茶叶学

① 张明善：《发刊词》，《江西茶叶》，1940 年第 1 卷第 1 期，第 2 页。

② 《发刊词》，《浙茶通讯》，1940 年创刊号，第 2 页。

③ 《创刊之词》，《茶叶研究》，1943 年第 1 卷第 1 期，封 2 页。

会性质的学会组织。例如，早在 1908 年，湖北汉口茶业组织成立了茶业研究会，讨论与茶业改良相关的一切新法，并打算待来年春季茶树萌发时，派会员入山实地试验。[①] 1912 年农林部批准钟为桢等人设立茶业研究会，批文中说该会是茶商自行组织的茶业研究会，惟茶务改良事关实业，其一切事务应禀由福建实业司查核。[②] 这样的茶业研究会虽不是严格意义上的学会，但其以研究茶业改良为主旨，并开展各种茶叶调查和试验，围绕制茶技术和茶业经营开展探讨研究，可以看作茶叶学会的雏形。

类似的带有部分学会性质的行业改进会，例如四川省也有部分热心改进茶业人士成立过四川茶业改进会。

兹悉该会以生产建设为目前急要之图。四川最适种茶之县份达八十县之多，丞应改良种制。会务进行，不容稍后。特于昨在外东天仙桥街该会会所召开执监委员联席会议，议决要案多件，即分头进行。其最重要之议案为：[③]

①在灌县青城山创设模范种茶场；

②发起定期刊物，定名《四川茶业》；

③草拟改进中国茶业计划书，推定袁植群君担任起草；

④草拟改进四川茶业计划书，推定臧贞伯君担任起草；

⑤由本会呈请四川教育及建设当局，通令全省各农学院校及职业学院，添设茶科，全省各产茶县分开办茶业讲习所，推定康正则君起草此项呈文。

近代中国第一个茶叶学会是成立于 1923 年的安徽省茶务学会，地址在安庆四方城 22 号门牌。该学会由付宏镇、潘忠义等人发起，学会章程宗旨的第一条便是“研究学术图茶务之发展”。学会研究的范围“以关于茶业培植、制造、装潢、贩卖诸学术为限，并联络各处茶业界人士协力进行，以期茶务发达迅速”。会员分三类：基本会员以曾在茶业校所毕业者；普通会员以曾在茶业校所疑业一年以上或从事栽培制造及装潢贩卖之有经验学识者；而在茶业界享受声誉并赞同该学会宗旨的人可称为名誉会员。学会经费则由全体会员承担，每人每年会费 1 元。[④] 学会成立后，积极研究茶业改良。学会发起人潘忠义、付宏镇曾调查秋浦（今安徽省东至县）和祁门两县的茶业，并将调查报告联名发表在《实业杂志》上。[⑤] 另有学会发起人张维和赞成人陈鉴鹏等人以学会的名义将其对华茶改良路径的研究发表在《中华农学会报》上（图 1）。[⑥]

---

① 《议设茶业研究会》，《北洋官报》，1908 年第 1 600 期，第 12 页。

② 《农林部批钟为桢等设立茶业研究会呈》，《政府公报》，1912 年第 66 期，第 4 页。

③ 《四川茶业改进会决设模范种茶场》，《四川农业》，1934 年第 1 卷第 6 期，第 61 页。

④ 《安徽省茶务学会简章》，《中华农学会报》，1923 年第 37 期，第 194－198 页。

⑤ 潘忠义，付宏镇：《调查秋浦祁门茶务报告》，《实业杂志》1923 年第 3 卷第 9 期，第 1－14 页。

⑥ 《改良茶业根本办法草案》，《中华农学会报》，1923 年第 37 期，第 198－201 页。

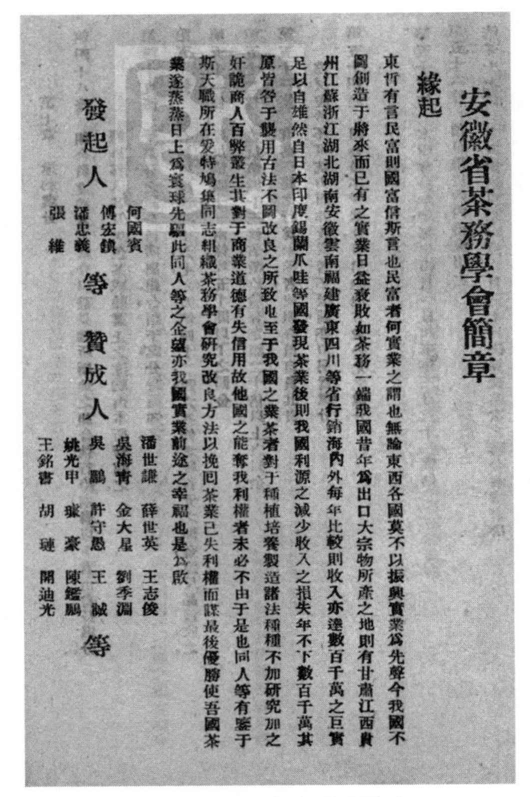

安徽省茶務學會簡章

緣起

東哲有言民富則國富信斯言也民富者何實業之謂也無論東西各國莫不以振興實業爲先聲今我國不圖創造于將來而已有之實業日益衰敗如茶務一端我國昔年爲出口大宗物所產之地則有甘肅江西貴州江蘇浙江湖北湖南安徽雲南福建廣東四川等省行銷海內外每年比較則收入亦達數百千萬之巨實足以自雄然自日本印度錫蘭爪哇等國發現茶業後則我國利源之減少收入之損失年不下數百千萬其原皆咎于襲用古法不圖改良之所致也至于我國之業茶者對于種植培養製造諸法種種不加研究加之奸詭商人百弊叢生其對于商業道德有失信用故他國之能奪我利權者未必不由于是也同人等有鑒于斯天職所在爰特鳩集同志組織茶務學會研究改良方法以挽回茶業已失利權而謀最後優勝使吾國茶業遂蒸蒸日上爲寰球先驅此同人等之企望亦我國實業前途之幸福也是爲啟

發起人 何國賓 傅宏鎮 潘忠義 張維 等

贊成人 潘世謙 薛世英 王志俊 吳海青 金大星 劉季淵 吳鵬 許守愚 王誠 姚光甲 張豪 陳鑑鵬 王銘書 胡璉 關迪光 等

图 1 《安徽省茶务学会简章》

相比于安徽茶务学会这样的地方性学会，全国茶叶学会的成立则晚至抗战爆发之后。1940 年，中国茶叶学会在重庆成立。根据《中国茶叶学会章程草案》的相关规定，中国茶叶学会以联合全国茶业同志从事茶业学术研究并推进茶业国策为宗旨，地点设于国民政府所在地，同时可酌情于各地设分支会。学会有六大主要任务，即关于茶业学术之研究、全国茶业之调查、国茶产销之促进、茶业政策之探讨、茶业机构之辅导、茶业书报刊物之刊行。①

学会制订的工作计划包括七个方面：出版定期刊物，编辑茶业丛书，编印茶业丛刊，编印茶业年报，翻译世界茶业名著；征集各种调查报告，协助各省茶区实地调查，设通信网举办定期通信调查；成立中国茶业研究所研究产制运销等问题，特约各地会员或派员分赴各地作特种专题研究；指导会员作各种研究工作，协助指导茶农茶厂改进产制技术，举办茶业学术讲座；定期举行座谈会讨论一般茶业改进问题，临时召集特种问题讨论会；协助实验茶场

① 《中国茶叶学会章程草案》，《茶声半月刊》，1940 年第 1 卷第 19 期，第 205 页。

试验茶树品种及推广，改进制茶技术，改良茶用材料；接受各茶业团体以及茶农茶工茶商关于茶业问题之咨询，代办茶场设计、茶厂设计和运销及国外推销设计等。①

按学会章程相关要求，福建省随即设立了分会。在征求会员启事中称："中国茶业学会，联合全国茶业同志，从事学术之探讨，以谋茶业之促进。本省现正着手筹设分会，业已成立筹备委员会，广征会员，共谋推展，尚望茶界热心人士，踊跃参加，至深企盼！"②

四、茶学教育的发展

茶学专业教育的出现是茶学建制化的重要标志，在中国经历了茶务讲习所、茶业职校、茶学系科三个发展阶段，代表着茶学教育水平的逐步提高。

（一）茶学职业教育的发展

近代中国的茶学教育是从开办茶务讲习所起步的。清末华茶出口衰落后，朝野的有识之士对于学习新法以改良茶叶种植与制作的呼声不断增强。宣统元年（1909），清政府农工商部奏请在各产茶省份开设茶务讲习所：

"亟宜于产茶各省筹设茶务讲习所，俾种茶、施肥、采摘、烘焙、装潢诸法，熟闻习见，精益求精，务使山户、廛商胥获其利，人力机器各洽其宜。如蒙俞允，即由臣部通行产茶省份各督抚臣，一律迅饬兴办并将入手办法厘订章程送部备核。"③

该案批准后不久，湖北省劝业道便在蒲圻（今赤壁市）羊楼峒设立了讲习所。翌年，四川灌县（今都江堰市）也成立了四川通省茶务讲习所。民国以后，茶务讲习所的建设进程得以延续。1917 年湖南长沙成立湖南茶业讲习所，1918 年安徽休宁成立安徽茶务讲习所，1920 年云南昆明设立茶务讲习所。④这些茶务讲习所的开办对各地茶业人才培养起到了一定的积极作用，但受各种不利因素的掣肘，大多存在的时间都不长且收效有限。例如安徽茶务讲习所仅开办 3 年，羊楼峒茶务讲习所更是 2 年不到便告停闭。当时有人曾在中华农学学会报上撰文评论安徽茶务讲习所，认为其未能持续的原因在于"既无成熟的教材，亦无实习的茶园，未做好充分的准备就草草招生讲习"。⑤

① 《茶叶学会工作计划大纲》，《茶声半月刊》，1940 年第 1 卷第 19 期，第 206 页。

② 《中国茶业学会福建分会征求会员启示》，《闽茶季刊》，1940 年创刊号，第 141 页。

③ 《农工商部奏请就产茶省份设立茶务讲习所摺》，《政治官报》，1909 年第 814 号，第 10 页。

④ 叶知水：《近十年来中国之茶业》，《中农月刊》，1944 年第 5 卷第 5－6 期，第 112－137 页。

⑤ 养真：《停闭了的安徽茶务讲习所底印象记》，《中华农学学会报》，1923 年第 37 期，第 175－180 页。

后来叶知水先生对这一时期的全国各茶务讲习所人才培养工作评价时认为："除安徽茶务讲习所于毕业学员中选成绩优良之二三学员，实习归国后对中国茶业有所建树外，余均学非所用（笔者注：此处应指自安徽茶务讲习所毕业后赴日进修实习的胡浩川、方翰周等人）。二十余年来之茶业教育，如斯而已。"①

此后，随着民国教育事业的发展，茶业职校替代了传统的茶务讲习所。1921 年，四川成都设立四川高等茶业学校，后迁至灌县。1923 年，安徽六安的第三农校设立茶科。② 1935 年福建省为改良茶业，在福安县设立了福建省立福安初级农业职业学校。1940 年，江西省农业院婺源茶业改良场创办了江西省茶校。③ 这些茶业职校中最具影响力的是福安农业职业学校。根据茶学家张天福先生提出的"欲振兴茶业，则培养专才，设立茶业研究机关，谋栽培与制造上之改良"的主张，福建省政府作出了建立"一校一场"的决策，在创办崇安试验茶场的同时，在福安县设立福安农业职业学校，由教育厅与建设厅共同建设。该校共有连同校长在内教员、讲师 12 人，校务及实验员 6 人，④ 下设主管教学的教导部和负责农场实践的农业部。⑤ 1937 年，福建省建设厅为进一步加强茶业人才培养，又将该校由初级职业学校改为高级职业学校，并增设高级茶业科。⑥

（二）茶学大学系科的建设

1936 年后，随着全国经济委员会茶业统制政策的施行，茶业人才短缺进一步凸显。为应对这一问题，当年，全国经济委员会召开茶业技术讨论会的决议中就提出："重要产茶地之大学、农学院，应筹设茶业专科，或附设专系，以训练专门人才；各农业职业学校应添设茶业科，以培养实际经营与推广人才。"⑦ 此提案得到了全经委和教育部的重视。加之抗战爆发后，政府对茶叶研究支持力度加大，各地大学也开始着手筹设茶学专业，茶叶系科开始在中国出现。

最先付诸行动的是复旦大学。1940 年，西迁至重庆北碚的复旦大学与中茶公司合作，筹设中国第一个茶业系及茶业专修科。时任中茶公司总经理寿景

---

① 叶知水：《近十年来中国之茶业》，《中农月刊》，1944 年第 5 卷第 5－6 期，第 112－137 页。

② 王振铎：《中国茶业三年建设计划》，《闽茶》，1947 年第 2 卷第 2 期，第 4－21 页。

③ 朱焜：《茶校创设之目的与教导之方针》，《茶讯》，1940 年第 2 卷第 4 期，第 1－2 页。

④ 《福建省立福安初级农业职业学校教职员一览表》，《安农校刊》，1937 年第 1 卷第 2 期，第 81－82 页。

⑤ 《福建省立福安初级农业职业学校组织系统表》，《安农校刊》，1937 年第 1 卷第 2 期，第 80 页。

⑥ 《福安农职设高级茶业科》，《闽政月刊》，1937 年第 2 卷第 2 期，第 100－101 页。

⑦ 熊式辉：《江西省政府训令：教字第一三九七号》，《江西省政府公报》，1936 年第 474 期，第 8－9 页。

伟，复旦大学校长吴南轩、教务长孙寒冰，贸易委员会茶叶处处长吴觉农四人组成茶叶教育委员会，筹备茶业系和茶业专修科的开办事宜。[①] 寿景伟在给经济部递交的报告中对创办茶业系的原因做了如下解释：

"窃查茶叶为我国出口重要商品，对平衡出口贸易、挽回利权所关至钜。惟事关专门技术，栽培、制造、运销各项人才颇为难得，而东南旧茶区与西南新茶区及国内外茶业市场之范围又复甚广，自非广植干部不能勉图……本公司负有改进全国茶业之使命，统筹办理责无旁贷，爰经与复旦大学双方议定，合办茶业系及茶业专修科。以培植茶业专门人才、改进国茶产制技术及扩展国内外贸易为宗旨。"[②]

按双方的约定，由中茶公司负担全部开办费 90 000 元和第一年经常费 58 000 元。第二年开始，经常费由中茶公司负担 2/3，复旦大学负担 1/3，但经常费之外的研究消耗费则全部由中茶公司负担。[③]尽管中茶公司和复旦大学上报的方案中计划单独设立茶业系，但国民政府教育部在审核时认为其初期规模较小，暂不适宜单独设系，因此最终茶学专业被设置在复旦农艺系下属茶业组（四年制）和茶业专修科（两年制）。茶业组一、二学年所修课程为共同必修课程，三、四学年分为产制、贸易两个方向。产制组重点学习茶叶栽培、制造、分析等课程，而贸易组则偏重茶叶运销、管理等相关知识的学习。由于有着中茶公司的财力支持，茶业组图书、经费皆甚雄厚。考录茶业组的学生均免费入学，毕业后中国茶叶公司优先聘任，成绩优异者还可保送留美。[④] 此外，茶业组还附设茶业研究室，内分产制、化验与经济三组。该研究室不仅负责茶业组和茶业专修科所用教材书籍的编辑，还负责带领学生开展茶叶科学的研究活动。[⑤]

除了复旦大学外，这一时期创办了茶学专业的还有英士大学和福建农学院。1940 年，英士大学农学院特产专修科开设茶叶班，著名茶学家陈椽先生这一时期便在英士大学教授茶学课程。1942 年，由福建农学院代办的苏皖技艺专科学校于崇安设立茶叶专修科。该校地处福建茶区，实验条件优越，理论与技术兼备，具有茶学专业教学和实习的特殊优势。可惜仅开办一期，培养学生 16 名，便告停顿。[⑥]

总体来看，茶叶教育在中国的发展较为顺利，尤其是茶业系科的及时设立保证了茶学研究人才结构的延续性，并为后来尤其是 20 世纪下半叶中国茶学

---

① 上海茶叶学会：《吴觉农年谱》，1997 年，第 94 页。

②③ 寿景伟：《中国茶叶股份有限公司呈报与复旦大学合办茶业系及茶业专修科案》，1940 年 4 月，中国第二历史档案馆，经济部档案（四）60705。

④ 王方维：《报道复旦大学茶业组情况》，《修农》，1943 年，第 43－44 期，第 4 页。

⑤ 《复旦大学茶业研究室》，《安徽茶讯》，1941 年，第 1 卷第 6 期，第 7－12 页。

⑥ 王振铎：《中国茶业三年建设计划》，《闽茶》，1947 年，第 2 卷第 2 期，第 4－21 页。

和茶业界培养了大批骨干人才。

五、结　语

中国茶学的建制化历程始于1906年第一个茶叶科研机构江南植茶公所的设立。1940年中国茶叶学会和复旦大学茶业组的建成标志着茶学在中国完成了建制化。到此，茶叶科学在中国成为一个拥有相对完整体系的学科。茶叶科学的建制化与制茶技术的机械化、茶叶品质的标准化以及茶叶生产的公司化运营共同推动了华茶业近代化的完成，具有非常重要的意义。

纵览茶学建制化的历程，可以发现其具有以下三方面特点：

首先，相比于印、锡茶学的发展，中国茶叶科学的前期发展表现出相当的不稳定性。例如印度著名的托克莱茶叶试验所由印度茶叶协会（I. T. A.）科学部的支持，茶叶协会每年经费中有固定的经费支持茶叶科研活动；而锡兰更是将茶叶出口税中固定比例的资金用来作为茶叶的科学研究和相关的出口推广费用。① 清末至北洋时期的中国，尽管华茶业急剧衰败，亟待科学的方法来革新，但除了个别政府部门临时性的资助之外，茶叶科学的研究并未得到更多的重视和常态化的经费支持。

此外，在"外汇至上"主义思想的影响下，国民政府对于茶叶科学研究的支持表现出显著的外销倾向性，而对内销茶的科学研究并不重视。以茶叶科研机构的区位分布为例：截至1947年，全国共设立茶叶研究所25座，其中除湖北茶叶试验场和云南茶事试验场设立于内销茶区外，其余均设立在外销茶区。②

最后，在抗日战争这样一个百业凋敝的时期，茶业的特殊性却使得茶叶科学的发展获得了空前的支持。1938年财政部贸委会奉令办理茶叶统销后，为促进茶叶科技的发展，提高茶叶品质，将每年全国茶叶收购总额的1.5%作为茶业改良经费。以民国二十九年（1940）为例，当年全国收购茶叶近6 000万元，划拨给各省茶业改良经费便多达86万元。其中大部分经费都分配给了各省茶叶科研机构用作茶叶研究和技术推广。③ 前所未有的投入使得茶叶科学在抗战期间得以加速发展，进而在1940年完成了建制化。

（本文原刊《安徽史学》2019年第3期）

① 王振铎：《中国茶业三年建设计划》，《闽茶》，1947年第2卷第2期，第4－21页。

② William H. Ukers. All About Tea. New York：The Tea and Coffee Trade Journal Company，1935，Vol 1. P412.

③ 《东南茶情（附表）》，《万川通讯汇订本》，1942年创刊号至第50期，第112－114页。

宋元时期蒸青制茶技艺东传及发展考略

袁祯清　宋　伟

自中唐陆羽《茶经》问世以来，中国的茶文化迅速发展，制茶技艺也得到快速发展。莱斯特·怀特指出："文化是一个连续统一体，是一系列事件的流程，是一个时代纵向的传递到另一个时代，并且横向的从一个种族或地域播化到另一个种族或地域。"[①]制茶技艺是茶文化产生的充分必要条件，因此尽管世界茶叶的种植地分布广泛，但是最早拥有制茶技艺的中国成为茶文化的发祥地。文化传播的形式，都是由高向低流入。宋元时期茶文化单方面流入日本、朝鲜半岛，同时伴随着制茶技艺的深远影响。

中国、日本、韩国三国学者对此时期的制茶技艺有一定研究。朱自振从宏观概括了此时期我国所具有的制茶技艺，特别是蒸青绿茶的制茶技艺；关剑平在研究中提出了从茶叶技术史角度，分析平安后期日本茶发展停滞及蒸青片茶难以推广到日本的原因；杜娟认为韩国钱茶（钱团茶）最早源于中国唐代饼茶（属于片茶），并将两者详细对比研究。日本学者主要是大石贞男、松下智、熊仓功夫等，其中前者主要也是从茶叶技术史角度概括日本茶叶技术的发展历史，具有一定学术价值，而后两位的创作学术作品较多，但具有一定的争议性。韩国学者中最具代表性的是金明培，他译著了《中国的茶道》一书，对韩国茶文化发展起到积极的推进作用，在他的学术作品中也不乏对茶种类、茶产地的详细介绍，对研究制茶技艺具有一定参考价值，其他学者如姜美爱、白顺华等，也在其博硕论文中对高丽时期的制茶技艺及制茶品种有一定研究。

然而上述学者们的研究主要集中在宋元时期茶文化及饮茶技艺，关于此时期的制茶技艺的传播研究仍然是模糊的。笔者拟以宋代茶书、元代农书及《吃茶养生记》等书籍的研究作为主要文献来源，结合相关学者对宋元时期日本、高丽研究的资料内容，以技术史的视角，主要从宋元时期我国制茶技

作者简介：袁祯清，中国科学技术大学科技史与科技考古系博士研究生；宋伟，中国科学技术大学科技史与科技考古系教授。

① ［美］莱斯特·怀特：《文化的科学》，山东人民出版社，1998年，第2页。

艺发展背景概述、对日本制茶技艺的传播与发展、对高丽制茶技艺的传播与发展三个方面来叙述宋元时期我国制茶技艺东亚传播与发展，梳理传播路径，比较分析日本、高丽制茶技艺的特点，整合分析宋元时期制茶技艺的东亚传播发展，最后尝试从经济、政治、文化等多个方面分析其发展演变的原因。

一、宋元时期国内制茶技艺发展背景

朱自振认为自隋代以降，炒青、烘青及蒸青制茶技艺均已存在，而自唐以来，陈椽定义的六大茶类，也均处在萌芽时期。此结论笔者赞同，因唐代诗文、宋代茶书及近现代相关学者研究中都有据可循。宋元时期的制茶技艺主要是蒸青绿茶制茶技艺，同时也是我国蒸青绿茶制茶技艺的变革期，此时期蒸青绿茶制茶技艺特点可分为三个阶段：第一阶段是以蒸青片茶（包括团、饼茶）为主的北宋；第二个阶段是以蒸青草茶（属于散茶）为主的南宋；第三个阶段是以蒸青末茶（属于散茶）为主的元代。

众所周知，北宋列位皇帝均爱茶，自五代闽国起源的北苑贡茶得以发扬光大，由此引发的蒸青片茶的反复研发升级的制茶技艺，可谓登峰造极。从真宗丁谓的“龙团”始，到蔡襄暗喻仁宗子嗣问题的“小龙团”，再到被哲宗因宗室浪费问题而废除的贾青的“密云龙”，最后片茶鼎盛当属徽宗漕臣郑可简创制的“银丝水芽”，即采择新抽茶枝上的嫩芽尖，蒸过后，剥去稍大的外叶，只取其心一缕，用珍器贮清泉渍之，光明莹洁，若银线然，以制方寸新銙。这种方寸小茶片加工成形后，仿佛有小龙蜿蜒其上，称作“龙团胜雪”，当时人称“盖茶之妙，至胜雪极矣（熊蕃、熊克《宣和北苑贡茶录》）”。实际上，所谓的片茶升级，也就是北苑贡茶所在产地不同于前代的“榨茶”“研茶”次数以及拣取茶芽的程度。因为“建茶之味远而力厚”，不榨就不能尽去茶膏（茶叶中的汁液），而“膏不尽则色味浊重”，影响茶汤品质，所以“方入小榨，以去其水，又入大榨出其膏（赵汝砺《北苑别录》）”。研茶更重要，茶末越细越好，研茶对片茶内质的影响一是提高了茶叶的水浸出率，由于研茶时间长，茶多酚在高温高湿的条件下，会发生氧化，使茶叶苦涩味降低，滋味变得更加醇和，同时会造成茶汤的颜色变黄。二是研茶把茶叶研磨得细腻，制成的片茶表面细匀、光洁，色泽黄亮，均匀一致。研茶工具除了此时期始用的碾、磨，还有被陈椽认为碾制片茶的主要工具水磨，与现在的水力揉捻机的作用相同（图1、图2）。

“水磨。凡欲置此磨，必当选择用水地所，先仅并蒲浪切。岸擗水激轮。或别引沟渠，掘地栈木，栈上置磨，以轴转磨中，下彻栈底，就作卧轮，以水击之，磨随轮转，比之陆磨，功力数倍。”

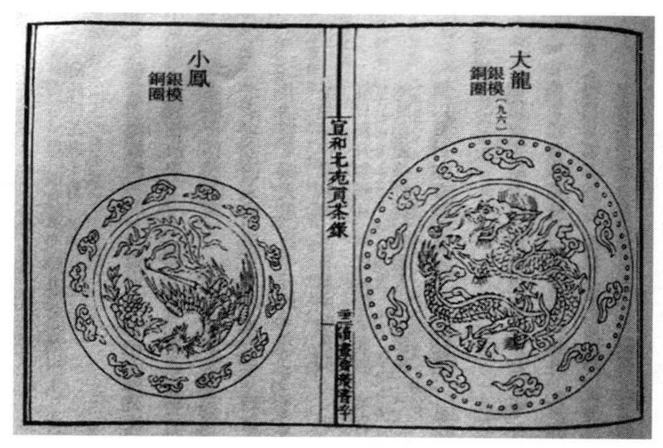

图 1　龙凤团茶图案

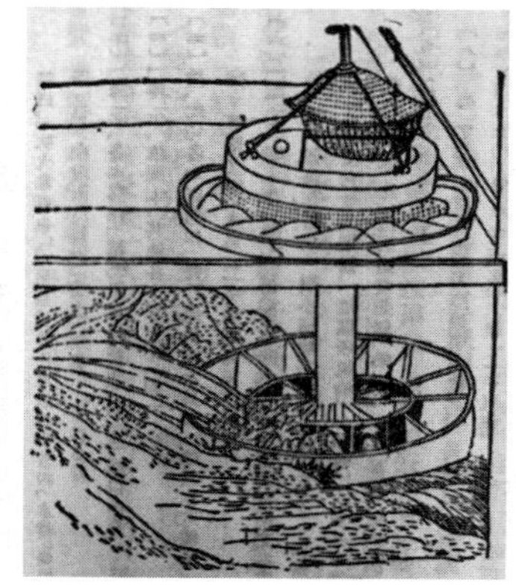

图 2　水磨

入南宋后，人们发现绿色的茶味淳长，因而在制茶饮茶的实践中不再固守拘泥于茶以白色为上的观念，贡茶中已以“正焙茶之真者已带微绿为佳”，至于其他各地所产的茶叶，更是“上品者亦多碧色”。其实早在北宋，杨彦龄《杨公笔录》：“会稽日铸山，茶品冠江浙。”而当时之日铸茶，非片茶，而是被称作草茶的条形散茶。日铸茶重焙香、麝香为时人所重，而此亦为草茶焙火而成的主要特征之一。后来日铸茶无香且茶色不白，终于拱手让位于洪州白茶了，有欧阳修《归田录》为证：“腊茶（即片茶）出于剑、建，草茶盛于两浙。两浙之品，日铸为第一。自景祐以后，洪州双井白芽渐盛，近岁制作尤精……其品远出日铸之上，遂为草茶第一。”南宋周必大《胡邦衡生日以诗送北苑八銙日铸二瓶》：“尚书八饼分闽焙，主簿双瓶拣叶芽。”北苑的茶以銙称，以片称，而日铸茶以瓶称，并有“拣叶芽”之说，应是散形茶。《咸淳临安志·货之品·茶》：“近日径山寺僧采谷雨前者，以小缶贮送。”缶，为小口大腹的陶罐，上有盖，也有铜制，因为是小口大腹的陶罐，只能贮放条索状的茶叶，饼茶形态大，很难装进，从贮放的器皿推断为条索状茶叶。张鎡《许深父送日铸茶》：“短笺欣见小龙蛇，谏省初颁越岭茶。”介绍了日铸茶的形状区别于小龙团圆形，像小龙蛇，也间接地说明日铸茶是一种散茶。不过南渡以后，茶渐不再研膏。张栻《南轩集》：“草茶如草泽高人，腊茶如台阁胜士。以他之说，则俗了建茶，却不如适间之说两全也。”依之说，草茶在南宋则已与建茶并处相同地位了。梅尧臣《得雷太简自制蒙顶茶》详细概括了彼时著名的散茶：

“陆羽旧茶经，一意重蒙顶。比来唯建溪，团片敌金饼。顾渚及阳羡，又复下越茗。近来江国人，鹰爪夸双井。凡今天下品，非此不览省。蜀荈久无味，声名谩驰骋。因雷与改造，带露摘牙颖。自煮至揉焙，入碾只俄顷。汤嫩乳花浮，香新舌甘永。初分翰林公，岂数博士冷。醉来不知惜，悔许已向醒。

重思朋友义，果决在勇猛。倏然乃以赠，蜡囊收细梗。吁嗟茗与鞭，二物诚不幸。我贫事事无，得之似赘瘿。”

到了元代，虽然贡茶仍沿袭唐宋旧制，保留蒸青片茶，其中也有草茶、末茶进贡，但民间已经多制造蒸青散茶，而且元代草茶有名的也很多，不过元代以蒸青末茶为主。蒸青末茶其实也是散茶，只是将蒸青做好后的草茶碾磨成末，这很可能与元代蒙古人饮茶喜欢与奶同饮有很大关系。陈高华认为在元代末茶占多数，末茶税钱大于草茶，可知末茶一般来说要比草茶贵，因为末茶的制作比草茶要复杂得多，这很可能也是末茶最终被草茶所取代的重要原因。方回在《瀛奎律髓》中对彼时各地制茶情况具有概括记载：“江茶最富为末茶。湖南、西川、江东、浙西为芽茶、青茶、乌茶。惟建宁甲天下为饼茶。”此外，《王祯农书》中有关于蒸青散茶的具体做法，即“采讫，以甑微蒸，生熟得所。（生则味涩，熟则味灭）蒸已，用筐箔薄摊，乘湿略揉之，入焙匀布，火烘令干，勿使焦”。鲁明善《农桑衣食撮要》所述当时茶叶制法，与上述略同。“摘茶，略蒸，色小变，摊开扇气，通用手揉，以竹箬烧烟火气焙干，以箬叶收。”可见蒸青散茶制法具体分为：蒸茶、揉茶、焙茶。此种蒸青散茶制法其实早在《茶经·九之略》中就有相似记载：“其造具，若方春禁火之时，于野寺山园，丛手而掇，乃蒸、乃舂、乃炙，以火干之则又架、扑、焙、贯、棚、穿、育等七事皆废。”这种制法只有蒸、舂、炙三道工序，本来是用来制造粗茶和散茶。而另一方面相较于北宋片茶则简化不少，其中最大区别就是改榨、研为揉捻，同明清以来直至现代叶茶的蒸青绿茶的制法基本相同。值得一提的是，其中“色小变”说明已经具有半发酵性质。类似的茗茶制法已接近现代武夷岩茶的制法，但鲜叶采回仍使用微蒸的方式而不是近代的炒青，微蒸法较之过去似有所改进，对茶叶品质和提高功效有很大作用。

综上所述，宋元时期制茶技艺的发展过程，是从繁入简的过程，也就是从复杂的蒸青片茶制茶技艺到与现代蒸青绿茶制茶技艺几乎相同的做法，即蒸、揉捻、焙干。上千年的蒸青绿茶制茶技艺并没有多大改变，可见宋元时期是我国乃至世界蒸青绿茶制茶技艺最丰富，发展最快的时期，所以具备了向周边国家传播制茶技艺的充分必要条件。

二、宋元时期日本制茶技艺发展

日本自隋、唐有茶史以来，制茶技艺由于高僧的学习传播以及天皇的推崇，有过短暂的发展。宋元时期之前的制茶技艺主要是效仿《茶经》中的制作蒸青饼茶（属于片茶）的制茶技艺。到 11 世纪日本茶继续发展，茶叶种植扩大到了关西以外的地区，写于 1069 年和 1074 年之间的《综国风土记》：“后三条天皇（1068—1072）时，全国著名的茶产地有甲斐国（现山梨县）的八代郡、参河国（现爱知县）的八名郡、但马国（现兵库县）。”其中的山梨县和爱知县属日本的中部地区，说明日本的茶产地已经由南部向中北部发展了。

日本在宋元时期是真正意义上的制茶技艺的发展时期，在南宋也就是日本平安末期至镰仓初期，日本高僧荣西两次来华回日时都带走了茶种，这是继唐代后再次将中国茶在东瀛推广移植之举。清代学者黄遵宪在《日本国志》中对日本植茶及荣西贡献作了概括："荣西至宋，赍茶种及菩提还。日本植茶盖始于嵯峨天皇时，其后中绝。及后鸟羽院文治中僧千光（荣西）游宋，赍江南茶归种之筑前（今福冈）背振山。"荣西在南宋学禅期间，亲身体验和考察天台山一带万年山、石梁、华顶僧侣居民种茶、制茶技艺和煮茶饮茶习惯等，回日本时带去天台山云雾茶种。其实早在1072年日本高僧成寻来宋，在《参天台五台山记》中记载华顶上"苦竹黯黮，茶树成林"。建久二年（1191），荣西首先带回茶籽到九州肥前·平户岛的苇浦，把茶籽播种在富春庵小山上的富春园。后又将茶籽播植在福冈县与佐贺县接壤的背振山南麓肥前·灵仙寺的西来谷及石上坊前苑，这就是石上茶的起源。有人对荣西带回来的茶籽的成活率表示怀疑，理由是荣西7月回国，8月、9月是茶籽发芽能力最弱的时期，夏季过后种子的发芽能力更会丧失90%（松下智的《日本茶的传入》）。日本学者棚桥篁峰认为，荣西在肥前背振山石上坊和筑前博多的圣福寺（日本最早的禅窟）附近栽种成功是完全有可能的，2008年他试着栽种了8粒从中国带回来的茶籽，2009年春天有2粒发芽了，从经验来看，荣西成功栽种茶籽应该是不成问题的。实际上五代初韩鄂撰的《四时纂要》（10世纪初成书）最早提到了茶子的采收、贮藏："收茶子，熟时收取子，和湿沙土拌，筐笼盛之，穰草盖，不尔即乃冻不生，至二月出种之。"这段史料已经说明当时已具备保存茶籽运输的条件。此外，北宋苏轼已写有移植茶树诗《种茶》："移栽白鹤岭，土软春雨后，弥旬得连阴，似许晚遂茂。"黄儒《品茶要录》载："有能出火移栽植之，亦为土气所化。"更说明即使移栽茶树也是有可能的。另外，荣西还传入了南宋的叶茶贮藏方法和贮茶器物，北宋以来蒸青片茶是用焙笼、竹箱等箱笼贮藏的，而佛教寺庙中的自产茶大都为叶茶形式，用瓶缶贮藏。前文中已提及用小缶，荣西传入的是叶茶瓶罐贮藏法，后来日本禅师道元（1200—1253）入宋学佛时，又传回日本一种小茶罐，被称为"茶入"。小茶罐用于贮放已经碾好的末茶，大茶罐则用来长年贮放叶茶。

1207年，荣西在建仁寺，将茶籽装在汉制的柿子形的瓷瓶里赠给山城栂尾的高僧高弁（明惠上人1173—1232），明惠上人将荣西所赠茶种播植在栂尾山中的深濑之处，由于地理环境良好，茶叶品质优异，此地所产的茶就被称为"本茶"，而其他地方所产的茶则称为"非茶"。明惠上人在京都西北的栂尾播下茶种后，再向京都东南的宇治地方分植，因风土两宜，遂为天下名茶。日本高僧圆尔辨圆于1241年带了径山茶种和径山茶的“研茶”传统制法回去，将其栽种在了静冈县安倍郡足久保村与骏和国美和村，那一带是圆尔辨圆的故乡，尔后，人们按照圆尔辨圆指点的径山茶制法，生产出了档次较高的日本蒸青茶，后发展成为静冈茶，静冈茶约占日本茶产量的一半。日本的茶产区面积以栂尾为第一，仁和寺、醍醐寺、宇治等为第二，后来宇治茶园面积一跃为第一。此外，奈良、伊贺的服部，伊势的河居、骏河、武藏，再从近畿到关东一带几乎都有全国性的产茶区。高僧虎关师炼所撰《异制庭训往来》记载有关镰仓末期十二个名产茶区“我朝名山者，以栂尾为第一也。仁和寺、醍醐、宇治、叶室、般若寺、神尾寺，是为补佐，此外大和宝尾、伊贺八鸟、伊势河居、骏河清见、武藏河越茶，皆是天下所指言也”。室町时代初期教科书《游学往来》，记载各地名茶：

抑茶者，养性之仙药，延龄之妙术也。然间当世之贵贱，上下之好士达，数多所玩本兆之茶，可令秘计候。出所之茶者，栂尾、千金、黄金、烧香、雨前。于大和室尾寺者，凤肝、皋芦、白云、春雪。于南部都般若寺者，鐰山、水厄。于伊势者，小山寺之云映、雀舌、鹰爪。于丹波者，神尾寺之枪？簗之小叶。此外宇治朝日山、叶室走摘、仁和寺初番上叶、醍醐之胁萌、石山寺之茶。又一武藏之河越、骏河之关茶、伊贺服部、伊势河井、近江比叡之茶。又新渡宋朝之茶者，罗汉洞之初番、天台茶、又一建溪之秋萌、浮梁之小叶。此等者，为汉朝四个之本所。然间乱容十种茶、四种十返、三种四服、源氏茶、对合客六色茶、系图茶、四季三种之钓茶山堕安排，无据新古。茶区远近、叶之大小，壶善恶，青火栫，一向可为宗批判之由治定候。

学者孙容成的研究考证，当时的茶园面积都是很小的。据《临川寺重书案文》记载，1354年时的临川寺的茶园面积为“东西6丈、南北11丈”，此例还算是大的，许多茶园只有“丈许”，每年的产茶量在10斤左右。如《金泽文库古文书》之“随自意抄”的第七纸背上就记载着一例：“制春茶4斤，后又采制2斤，又采制1斤，另有茶末子1斤多。”总共还不足10斤。《只园执行日记》，贞和六年（1350）三月十七日的记载有：“山阶茶生叶买之，于坊门调之，今年，茶调始也。”即是买了山阶茶园的第一茬生茶叶，在坊门将其加工制造。正平七年（1352）三月六日的记录是“林茶今日调始之诸神宫笼摘之，二焙炉，二斤有之（计二十袋）”，三月七日的记载“林茶又摘之（诸神宫笼摘之），一焙炉三十两有之”。当然也有个别产茶多的记录，比如位于奈良地区的兴福寺茶园于1254年产茶100斤，但总的来说，当时日本茶的产量是极少的。《宋会要辑稿·食货29》记载，仅在绍兴三十二年（1162），两浙东路绍兴府产茶385 060斤，明州府产茶510 435斤，台州府产茶20 200斤11两7钱，温州府产茶 56 511 斤，衢州府产茶 9 500 斤，婺州府产茶 63 174 斤，处州府产茶 19 082 斤。由此可见，宋元时期日本的茶叶产量还是初级阶段，远远低于我国茶叶产量。

关于宋元时期日本制茶的茶书，1191 年日僧长永齐著《种茶法》，内容很简单，但为日本茶书的鼻祖。荣西的《吃茶养生记》又称《茶桑经》或《赞扬茶德的书》虽然影响较大，但笔者认为其主要还是摘用《太平御览》中的内容，日本学者森鹿三氏同样这样认为。日本学者熊仓功夫认为荣西入宋的大部分时间都在四明天台山万年寺和天童山景德寺度过，不大有机会得到头纲、次纲的白色贡茶，所见都为绿色茶，故传入日本的也是绿色的末茶。其实不然，《吃茶养生记》有两处记述了南宋的制茶工序，一处就是有关腊面茶（蒸青片茶）的制法："天子上苑中有茶园，园三之间多集下人令入其中，言语高声徘徊往来，则次日茶芽萌一分二分，乃以银镊子采之，尔后做蜡茶，一匙之值至千贯矣。"可见荣西并非不知南宋朝廷的贡茶蒸青片茶，只是未亲眼见过，也无法真正传承。荣西对蒸青散茶的记述就不同了："见宋朝焙茶样，朝采即蒸即焙，懈倦怠慢之者，不为事也，其调火也，焙棚敷纸，纸不燋样，工夫焙之，不缓不急，竟夜不眠，夜内焙毕，即盛好瓶，以竹叶坚封瓶口，不令风入内，则经年岁而不损矣。"上文的"见"字，可知是荣西在南宋亲眼所见之记述，其记录也证实了我国南宋时期主要流行于江浙一带的蒸青散茶的制作过程。熊仓功夫又认为："团茶经历了紧压、成型、发酵等阶段，尽管对于这个发酵的化学研究还不是很充分，但是已经判明发生了不同于自然发酵的发酵（有时被称作后发酵，由一种菌的作用而发生），进而产生了独特的风味（可以说是一种霉味），这个气味在温暖的日本绝不是香味，这里隐藏着荣西再次引进茶并且扎下根的秘密，或许这种味道太不适合温湿的日本本土，所以荣西引进的茶是没有经过后发酵、嫩叶清香、适合日本人的茶。"关剑平其实已经在其论文中对这一观点进行了驳斥，他主要是从茶汤的角度认为此观点不成立。而笔者认为熊仓功夫发现蒸青片茶制作或者贮存过程中会产生发酵的观点是正确的，因为这的确也是后来黑茶产生的重要原因，而其认为气候问题也部分正确，但不能想当然地认为日本人就是因为这种风味或者霉味就不喜欢蒸青片茶。实际上，荣西的确没有真正学到蒸青片茶的做法，在前文中已经提及南宋主要的制茶技艺是蒸青草茶，而在荣西活动频繁的地区也主要产蒸青草茶和部分蒸青末茶，此外，气候因素主要是导致生产蒸青片茶的技艺水平达不到，也就是说在生产蒸青片茶的过程中，如榨、研、焙转换时的气候影响对品质产生影响，宋代贡茶北苑地区是具备生产的气候条件的。所以受这些因素影响，日本镰仓时期以后，日本的主要制茶技艺就是我国的蒸青草茶，直到元代，也就是镰仓末期到室町时期，日本开始受中国影响喜欢蒸青末茶并发明创造适合日本国情的“抹茶”。

目前，日本还保持中国蒸青末茶的生产特点，生产高级的抹茶，它的原料和玉露茶（高级绿茶）相同，方法是将茶叶（鲜叶）蒸热后，稍加揉捻，直接烘干，再用机械碾成粉末，拣去茶梗，制成抹茶。日本抹茶根据颜色又分为浓茶和薄茶，也叫云鹤和又玄，比较著名的产地是京都府宇治市小山园的抹茶。1 000 多年来，日本一直采用我国蒸青方法制造绿茶，直到 20 世纪初，日本发明了送带式蒸青机，能自动控制蒸叶时间，才克服了蒸叶不熟和过熟的矛盾。采用蒸青技术和烘焙技术，未能使茶叶香味达到尽善尽美的程度，所以明代后实行锅炒技术。日本松下智《全国铭茶总览》载：“公元 1406 年（明朱棣永乐四年即日本应永十三年），荣林周瑞禅师自中国归国，带回茶种并引入制茶技术……明朝是中国锅炒茶的全盛时代，由此锅炒茶传播到九州各地。”这项技术革新使香味发展到高峰，所以入明以后炒茶才开始在日本流行。

三、宋元时期高丽制茶技艺发展

日本最早关于茶文字记载是高僧行基种茶，而行基是当时朝鲜半岛上的百济人，后来东渡日本，这样可以推测朝鲜半岛的僧侣在 7 世纪以前就已经种茶喝茶了。这也间接说明我国制茶技艺东亚传播过程中朝鲜半岛要稍早于日本。而朝鲜半岛历史上最早的文字记载是《三国史记·新罗本记》：“兴德王三年（828）冬十二月，遣使入唐朝贡，文宗召对于麟德殿，宴赐有差，入唐回使大廉持茶种子来，王使植地理山，茶自善德王时有之，至于此盛焉。”金大廉遵王命种茶的地理山（地理山是智异山，位于今韩国智异山南双溪寺一带，产茶历史一千一百八十年之久，现朝鲜全罗南道及北道的一部分和庆尚南道均有茶叶生产，茶园有 2 万多亩，产茶约 1 500 吨），而新罗人饮用的国产茶和进口唐茶也都是蒸青片茶。1999 年 5 月，浙江大学韩国留学生李恩京在童启庆教授的指导下，采样韩国双溪寺和浙江天台山华顶峰归云洞茶叶及韩国智异山茶树，利用生物遗传学和比较形态学方法，研究发现了茶树的形态结构、叶子的样子和对生数等相同的特征，以及具有相对的稳定性的种子微细结构及遗传性等方面互相相似的特征。这成为主张韩国茶起源于浙江天台山强有力的证据。

高丽时期随着佛教文化的兴盛，茶文化进入全盛期，王和贵族、官吏、百姓在日常生活中都喜欢喝茶。王室在佛教活动中使用的茶和茶具，包括茶叶的供应和分发都由专门的茶叶管理局负责。高丽茶按茶饮料的分类方法可分为茶乳和茶汤，按形态可分为团茶、饼茶、乳团茶、叶茶、末茶，按发酵程度可分为发酵茶和非发酵茶。高丽时代的茶都是在北纬 37°以南温暖的地方，当时名茶有脑原茶、孺茶、雀舌茶、紫笋茶、醉茶、香茶、大茶、灵芽茶、露芽茶、紫霞茶、绿苔钱等，还有味道苦涩的茗茶、御茶、佳茗、芽茶、茅茶、山茶、野茶、仙茶、芳茶等。进口的宋茶有龙凤茶、腊茶、建溪茗、曾坑茶、双角龙茶等。高丽和朝鲜时期都有为国家制茶的茶所，《世宗实录·地理志》载：贡茶产地在茂长悬、龙山、梓亦、同福悬、瓦村、长兴都护府、饶良、守太、七百乳、井山、加乙坪、云高、丁火、昌居、香余、熊帖、加佐、居开、安则谷、南平悬等地区超过19处有茶所。

宋元时期我国与高丽交往频繁，而蒸青片茶在高丽推崇备至。学者倪士毅在《宋代明州与高丽的贸易关系及其友好往来》中写道："高丽人民喜欢中国的腊茶，饮茶之风很盛。"义天大觉（1055—1101）国师在《和人以茶赠僧》诗中载："北苑移新焙，东林赠进僧。预知闲煮日，泉脉冷敲冰。"义天从宋朝归国时带回龙凤茶，高丽文宗至仁宗元年的45年里，以龙凤茶为代表的宋茶在高丽非常流行。文宗三十二年（1078）六月丁卯，"赐卿国信物等具如别录……别赐龙凤茶一十斤，每斤用金镀银竹节合子，明金五彩装腰花板朱漆匣盛，红花罗夹帕覆，龙五斤、凤五斤"。[①] 睿宗七年（1112）"冬十月庚寅，以宋国龙凤茶，分赐宰臣"。[②] 我国与高丽记载最详细的茶叶传承历史当属徐兢《宣和奉使高丽图经》，文中充分说明当时我国的蒸青片茶品质优良，而高丽土产茶品质一般：

"土产茶，味苦涩不可入口，惟贵中国腊茶并龙凤赐团。自锡赉之外，商贾亦通贩。故迩来颇喜饮茶。益治茶具，金花乌盏、翡色小瓯、银炉汤鼎，皆窃效中国制度。凡宴则烹于廷中。覆以银荷，徐步而进。侯赞者云：茶遍！乃得饮。未尝不饮冷茶矣。馆中以红俎布，列茶具于其中，而以红纱巾幂之。日尝三供茶，而继之以汤。高丽人谓汤为药。每见使人饮尽，必喜，或不能尽，以为慢己，必怏怏而去，故常勉强为之啜也。"

《高丽史》卷九十三《崔承老传》载："八年卒，谥文贞，年六十三，王恸悼，下教褒其勋德，赠太师。布一千匹，面三百硕，粳米五百硕，乳香一百两，脑原茶二百角，大茶一十斤。"文中特别强调了高丽著名土产茶中脑原茶和大茶，而此时高丽也正流行高丽土产脑原茶。关于脑原茶有各种说法，日本鲇贝房之进《茶之话》中提到，脑原茶的名称、制作及由来没有任何文献记录，只知道是高丽的土产茶。在稻叶君山《朝鲜的寺院茶》《契丹国志》中这种茶被称作脑丸茶，在《高丽史》中称脑原茶，是掺了龙脑的砖茶，这与唐宋时期的制作方法相同，茶药之说也源于此时。此外，全罗南道有"脑原"这一地名，所以也有人认为是那个地方出产的茶。但著名韩国茶史专家金明培认为

① 《高丽史》（一），台湾文史哲出版社，1972年，第133页。

② 《高丽史》（一），台湾文史哲出版社，1972年，第196页。

这是龙脑“着香茶”，脑原茶与地名无关。脑原茶不是叶茶，而是捏成饼形状制作的饼茶，一块饼样的茶就是“一角”，使用的单位叫作“角”，宋代一斤是596.82克，一角是300克，宋朝和高丽的度量衡相同，徐兢《权量》中提到：“默识其长段之式，多寡之数，轻重之等，以较中国之法，无或少若毫发之差者。”学者文一平认为脑原茶为固形茶，与其用“角”一词，不如按其形状改成“片”。前面提到大茶也是皇室送礼物多用的茶，宫中下赐的大茶，就是大叶制成的饼茶形态的研膏茶。不过脑原茶是谷雨前摘的嫩叶，大茶是采过脑原茶之后夏天又摘的大叶茶。

早在高句丽的古墓中发现的钱茶，其样子像铜板，中间有孔，其厚度为4毫米左右，较薄，重量约为1.8克，从厚度上看可能是磨碎后喝的片茶。朝鲜时期还仿效中国片茶制法，创制了钱团茶，这种茶类似高丽时期的绿苔钱（长径4.5厘米，短径3.6厘米，厚1.5～3毫米，重2～2.2克）。茶块中央有一圆孔，周围沿边微微凸起，形如古钱，是一种紧压茶。韩国文献中关于钱团茶制作的记载，如朝鲜时代的茶山丁若镛与弟子的书札记载：“今当谷雨之天，复望续惠，但向寄茶饼，似或粗末，未甚佳，须三蒸三晒，极细研，又必以石泉水调匀，烂捣如泥，乃即作小饼，然后稠黏可咽，谅之如何。”这样可见宋元时期蒸青片茶与韩国钱团茶的区别，一是韩国的钱团茶在制作中没有“研”这个步骤，也就是并不将茶做成茶粉，而是让它在煮茶过程中自然而然地散开，这样存储的时候更容易保持茶的品质；二是我国的蒸青片茶为了去掉茶的苦味，需要经过“榨茶”的过程，但是丁若镛认为随着榨茶中茶叶汁液的流出，茶的营养成分也随之流失，因此韩国的钱团茶用晾干的方式来代替榨茶（表1）。

表1　宋代片茶代表性制法与韩国钱团茶制作方法比较

文献著作	制茶主要工序	突出特点
《画墁录》（宋代片茶）	蒸-焙-研	用火焙的方式直接干燥
《大观茶论》（宋代片茶）	蒸-压-干-研	压茶来做出精致的形状
《北苑别录》（宋代片茶）	蒸-榨-研	榨茶研茶除去青草味
丁若镛的书札（韩国钱团茶）	蒸-晒-穿（三蒸三晒）	用晒或悬挂烘干方式间接干燥

高丽时期茶书几乎没有，但诗文中关于高丽时期饮用蒸青片茶的事迹却很多。高丽人李仁老（1152—1220）《赠院茶磨》诗：“风轮不管蚁行迟，月斧初挥玉屑飞。法戏从来真自在，晴天雷吼雪霏霏。”这首诗也充分表现出高丽与宋代相似的饮用蒸青片茶的过程。著名诗人、政治家李奎报（1168—1241）在《东国李相国集》卷十四《谢人赠茶磨》诗中载：“琢石作弧轮，回旋烦一

臂……研出绿香麈，益感吾子意。”用石制的茶磨研出绿色的香茶粉，此句内容与以后蒸制的末茶是一致的。另外一首《云峰住老圭禅师，得早芽茶示之，予目为孺茶，师请诗为赋之》：“砖炉活火试自煎，手点花瓷夸色味。黏黏入口脆且柔，有如乳臭儿与稚。”不仅大赞孺茶的色味口感，还感叹“吃茶饮酒遣一生，来往风流从此始”。孺茶难得，须在溪水边残雪中抽芽，其采摘、焙成团饼等工艺相当复杂，李奎报有幸尝到禅师用惠山泉水煎的孺茶，因此作诗答谢禅师。还有一首《访严师》诗：“僧格所自高，唯是茗饮耳。好将蒙顶芽，煎却惠山水。一瓯辄一话，渐入玄玄旨。此乐信清谈，何必昏昏醉。”诗中提到茗饮，用的却是中国的典故，希望能喝到用无锡的惠山泉煎煮的四川蒙顶茶。可见李奎报对中国的饮茶情况如数家珍，是何等熟悉。李奎报身为宰相，其生活年代相当于中国南宋中后期，可见高丽饮茶也由蒸青片茶向蒸青草茶发展。到了 14 世纪，高丽末期李穑的《茶后小咏》“小瓶汲泉破铛烹，露芽耳根顿清净”即置茶叶于锅中煮之。值得注意的是在高丽时期，已经有人发现了蒸青片茶中会有发酵。如李奎报饮青苔钱时，茶就会有自然发酵，而非酵素成发酵茶；而高丽末期的李崇仁更是发现了“霞液发春缸”，发酵茶的茶汤颜色是“霞”。李崇仁的茶诗名句“松风鸣夜升，霞液发春缸”。李穑《茶后小咏》中“耳眼顿清净，鼻观通紫霞”。因此，在发酵茶诗句中经常会出现“紫霞”“紫苔”“紫烟”和“酽茶”。

据朝鲜总督府农林局记载南制即中国南方制作片茶、雀舌茶，在朝鲜半岛茶叶史上还记载了中国雀舌茶和旗枪茶的事例。其实早在高丽时期，高僧慧心（1178—1234）的《事类博解》中就记载了雀舌茶、麦颗茶，但当时就如宋茶书中记载一样，都是用于早产出蒸青片茶而采拣的极端嫩芽。李氏朝鲜时期，明朝使者所献之茶称为雀舌茶，此种茶得名于一针二叶的叶形状，显然这是叶茶。朝鲜的《李朝实录》太宗二年（1402）五月壬寅条下记载赠茶给明朝使臣，所赠之茶为雀舌茶，雀舌历来是一芽二叶之芽茶的称谓，可见叶茶已在当时占据主流。熊仓功夫认为“从抹（末）茶到煎茶这一倾向，当然可以说是中国从宋代到明代饮茶之风的变化的反映”。同时也证明了高丽制茶技艺也从蒸青片茶向蒸青散茶的发展转变。

结　论

总之，宋元时期我国对东亚的日本、高丽的制茶技艺影响深远，而形成如此态势的原因主要是：一是宋元时期我国经济发达，造船业兴盛，这为我国的海外贸易交流奠定了基础，《宋史·高丽传》元丰元年（1078）三月，命中书省敕旨明州府，招宝山船场，造两艘大型“神舟”，赐号“凌虚致远安济”和

“灵飞顺济”。沈括的《补笔谈》记载，当时大的船舶长达二十余丈，可载五千料（五千石），五六百人。二是宋元时期我国的政治诉求，尤其是对高丽的政治需要，当时宋朝廷一直谋求与高丽的联合抗辽、抗金，因此需要与高丽联合，而《宣和奉使高丽图经》就是明证，所以宋代贵族所饮用的蒸青片茶会传播至高丽。三是文化层面，特别是宋元时期佛教传播盛行，许多学习访问我国的高僧大师，不仅传播佛法，更是学习我国的茶文化，将改进的饮茶方式转化成日本的茶道和韩国的茶礼，直接推动了我国制茶技艺在两国的发展。四是自然条件的允许，日本学者中尾佐助，在其《栽培植物和农耕的起源》中提出了“照叶树林带”的概念，认为此树林带覆盖了中国西南、东南、朝鲜半岛南部以及日本中南部产茶的地区，具备生长茶树的自然树林带，因此这也说明我国制茶技艺能传播发展到日本与朝鲜半岛具备了自然条件。

高丽制茶技艺要稍早于日本，内容上也比日本丰富，高丽的制茶技艺不仅传承了我国的蒸青片茶制茶技艺，而且做出了一些改进和发展，在后期还发展了蒸青草茶。而日本则主要传承了我国的蒸青草茶，并没有传播蒸青片茶的制作技艺，但日本蒸青草茶的发展很有特点而且远高于高丽的发展。因此，两国的发展及不同的原因，笔者做了部分原因的分析研究：一是如前文所述，传承蒸青绿茶技艺的高僧荣西并没有真正学到蒸青片茶的做法，而高丽王朝与宋元朝廷的联系紧密且在贵族间片茶的交流频繁，所以高丽制茶技艺中盛行蒸青片茶的制茶技艺，而日本主要是民间私下海运贸易较多，所以接触的蒸青草茶较多，也是导致日本流行蒸青草茶的原因。二是高丽的茶文化影响是自上而下全方位的影响和传承，而日本则只局限于贵族和僧侣阶层，所以传播与发展不及时，也是导致了日本的茶叶产量一直不高的原因。三是自然因素，朝鲜半岛的气候条件要寒冷于日本南部的海洋性暖风气候，这也有利于制造蒸青片茶，而日本则只能制作在气候条件上不是那么严苛的蒸青草茶及后来的抹茶。

（本文原刊《中国农史》2022 年第 3 期）

第三篇

皖美茶香

祁门红茶源流考

康　健

茶叶作为传统中国对外贸易的大宗商品，在国际市场中长期处于独霸地位。欧洲人在17世纪初输入的中国茶叶为绿茶。[①]17世纪中叶至18世纪前期，英国始终保持以绿茶为主的华茶进口格局。18世纪中叶以后，英国取代荷兰成为国际茶叶市场新的主导者，引领世界茶叶消费时尚的风向标，深刻影响国际茶叶市场结构性变动。[②]英国本土的红茶消费风尚深刻影响着欧洲其他国家饮茶风气的变化，促使从18世纪中叶至19世纪初开始，国际茶叶贸易逐渐形成以红茶为主的贸易格局，并随着时间的推移，这一趋势不断得到加强。[③]而当时中国几乎为世界上唯一的产茶国，由英国主导的国际茶叶贸易新格局极大地刺激中国红茶产业的发展和对外贸易，因此红茶制造技术由福建武夷山地区不断向北传播。19世纪以后，红茶先后在江西、湖南、湖北、安徽等地试制成功，这些地区各自形成新的红茶产区，实现了红茶产业的扩大化发展，最终于19世纪60～70年代孕育出品质高端的祁门红茶。

祁门红茶虽然创制较晚，但因其独特的品质而后来居上，成为支撑晚清中国茶叶出口贸易残局的代表。但以往学界对于祁门红茶创制的深刻国际背景认识不清，不仅对祁门红茶出现的时间和创始人争论不休，更对晚清祁门红茶贸易情况缺少深入考察。[④]这主要是因为以往对于近代中国各地茶业经济（包括

本文为国家社科基金一般项目“全球史视野下的徽州茶商研究（1500—1949）”（22BZS160）阶段性成果。

作者简介：康健，安徽师范大学历史学院研究员，历史学博士，研究方向为明清社会经济史、茶叶贸易史和徽学。

① 刘章才：《英国茶文化研究（1650—1900）》，中国社会科学出版社，2021年版，第98-99页；［澳］Nick，Hall著，王恩冕等译：《茶》，中国海关出版社，2003年版，第271页。

② 刘勇：《近代中荷茶叶贸易史》，中国社会科学出版社，2018年版。

③ 刘章才：《英国茶文化研究（1650—1900）》，中国社会科学出版社，2021年版，第99-107页。

④ 胡益坚：《胡元龙二三事》，中国人民政治协商会议祁门县委员会编：《祁门文史》第2辑，祁门县印刷厂1988年印刷，第21-26页；徐克定：《清末民国祁红兴衰析》，《农业考古》1994年第2期；郑建新：《祁红史话》，中国人民政治协商会议祁门县委员会编：《祁门文史》第5辑，黄山市地质印刷厂2002年印刷，第1-46页；康健：《近代祁门茶业经济研究》，安徽科学技术出版社，2017年版。

祁门红茶）发展多从区域史的视角进行考察，大多只关注各产茶区域内部情况，未能从更宏大的视野考察，在相当程度上限制了华茶研究的广度和深度。众所周知，18世纪中叶以降，华茶外销日盛是西方国家强力需求刺激下所出现的，因此，只有从全球视野来考察华茶产销演进，才能深入认识晚清以来中国红茶制造技术传播和产业扩大的深刻背景。有鉴于此，笔者利用晚清档案、近代报刊和民间文献资料，从全球的视野来考察祁门红茶诞生的国际背景，在此基础上对祁门红茶创制时间进行重新考证，同时就晚清时期祁门红茶早期贸易发展情况进行探讨。不当之处，还请专家指正。

一、祁门红茶诞生的国际背景

茶叶传入英国后曾引起激烈争论，并与咖啡、酒等饮品的进行着长期竞争，茶叶在英国的传播历程经历初步接触、深入传播和全面普及三个阶段，到18世纪中期以后，饮茶风气已在英国社会全面普及。①但因绿茶价格昂贵和英国本土饮食习惯的影响，18世纪40年代以后，英国进口绿茶数量逐渐下降，而进口中国红茶数量逐渐增多，后者最终在18世纪中叶的英国取得压倒性优势。英国下午茶的出现，标志着英国茶文化完成本土化，形成了“红茶社会”。祁门红茶的诞生与世界茶叶贸易结构的变动和红茶产区不断扩大密切相关。

（一）世界茶叶贸易结构的变动

18世纪前半期，东印度公司对华茶叶贸易主要是以绿茶为主、红茶为辅。当时出口的红茶有武夷、工夫、白毫、小种等，绿茶有松萝、屯溪、贡熙皮、贡熙等品种。1730年，英国东印度公司董事部训令对华贸易的大班“垄断今年广州所有的绿茶”，原因是当时欧洲荷兰、法国等国商人通过走私输入英国的绿茶很多，影响了英国的正常贸易。当年，英国东印度公司和寿官签订贸易合约，其中“松萝绿茶9 000担，每担价格为24两，武夷红茶2 300担，每担价格为22两”②。

从18世纪30年代开始，东印度公司对华购买的红茶数量逐渐超过绿茶。18世纪20年代，英国从中国进口的松萝绿茶还占有52%，但到了30年代，进口武夷红茶占45.4%，松萝茶下降至30.9%；50年代武夷红茶上升至63.3%，松萝茶为30%。③ 1754年，英国“埃塞克斯号”“伊尔切斯特号”等

---

① 刘章才：《英国茶文化研究（1650—1900）》，中国社会科学出版社，2021年版，第49-92页。

② ［美］马士著，区宗华译、林树惠校、章文钦校注：《东印度公司对华贸易编年史（1635—1834年）》第1卷，广东人民出版社，2016年版，第222页。

③ ［美］简·T. 梅里特著，李小霞译：《茶叶里的全球贸易史：十八世纪全球经济中的消费政治》，中国科学技术出版社，2022年版，第37-38页。

8 艘商船从中国广州购买红茶 21 224 担，绿茶 8 686 担。[①] 1755 年贸易季结束之时，英国东印度公司管理会主任皮古预订 1756 年冬茶，其中，红茶 15 830 担，绿茶 4 299 担。[②] 由此表明，英国对华茶叶贸易结构呈现向红茶为主、绿茶为辅转变的新动态。

这种新的贸易趋势随着时间的推移越来越明显。1765 年贸易季，英国东印度公司共购买红茶 58 320 担，绿茶 13 248 担。[③] 即使 1769 年资金匮乏，但英国东印度公司的大班仍然派 16 艘商船来华进行贸易，共购买红茶 46 936 担、绿茶 21 014 担。[④] 在 20 世纪 70 年代，日本学者角山荣就注意到 18 世纪中期时，英国进口的茶叶中红茶占 66%，绿茶约占 34%，认为“红茶与绿茶的地位发生了逆转，英国人选择红茶的取向已固定下来”。[⑤] 由此可见，英国对华茶叶贸易结构形成以红茶为主、绿茶为辅的不可逆转之趋势。

18 世纪 60～70 年代以后，红茶在英国对华茶叶贸易中逐渐占有压倒性地位，并从整体上影响世界茶叶贸易结构。不仅英国茶叶贸易以红茶为主，18 世纪中叶以后，国际市场上红茶贸易也十分兴盛。例如，1765—1766 年，丹麦亚洲公司用 17 280 银圆预付给广州行商颜瑛舍、陈捷官和邱崑，用于采购 800 箱武夷红茶。[⑥] 又如，1742—1794 年，荷兰商人在广州共购入 127 958 996 磅茶叶，其中红茶占总量的 90.3%，绿茶仅占 9.7%。[⑦] 1784 年贸易季，英国东印度公司管理会的亨利・皮古主任管理的 9 艘商船共购买红茶 42 089 担、绿茶 17 968 担。[⑧] 同年，美国第一艘商船“中国皇后号”首次抵达广州进行贸易，购买红茶 2 460 担、绿茶 562 担。[⑨] 1792 年，欧美商船从广州购买红茶

---

① ［美］马士著，区宗华译、林树惠校、章文钦校注：《东印度公司对华贸易编年史（1635—1834 年）》第 5 卷，第 21 页。

② ［美］马士著，区宗华译、林树惠校、章文钦校注：《东印度公司对华贸易编年史（1635—1834 年）》第 5 卷，第 38 页。

③ ［美］马士著，区宗华译、林树惠校、章文钦校注：《东印度公司对华贸易编年史（1635—1834 年）》第 5 卷，第 146 页。

④ ［美］马士著，区宗华译、林树惠校、章文钦校注：《东印度公司对华贸易编年史（1635—1834 年）》第 5 卷，第 173 页。

⑤ ［日］角山荣著，崔斌译：《茶的世界史：绿茶的文化和红茶的社会》，台海出版社，2021 年版，第 49 页。

⑥ ［美］范岱克著，江滢河、黄超译：《广州贸易：中国沿海的生活与事业（1700—1845）》，社会科学文献出版社，2018 年版，第 159 - 161 页。

⑦ 刘勇：《近代中荷茶叶贸易史》，中国社会科学出版社，2018 年版，第 23 页。

⑧ ［美］马士著，区宗华译、林树惠校、章文钦校注：《东印度公司对华贸易编年史（1635—1834 年）》第 2 卷，第 111 页。

⑨ ［美］马士著，区宗华译、林树惠校、章文钦校注：《东印度公司对华贸易编年史（1635—1834 年）》第 2 卷，第 112 页。

209 892 担、绿茶 6 765 担，绿茶仅为红茶的 3.2%左右。[1] 1792 年和 1793 年两个贸易季，东印度公司对华茶的需求总量为 1 837 万磅，其中，红茶为 1 317 万磅，绿茶为 520 万磅，[2] 红茶占总量的 71.7%，绿茶仅占总量的 28.3%。

进入 19 世纪以后，以英国为主导的世界茶叶贸易中，红茶贸易总量迅速增长，占据绝对优势地位，绿茶贸易数量锐减，处于次要地位。1806 年贸易季和 1807 年贸易季的红、绿茶购买数量很能说明问题。1806 年贸易季，英国东印度公司从广州购入红茶 21 054 953 磅、绿茶仅为 5 337 755 磅，红茶约是绿茶的 4 倍；私人散商购入红茶 1 256 664 磅、绿茶 492 651 磅，红茶约是绿茶的 2.6 倍。1807 年贸易季，英国东印度公司从广州购入红茶 13 451 133 磅、绿茶 4 998 034 磅，红茶是绿茶的 2.7 倍左右；私人散商购入红茶 1 246 728 磅、绿茶 406 630 磅，红茶约为绿茶 3 倍。[3] 1834 英国东印度公司对华贸易特权被废除之后，中国从事红茶出口的“红茶帮”（散商）大行其道，乘机向行商索取高价，而此时失去东印度公司庇护的广州十三行行商无力购茶，促使英国散商与这些红茶商人直接进行贸易，从而保证了英国的茶叶供应，充分说明 19 世纪 30 年代世界茶叶市场红茶贸易已经十分兴盛。[4]

在英国的影响下，北美殖民地原本也以红茶消费为主。仅 1784 年，“中国皇后号”运到美国的武夷、小种等红茶就有 327 918 磅，绿茶为 74 915 磅。[5] 但美国独立战争结束后不久，美国消费者的口味逐渐丰富化，从一味依赖武夷红茶转向饮用口感更加丰富的小种、白毫、熙春、松萝、雨前、珠茶等茶叶品种。[6] 尽管如此，但为谋求商业利益，18 世纪末到 19 世纪上半叶，美国仍然从中国和欧洲等地进口不少红茶，并不断再向欧洲各国及加拿大出口红茶。[7] 19 世纪早期美国从中国进口的茶叶中，有 27%左右被转运到欧洲出售。1820

---

① ［美］马士著，区宗华译、林树惠校、章文钦校注：《东印度公司对华贸易编年史（1635—1834 年）》第 2 卷，第 229 - 232 页。

② ［美］马士著，区宗华译、林树惠校、章文钦校注：《东印度公司对华贸易编年史（1635—1834 年）》第 2 卷，第 285 - 286 页。

③ ［美］马士著，区宗华译、林树惠校、章文钦校注：《东印度公司对华贸易编年史（1635—1834 年）》第 3 卷，第 65 页。

④ ［英］格林堡著，康成译：《鸦片战争前中英通商史》，商务印书馆，1961 年版，第 173 - 174 页。

⑤ ［美］简·T. 梅里特著，李小霞译：《茶叶里的全球贸易史：十八世纪全球经济中的消费政治》，第 217 页。

⑥ ［美］简·T. 梅里特著，李小霞译：《茶叶里的全球贸易史：十八世纪全球经济中的消费政治》，第 203 页、219 页。

⑦ ［美］简·T. 梅里特著，李小霞译：《茶叶里的全球贸易史：十八世纪全球经济中的消费政治》，第 230 - 232 页、239 - 241 页。

年的调查显示，美国的邻国加拿大人喝的茶叶中有 3/4 来自美国的走私茶叶。[①] 1821 年，美国商人运往欧洲的红茶为 6 858 担，绿茶为 6 300 担，红茶多于绿茶。[②] 1832 年，美国从广州购入很多茶叶运往欧洲，其中红茶 11 835 磅，绿茶 7 588 磅。[③] 美国商人显然是看到红茶贸易在以英国为首的欧洲具备广阔的市场空间，因此有利可图并采取行动，从一个侧面显示出世界茶叶市场形成以红茶贸易为主的贸易格局。

18 世纪中叶至 19 世纪初，由英国主导的世界茶叶市场呈现出以红茶消费为主的新格局，并迅猛发展，对红茶的需求日益扩大。在 19 世纪初的广州市场上，洋商购买的红茶越来越多。[④] 19 世纪上半叶的鸦片战争以及随之而来的五口通商，更进一步促进华茶出口贸易。在接连不断的外部刺激下，中国红茶制造技术不断传播发展，红茶产业从福建武夷山地区不断北传到湖南、湖北、安徽等地，最终在六七十年代形成众多红茶产区，祁门红茶由此应运而生。

（二）国际贸易影响下中国红茶产区的拓展

1800 年前后，红茶制造技术从武夷山传到江西义宁州地区，当地逐渐改制红茶，出现品质甚高的“宁红”，打破了中国红茶只局限于武夷山地区的情况。

1849 年，英国植物学家罗伯特·福琼对宁红的早期发展情况进行系统阐述。具体如下：

江西省沿鄱阳湖的产茶区，在最近 50 年中，已发展为一个重要的茶区，所有婺宁及宁州茶都是这个地区出产的，并且大量输往欧美。在东印度公司专利时期，最好的红茶均为福建省所产，驰名的武夷山附近的星村及崇安等镇，过去为东印度公司输出的最好红茶的主要市场。那时江西省的宁州一带茶区仅以绿茶闻名。而现在以及过去多年，福建红茶虽然曾大量输出，但宁州茶区所产的红茶也已为世人所重视，而且，我相信，它在伦敦市场上，一般均售得极高的价格。

如果现在还有人固执起见，认为只有所谓的绿茶区才能种绿茶，只有武夷山区才能种红茶，他就很难相信我对宁州茶区由种绿茶改为种红茶的叙述。但

---

① ［美］简·T. 梅里特著，李小霞译：《茶叶里的全球贸易史：十八世纪全球经济中的消费政治》，第 240－241 页。

② ［美］马士著，区宗华译、林树惠校、章文钦校注：《东印度公司对华贸易编年史（1635—1834 年）》第 4 卷，第 5 页。

③ ［美］马士著，区宗华译、林树惠校、章文钦校注：《东印度公司对华贸易编年史（1635—1834 年）》第 4 卷，第 382 页。

④ ［美］简·T. 梅里特著，李小霞译：《茶叶里的全球贸易史：十八世纪全球经济中的消费政治》，第 238 页。

是不管放弃原有的偏见是怎样困难，“事实是难以歪曲的”，而我要说的真实情况是完全可以相信的。

很多年前，一位勇敢的中国商人看清了很容易用同样的茶叶制出红茶和绿茶，便在宁州茶区制出一批红茶运往广州销售。广州的外商对这种茶叶极为赞赏。同时，我听说，宝顺洋行买下了这批茶叶，运往英国。运至英国后，销路甚佳，并且马上成为一种头等的红茶。此后销路年年不断增加，同时中国茶商也经常源源供应。到现在，宁州茶区只出产红茶了，而以往宁州是只产绿茶的。如果没有其他证明，这件事就足以说明任何不同的茶叶都能制出红茶或绿茶，成品茶叶的颜色完全是随制作方式为转移的。①

以上阐述中有几点值得注意：第一，宁州以前只产绿茶，直到“最近五十年”，即 1 800 年前后，因由英国主导的世界茶叶市场中红茶贸易兴盛，宁州由绿茶改制红茶。第二，宁红最初被运往广州销售，经宝顺洋行再运至英国，结果十分走俏，成为一种头等的红茶。以此为契机，宁州全面改制红茶，成为著名的红茶产区，不再制作绿茶。第三，从福琼写的这段文字中可以得知，宁红创制最迟不晚于 1 800 年前后。

关于宁红，民国学人王兴序也称：“中国红茶，始于福建，西人称福建红茶，为南方工夫茶，厥后传至两湖及江西之武宁、义宁二州。”② 因此，宁州成为武夷山红茶之后中国第二个红茶产区当无疑问。1849 年 6 月，英国植物学家罗伯特·福琼在江西考察茶业经济时说：“众所周知，鄱阳湖附近的宁红产区，这儿出产的高级红茶声誉日隆，但以前这儿只出产绿茶。”③ 由此可见，在 19 世纪 40 年代宁红发展迅速，鄱阳湖附近已成为优质红茶产区。

五口通商后，西方列强对华茶需求猛增，中国红茶产业发展日新月异。在红茶制造技术传播过程中，闽粤商人起到重要的推动作用。在广州十三行贸易体制时期，作为行商的闽粤商人掌控华茶对外贸易，谙熟国际茶市的讯息变化。五口通商以后，广州贸易体制被打破，但长期从事华茶对外贸易的闽粤商人以敏锐的商业眼光，抓住国际茶市对红茶需求日盛的商机，将制茶技术带到内地的两湖地区，有力地促进了红茶产区的扩大，两湖红茶由此诞生，并迅猛发展。近来荷兰学者乔治·范·德瑞姆亦云：“从 19 世纪 40 年代起，广东商人开始开发和生产红茶，以应对欧洲在荷属东印度群岛和英属印度生产的新红茶在全球流行的挑战。”④ 说明在 19 世纪 40 年代以后的世界茶叶市场中，红

① 姚贤镐编：《中国近代对外贸易史资料》第 3 册，中华书局，1962 年版，第 1473－1474 页。

② 王兴序：《安徽秋浦祁门两县茶业状况调查》，《安徽建设》1929 年第 6 期，第 1 页。

③ ［英］罗伯特·福琼著，敖雪岗译：《两访中国茶乡》，江苏人民出版社，2015 年版，第 374 页。

④ ［荷］乔治·范·德瑞姆著，李萍、谷文国、周瑞春、王巍译：《茶：一片树叶的传说与历史》，社会科学文献出版社，2023 年版，第 118 页。

茶已独步天下，并且中国红茶也开始受到爪哇和印度红茶的竞争。

湖北崇阳县，道光以前多是晋商在该县西沙坪等地采办黑茶，出西口贸易，但五口通商以后发生重大变化，“道光季年，粤商买茶，其制采细叶暴日中揉之，不用火炒，雨天用炭烘干，收者碎成末，贮以枫柳木作箱，内包锡皮，往外洋卖之，名红茶”。[①] 可见，19 世纪 40 年代崇阳县已改制红茶，并出洋贸易。

湖南巴陵县，“道光二十三年（1843），与外洋通商后，广人每挟重金来制红茶，土人颇享其利。日晒者色微红，故名红茶。昔之称兰芽、锅青用火焙者，统呼黑茶矣”[②]。也是在五口通商后，由广东商人挟资到当地改制红茶，从而改变原来只产黑茶的单一茶叶产业结构。

湖南平江县，“道光末，红茶大盛，商民运以出洋，岁不下数十万斤”。到了同治年间，红茶贸易更盛，茶叶种植甚广，“第近岁红茶盛行，泉流地上，凡山谷间向种红薯之处，悉以种茶”[③]。因太平天国战乱影响，武夷茶区遭受重大冲击，闽粤商人携带巨资到两湖地区倡制红茶。其中，湖南安化红茶颇为典型。同治《安化县志》记载：

咸丰间，发逆猖狂，阛客裹足，茶中滞者数年。湖北通山夙产茶，商转集此。比逆由长沙顺流而窜。数年，出没江汉间，卒之通山茶亦梗。缘此估帆取道湘潭，抵安化境，倡制红茶收买，畅行西洋等处，称曰广庄，盖东粤商也，方红茶之初兴也。[④]

从上引文字可知，咸丰年间因太平天国战乱影响，晋商无法入闽采办红茶，于是广东商人挟资进入安化，倡制红茶获得成功，并将安化红茶贩运西洋销售。这些出洋贸易的红茶都称为“广庄”，由此可见，广东商人在安化红茶贸易中具有首创之功。同治年间，醴陵县“红茶利兴，三四月间，开庄发拣”[⑤]，红茶贸易也发展起来。

不少民国调查报告也印证了方志中有关湖南安化红茶改制的过程。1935 年，著名茶学家吴觉农在《湖南省茶叶视察报告书》中称：“当清道光二十年（1840）前后，英人之在粤南之对华贸易，已有相当进展，时输出品以茶为大宗。两粤茶产不多，爰由粤商赴湘示范，使安化茶农改制红茶（国内以前所产者多为绿茶，不知制造红茶）。因价高利厚，于是各县竞相仿制，产额日多，

① （清）高佐廷修，傅燮鼎纂：同治《崇阳县志》卷四《物产·货类》，同治五年刻本。
② （清）潘兆奎修，吴敏树纂：同治《巴陵县志》卷十一《风土·土产》，同治十一年刻本。
③ （清）张培仁修，李元度纂：同治《平江县志》卷二十《食货志·物产》，同治十三年刻本。
④ （清）邱育泉修，何才焕纂：同治《安化县志》卷三十三《时事纪》，同治十一年刻本。
⑤ （清）徐淦修，江晋光纂：同治《增修醴陵县志》卷一《风俗》，同治九年刻本。

此为红茶制造之创始，亦即湖南茶对外贸易发展之嚆矢。”[①] 1937 年，全国经济委员会的茶业调查报告中也提及安化红茶的创制：“前清咸丰初年，闽粤商人因红茶在西洋销路日广，乃携茶师及资金至东坪等处开厂制造，后因获利甚厚，除本省商家趋之若鹜外，燕晋陕人继之，于是红茶遂逐渐成为该县出产大宗。”[②] 这些印证了闽粤商人在安化改制红茶及其红茶贸易发展中的重要作用。

综上所述，19 世纪中叶的咸同年间，以英国为首的西方国家对中国红茶的巨大需求，极大地刺激了闽粤商人将红茶制造技术从闽粤沿海带到中国内陆的两湖地区，促进了两湖地区纷纷改制红茶，并成为著名的红茶产区。安徽作为中国最为重要的产茶区也深受国际上“红茶大盛、绿茶滞销”贸易格局的影响。台湾学者陈慈玉也注意到这个现象：“五口通商之后所增加的输出茶主要是红茶，绿茶虽然也增加，但数量有限。”[③] 与此同时，19 世纪 60～70 年代，中国红茶、绿茶外销过程不断受到英属印度、锡兰红茶和日本绿茶的严重冲击，[④] 由此造成国际贸易中以红茶为主和中国绿茶外销滞销的格局进一步加强。这种新的贸易格局促进中国红茶产业不断发展，推动红茶创制技术不断进步。祁门红茶就是为应对世界茶叶市场中红茶贸易、红茶消费为主的新格局，并在国内红茶产业规模不断扩大的情况下应运而生的，并逐渐成为国际贸易中不可替代的高端红茶。

二、祁门红茶创制时间新考

关于祁门红茶创制时间，学界众说纷纭，但主流观点集中在光绪元年（1875）和光绪二年（1876），也就是 1875 年前后；在创始人方面也存在余干臣、胡元龙、陈丽清等不同说法。因以往的研究视角大多局限于狭小的县域范围，没有从全球视野审视祁门红茶的创制经过，因此从学理上、逻辑上来说，目前学界关于祁门红茶创制时间的观点都存在不少问题。下面笔者就祁门红茶创制的时间进行重新考证。

（一）祁门红茶创制旧说的检讨

祁门红茶创制于 19 世纪 60～70 年代，是近代中国茶业经济发展史中极为重要的一环。但关于祁红的创始人，目前学界仍众说纷纭，主要存在以下几种

---

① 吴觉农：《湖南省茶业视察报告书》，《中国实业》1935 年第 1 卷 4 期，第 720 页。

② 全国经济委员会：《中国茶业之经济调查》，全国经济委员会 1937 年，第 31 页。

③ 陈慈玉：《近代中国茶业之发展》，中国人民大学出版社，2013 年版，第 224 页。

④ 程天绶：《印度锡兰茶业概况与华茶之竞争》，《国际贸易导报》1934 年第 1 卷第 6 号，第 1－11 页；林齐模：《近代中国茶叶国际贸易的衰减——以对英国出口为中心》，《历史研究》2003 年第 6 期。

说法：

一是胡元龙说。1915年，谢恩隆、陆溁对祁红产区全面调查之后，在《调查祁浮建红茶报告书》中指出：

安徽改制红茶，权舆于祁建，而祁建有红茶，实肇始于胡元龙。胡元龙为祁门南乡之贵溪人，于前清咸丰年间，即在贵溪开辟荒山五千余亩，兴植茶树。光绪元二年间，因绿茶销场不旺，特考察制造红茶之法。首先筹集资本六万元，建设日顺茶厂，改制红茶，亲往各乡教导园户，至今四十余年，孜孜不倦。[①]

谢、陆二人提出胡元龙在咸丰时间即开始开山种茶，进行绿茶贸易，光绪初年因绿茶贸易不畅，于是改制红茶。这也是以往学界所知关于祁门红茶创始人胡元龙改制红茶最早的资料来源，因而被学界广泛征引。

二是余干臣说。民国时期著名茶叶专家傅宏镇到祁门县进行茶业调查，他对祁红的创立有着这样的描述：

一八七六年（光绪二年），有黟县余某（余干臣）来自至德县（即前秋浦），于历口开设子庄，劝诱园户制造红茶，出高价以事收买。翌年，设红茶庄于闪里，虽出产不多，但获利颇厚，此为祁门红茶制造之始。[②]

傅宏镇明确提出黟县茶商余干臣于光绪二年、光绪三年（1877）在祁门西乡著名的产茶地区历口、闪里分别设立茶庄，开始制造红茶。

三是余干臣、胡元龙共同创立说。王兴序曾对祁门、秋浦两县进行茶业调查，他在《安徽秋浦祁门两县茶业状况调查》一文中云：

中国红茶，始于福建，西人称福建红茶，为南方工夫茶，厥后传至西湖及江西之武宁、义宁二州。安徽自昔向制青绿茶，改制红茶，实肇于秋浦。当民国纪元前三十七年，有黟人余姓，在秋浦尧渡街地方，设红茶庄，试制红茶。翌年，旋往祁门设子庄，劝导园户酿色遏红诸法，出高价收买红茶（指毛茶）。第三年，即在祁门西乡闪里，开设红茶庄。祁门南乡并有大园户胡仰儒者，特自制园茶，以为之倡，此为徽茶改制红茶之始。[③]

从上引文字来看，王兴序显然是杂糅了谢恩隆和傅宏镇两种说法，提出光

---

① 谢恩隆、陆溁：《调查祁浮建红茶报告书》，《农商公报》1915年第13期，第2页。该资料又见《奏请奖给安徽茶商胡元龙奖章由》，《农商公报》1916年第8期，第9页；《安徽茶商胡元龙改制红茶成绩卓著请给予本部奖章折》，《中华全国商会联合会会报》1916年第4期，第5页；该文后收录彭泽益：《中国近代手工业史资料（1870—1919）》（第2卷），中华书局，1962年版，第104页。学界目前普遍运用的是《奏请奖给安徽茶商胡元龙奖章由》（《农商公报》1916年第8期）资料，而1915年该报发表的《调查祁浮建红茶报告书》（《农商公报》1915年第13期）中的资料没有运用。经过分析，笔者认为《调查祁浮建红茶报告书》才是关于胡元龙创制祁门红茶最早的记载“母本”，值得关注。

② 安徽省立茶业改良场编辑：《祁门之茶业》，中国纺织印务有限公司，1933年印刷，第1页。

③ 王兴序：《安徽秋浦祁门两县茶业状况调查》，《安徽建设》1929年第6期，第1页。

绪元年余干臣和胡元龙分别在祁门西乡和南乡制造红茶，从而创制祁红。这种说法也被学界普遍认同。

需要注意的是，以往学界提出祁门红茶创始人和创制时间的观点存在明显的问题：第一，利用的资料都是民国时期调查资料，或口述史料，没有利用多种史料进行互证，更未利用原始文书档案资料，因此在“资料的原始性”上存在明显不足。第二，将祁门红茶产区限于祁门一县，没有从更大的空间视角来考察。

事实上，祁门红茶并非仅产自祁门，还应包括建德（民国时期先后改为秋浦、至德）和江西浮梁两县所产红茶在内，因其品质与祁门所产者相似，历史上皆以“祁红”统称之。

1909年，《商务官报》记载，“祁门、浮梁、建德三县之茶（统称之为祁茶）”。[①] 1917年《安徽实业杂志》也称：“安徽祁门茶，品质甲于全球，秋浦毗连祁门，西人亦名祁茶。江西之浮梁红茶，因与祁门接壤，亦曰祁茶。”[②] 民国著名茶学家吴觉农亦云，“所谓祁门红茶，并非祁门一县境内之生产品。其运境之至德（秋浦改称，原称建德）及浮梁两县之所生产，亦谓之‘祁门红茶’，简称‘祁红’，抑或仅称‘祁门’。祁门、至德，属安徽省，浮梁属江西省，以其同产红茶关系，故‘祁浮建’，久成当地习语，若已不复知有省限矣。”[③] 但三县之内确以祁门出产为最佳。全盛时期，祁门红茶出口十万箱，安徽祁门、至德所产则占有七八万箱[④]，其中祁门一县出产红茶就占四五万箱。[⑤] 1909年《日本通商汇报》调查中国茶情后指出，“今年中国各地茶况，闻惟祁门茶品质颇良，徽宁茶未有改善之迹。汉口茶概与寻常相等，祁门茶运至汉口者八万五千箱，宁州茶一万箱”。[⑥] 民国时期，祁门茶业改良场场长胡浩川亦云：“祁门红绿茶，品质全美，完全由于色香味三者俱备，他县的茶叶，有色无香，有香无味，不能三者俱备”。[⑦]

由此可知，祁门红茶产区在地域上涵盖祁门、建德和浮梁三县，其中以祁

---

① 《茶业改良议》，《商务官报》第4册，1909年第26期，台北故宫博物院，1982年版，第495页。

② 《民国六年上半期安徽红茶与赣湘鄂茶汉口市场逐月比较统计表》，《安徽实业杂志》1917年续刊第7期，第5页。

③ 吴觉农、胡浩川：《祁门红茶复兴计划》，《农村复兴委员会会报》1933年第7期，第9页。

④ 陈兆涛：《华茶概略并最近三年出洋状况》，《申报》1928年9月24日，《申报》编写组编：《申报》第250册，上海书店，1985年版，第697页。

⑤ 陈君鹏：《祁门茶农生活》，《新人周刊》1937年第38期，第748页。

⑥ 杨志洵：《中国茶况》，《商务官报》第4册，1909年第18期，台北故宫博物院，1982年版，第345页。

⑦ 胡浩川：《祁门的茶叶》，《国产月刊》1949年第2期，第6页。

门产量最多、品质最优，因此三县出产的红茶都统称“祁门红茶”，简称“祁红”。因此，探讨祁门红茶的创制过程在地域上应涵盖以上三县范围，即祁门红茶在三县先后出现，才意味着祁门红茶最终定型。从这层意义上来说，以往关于祁门红茶创制时间的观点在逻辑上和学理上都存在严重偏差。有鉴于此，对祁门红茶创制时间进行重新考证显得十分必要。

（二）祁门红茶创制时间新考

上文已明确祁门红茶产区范围应涵盖祁门、建德、浮梁三县。历史唯物主义认为，任何新生事物从出现到发展壮大都需经历长期过程。具体到祁门红茶而言，祁门、建德、浮梁三县出现红茶的时间先后不一。换言之，祁门红茶率先出现于其中某县，此为祁门红茶的萌芽阶段。随即该县陆续带动周边其他两县改制红茶，至三县依次成功实现红茶改制，祁门红茶才最终形成。下面就上述三县红茶出现时间进行综合考察。

首先考察祁门改制红茶的时间。谈及祁门红茶创制源流，必须涉及与祁门相邻的江西义宁州及其所产的“宁红”，此为祁门红茶创制的动力来源之一。被誉为祁门红茶创始人之一的胡元龙也是在江西义宁州请茶师舒基立到祁门贵溪来帮助改制红茶，由此创立祁门红茶的。[①] 1936 年，南京金陵农大学农业经济系对江西宁州红茶进行考察时指出：“宁红之精制方法与祁红大致相同，盖祁红制法即源出于宁红者也。”[②] 因此，祁门红茶创制技术来源于宁红是有确凿根据的。宁红诞生于 19 世纪初，与国际市场形成以红茶为主的贸易格局密切相关。这对于考察祁红创制时间也颇有裨益。由前所述，祁红又源于宁红，因此，祁门红茶的诞生与国际茶市格局也有千丝万缕的联系。

关于黟县茶商余干臣来祁门从事茶叶贸易，尤其是改制红茶一事，学界普遍认为是在光绪初年。其实，事实并非如此。从新见的总理衙门档案来看，早在咸同之际，余干臣就来祁门从事茶叶贸易，而且当时他还以假冒洋商之名，行私茶贸易之实，逃避厘捐，是一个典型的奸商，并由此引发了一场中外贸易纷争。

咸丰十一年十一月初一，两江总督曾国藩在给总理衙门的奏折中称：

据护江西九江道蔡锦青禀称，本年九月十九日，准英国驻札九江领事官佛礼赐照会，内开宝顺洋行在徽州祁门县地方租设栈房，采买茶叶。今有祁门县知县史懌悠，突于八月二十四日，带回差役，到栈假托稽查，平空讹索，捏称

---

① 中国人民政治协商会议祁门县委员会文史资料研究委员会编：《祁门文史》第 5 辑，黄山市地质印刷厂，2002 年，第 137 页。

② 金陵农大学农业经济系：《江西宁州红茶之生产制造及运销》，《民国史料丛刊》第 554 册，大象出版社，2009 年版，第 336 页。

漏税，即将栈中茶叶尽行封住，随将司事人余干臣等，趋押而去，逼勒捐输银一万两。因查厘金一款，随处完捐，均是报效。本年茶叶运赴九江码头，所有捐厘一事，由景德镇每担捐银一两四钱，尧山每担捐银二钱，湖口每篓六十五斤，捐银二钱。该行厘遇卡即完，并无偷漏情弊。至在栈之茶，尚未出门，不得谓其漏税而封，且和约规条具在，所有内地出口各货抽厘，俱照出口关税减半。茶叶出口，例税每百斤纳银二两五钱，遵照税则，减半完厘计算，已有盈无绌。该县何得又平空勒索，妄加例外之捐，实属不晓事务，有碍通商章程。用特照会，请烦查照，希即转移皖南道速饬该县，将讹索英商宝顺洋行银货，尅日发还。倘有疏虞，决不甘休，毋任阻扰，致干和好等因到道，准此卑护。①

在上引曾国藩的奏折中可知，祁门县知县史懌悠在当年八月二十四日，以偷漏税的名义，将所谓在祁门开设栈房的“宝顺洋行”之茶叶及司事余干臣押解，并要求其捐输银一万两。从这份奏折中得知，早在咸丰十一年（1861），黟县茶商余干臣就曾与英商串通，假冒洋商名义来祁门县开设行栈，进行不正当的茶叶贸易，而并非以前学界所认为的“光绪初年说”。

此前学界对余干臣商业贸易多是正面评价，强调其创制祁门红茶所带来的变革意义。但从档案资料来看，余干臣不仅早在咸同之交就来到祁门从事茶叶贸易，而且是个唯利是图的奸商，为牟取暴利，不惜与洋商串通起来，进行不正当贸易，其负面的商业影响跃然纸上。以前对徽商的商业影响多正面评价，但近年来卞利教授撰文指出，徽州本土和域外徽商出现正负两种截然不同的形象。② 而祁门红茶早期创始人之一的余干臣则为徽商的负面形象提供一个绝佳注脚。

结合福琼所言，宁红早在19世纪初就被运到广州，通过宝顺洋行出口贸易。由此可见，宝顺洋行在中国采购的是红茶。1861年，黟县茶商余干臣在祁门南乡替英国宝顺洋行收购的茶叶也当为红茶。

此外，民国时期黟县郑恭在《杂记·祁门红茶源流》中记载：

民国纪元前五十年，有邑人胡元龙、陈烈清相继在祁门西南乡创设茶厂，招工授以焙制方法，祁红才开始萌芽。这两家茶厂算是制茶最早，名胡日顺、陈怡丰。③

若如郑恭上述所言，早在咸丰十一年（1861），祁门南乡的胡元龙、西乡

① 《安徽祁门县英商私行设立茶栈应恐华商假冒抗捐》，总理衙门档案，档号：01-31-004-01-006，咸丰十一年十一月初一。

② 卞利：《论徽州本土和域外对徽商形象认同的差异及其原因》，《学术界》2019年第4期。

③ 张海鹏、王廷元主编：《明清徽商资料选编》，黄山书社，1985年版，第172页。

的陈烈清就开始制造祁门红茶。根据族谱记载，陈烈清，当为陈丽清，为祁门西乡桃源人。[①] 由此可见，以往学界一直错误地认为其名字是“烈清”。学界长期将其误作“烈清”的原因在于对其红茶贸易的了解多依据民国报刊调查资料，对其所在家族资料挖掘整理不足。

综上所述，从总理衙门档案和郑恭两方面的记载来看，祁门红茶最早出现的时间应该不晚于 1861 年，而非传统学界主流观点提及的 1875 年。

其次考察建德改制红茶的时间。1883 年《益世录》记载：

建德为产茶之区，绿叶青芽，茗香遍地，向由山西客贩至北地归化城一带出售。同治初年，则粤商改作红茶，装箱运往汉口。浮梁巨贾，获利颇多。自光绪四年后，茶价渐低，因而日形减色。今岁价更不佳，亏本益甚，故茶商之往建者，较往年仅得一半，而市面荒凉几无过问。其茶引税项，本由邑令请领督宪引票，设局征收，夏终汇集。近因生涯寥落，虽已开捐，终未能日新月盛也。[②]

上文透露出几个重要信息：第一，安徽建德县在同治以前一直以出产绿茶闻名，这些绿茶由晋商收购，贩运到归化城销售。第二，建德县一直出产绿茶，但在同治初年，由广东商人引导改制红茶，运往汉口出售，红茶贸易由此崛起。也就是说，建德从绿茶改制红茶的时间在同治初年，也就是在 19 世纪 60 年代。

建德创制红茶的时间在 19 世纪 60 年代的情况，在清末调查中也得到印证。1910 年，陶企农对皖苏浙鄂茶务进行调查[③]，其中在皖南建德调查时提出：

建邑改制红茶，行销洋庄，始于前清同治五年，有粤人携带茶师、器具来此试制。由是风气渐开，祁门、浮梁又在其后。[④]

可见，建德由绿茶改制红茶的时间始于同治五年（1866），直接动力则是

---

① （60 世）陈光楷，行麟，二百八九，名天水，字丽清，清由监生例授县丞衔。生于道光二十年庚戌六月三十日寅时，妣汪氏，生于道光二十五年乙丑五月十九日，殁于光绪二十年甲午十一月初八午时。继娶插阬敦本堂王氏，生于同治十二年癸酉十月初八酉时。妣方氏，生于同治十年辛未十月初八寅时，殁于光绪辛丑年四月二十二寅时（《桃源陈氏宗谱》卷 7《世系・保极堂志晟公支》，光绪三十年刻本）。

② 《建德茶市》，《益闻录》第 267 号，光绪九年五月二十三日。

③ 陶企农的调查是在 1910 年，但其调查文稿在生前并未发表，而是在其去世之后，由其外甥节选其文稿内容，在 1915 年分两期连载发表在《中华实业界》第 5 期、第 6 期上。其外甥称：“著者为山阳陶企农先生，先生郡城右族，……先生余舅氏也，垂爱甚至，向者每值一事，不惮十反。观其纤细精密，于兴衰之故，利弊之原，足称茶务历史。想见先生实事求是之至意，不同寻常游记也。原件甚长，择录要者以著于端，来者庶知所审择。……就先生所查，尚为五年前事。”由此可见，陶氏调查文稿成文于 1910 年无疑。

④ 陶企农：《调查皖苏浙鄂茶务记（续）》，《中华实业界》1915 年第 2 卷第 6 期，第 12 页。

由于广东商人带茶师来建德县创制。这与《益世录》记载建德红茶出现在同治初年的记载基本吻合，颇为可信。但这与上文矛盾的是，陶氏言祁门出现红茶在建德之后。因对祁门红茶出现时间的考察是陶氏调查所得，并非有确凿史料记载，与上文档案史料所言有本质差别，故此不足为信。

需要指出的是，1915 年谢恩隆、陆溁在祁门红茶产区的祁门、浮梁、建德进行考察，谈及红茶沿革：

安徽向制青茶，改制红茶实肇始于建德。当民国纪元前三十七年，即有黟县人余姓在建德尧渡街地方设红茶庄，试制红茶。翌年，即往祁门设子庄，勤导园户酿色遏红诸法，出高价收买红茶（指毛红茶）。第二年，即在祁门西乡闪里开设红茶庄。祁人胡君仰儒，本南乡大园户也，特自制红茶以为之倡，此为徽茶改制红茶之始。[①]

上引谢、陆二人所撰调查报告多依据从民间搜集的口碑资料。他们提出安徽红茶始于光绪元年（1875）的建德，当时由“余姓”（这里指余干臣）在建德尧渡街开设红茶庄，试制红茶。1876 年，余氏到祁门设立子庄，劝导园户改制红茶；1878 年，余氏又在祁门闪里开设红茶庄。同一时期，祁门南乡胡元龙（字仰儒）也在南乡自制红茶。当时调查的这种观点，后来被现代学者广泛认同，成为祁门红茶出现时间的主流观点。

但通过上文的考察可知，民国初年谢、陆二人在祁门红茶区考察中提出的这种认识并没有说明其“史源”。换言之，他们的观点没有可靠的文字史料支撑，多半依据民间考察搜集的口碑资料。而这种认识显然与笔者上文引用晚清档案和当时史料的记载相矛盾，故也不足为信。

综上所述，建德改制红茶的时间在祁门之后，即在同治五年（1866）左右。

最后考察浮梁改制红茶的时间。浮梁是祁红产区三县中出现红茶时间最晚的，大致在光绪初年前后。笔者目前所见最早提及浮梁改制红茶的史料为晚清文人吴秉久撰写的《磻村汪雨高容赞》，其内容如下：

汪府修职郎、姻叔台印，泮字雨高者，吾乡隐君子也。光绪丙戌，延予课任若孙于应龙庵，交道接礼，三年弗衰。翁没，复馆于潭府三年，以权□。翁颇悉，翁雁行二，少失怙恃，虽食贫而祭葬尽礼。析爨后，立志生理，采市香茗，服贾苏杭，获息者数倍。迨同治甲戌，改绿甲为红丁，出浔江，达汉阳，与洋商交易。嗣是而茶务日隆，家业日起矣。翁创置田产二百余亩，购山材，建屋宇，统约需数万金。方之陶公、桑宏羊，□多让□。谊笃亲亲，尊甫

① 谢恩隆、陆溁：《调查祁浮建红茶报告（续一）》，《农商公报》1915 年 14 期，第 5 页。

荣息。[①]

从这段文字可以看出，浮梁汪雨高少年贫寒，在分家析产后开始闯荡商海，从事茶叶贸易。他最初在苏杭一带经商，颇有起色。同治甲戌（1874），他改“绿甲为红丁”，即由绿茶改制红茶，并将红茶贩运九江、汉阳等地和洋商交易，由此发家致富。由此可见，浮梁最早改制红茶的时间当为礵村的汪雨高，时间为同治十三年（1874）。

前引陶企农在祁门考察茶务时，对祁门红茶出现时间也提出认识：

屯溪查毕，即赴祁门，至茶业公所访谢绅余庆、徐绅文卿，又至城乡各茶号，逐节参考。据云祁门改制红茶，始于清光绪二年，由黟县余姓来此试办，四年又有广东人来此改制，江西浮梁仍后五年。[②]

谈及祁门红茶创制时间时，陶氏小心谨慎地使用“据云”字眼，显然这些观点并非他从原始资料中看得，而是在祁门当地一些士绅、商人那里听说的。按照当时祁门士绅的观点，祁门红茶是在光绪二年（1876）黟县余姓（余干臣）来祁门创制的。在光绪四年（1878），广东人又来祁门改制红茶，而浮梁出现红茶仍在“后五年”，即光绪七年（1881）。

1937年，《江西浮梁县之茶叶》谈及浮梁红茶源流时提出：

普通所称“祁红”者，即包括祁门、至德、浮梁产之红茶而言。据当地老者所称，该县“祁红”之制造，发轫于北乡礵村，盖在前清嘉庆年间，该地即有“青茶”出售于市，最早者曰“撒手青”，畅销于关中一带。至清光绪二三年间，因有广东商人效两湖制造红茶之法，在皖属秋浦县（即今至德县）设庄监制红茶，引起礵村一带青茶商之注意。翌年（光绪四年）春间，该村亦随之设立茶庄仿造，时仅一家，次年增至二家。至光绪七八年之间，则附近之闪里（皖境）、勒（历）口一带，亦相继成立茶庄。自光绪十年以后，即遍及浮属各乡矣。至民国以后，政府为求改进红茶起见，特在浮属峙滩购地设立茶业试验场，乃历时数载，成绩毫无，徒耗公帑耳。[③]

从这份浮梁茶业调查可以看出：第一，祁门红茶产区包含祁门、浮梁、至德三县。第二，调查者根据当地“老者”所言，提出浮梁在清嘉庆至同治时期制作的是青茶，在关中一带畅销。到光绪二三年间，广东商人将两湖红茶制法引入安徽秋浦（清代称建德，民国中期改为至德），在当地创制红茶成功。第三，粤商在安徽建德改制红茶引起了浮梁礵村一带经营青茶商人的注意。因此，在光绪四年（1878）春季，浮梁礵村茶商也开始在村中仿制红茶。1879

① （清）汪纯光：《杂謄》，抄本。

② 陶企农：《调查皖苏浙鄂茶务记（续）》，《中华实业界》1915年第2卷第6期，第9页。

③ 《江西浮梁县之茶业》，《工商通讯》1937年第15期，第27－28页。

年时，当地已有2家经营红茶的茶庄。第四，光绪七八年，与浮梁接壤的祁门闪里、历口一带出现经营红茶的茶庄。当然，这种认识与前文的时间存在差异，因而是不可靠的。第五，光绪十年（1884）开始，浮梁红茶发展迅猛，以风靡全县。总之，这份调查认为浮梁红茶出现在光绪四年（1878）。

1942年的民国调查对浮梁红茶源流的论述更为详细：

浮茶史迹，□无记载，据浮梁茶业工会汪建钧君之讲述并参照年来赣茶叶管理演变情形，略志浮梁茶八十年来历史梗概，以供研究茶事者之参考。

浮茶在同治四、五年时，虽常有粤客来磻村购茶，然当时茶务毫无系统，有制青茶用篾篓包装，每篓有六十斤（增平十六两，即所谓司马秤），运苏州出售者；有制软枝用布袋，每袋六七十斤，运芜湖，镇江，或参加两湖茶叶运汉口出售者；在汉口设有毛茶行，有制□茶，用篾篓包装，分四小篓合成一大篓，运赣江越柏岭向广东佛山镇出售者。同治八年，统改制青茶，每岁关东客入内地收买一次，青茶亦用篾篓包装，其毛峰最高价每担四五十元，同治八、九年产量渐增，同治十年始仿河口、德兴、婺源制法统改为绿茶，以汉口为销售市场。光绪元年，因粤客由沪携制造红茶器具入乡，至皖省至德尧渡街制茶，翌年磻村同馨、义顺两茶号，逐创制红茶。此为浮红之滥觞，当以红茶制法简易，极省人力，故茶商多仿制之。至光绪四年，祁西闪里之怡丰茶号、历口之义（亿）同昌茶号亦相继仿制。故当光绪八九年红茶鼎盛时代，浮红产量有六万余箱，与祁红数量相伯仲，而潘村同馨号首仙芽大面，竟□英商天裕、怡和两洋行竞买，并有请其将仙芽箱数扩至一倍之要求，此为浮红之黄金时代，乃以浮梁茶商在汉口经营上未能注意，以致浮红反纳入祁红名称之内。[①]

上文谈及浮梁红茶发展史的文字颇为重要，值得关注的有以下几点：第一，谈及浮梁红茶源流的文字是当时调查者在整理浮梁茶业工会汪建钧先生讲述内容和赣茶叶管理演变情形的基础上得出来的结论。第二，调查者提出，同治八年（1869）以前，浮梁茶叶制作、发展比较混乱，广东商人来浮梁贩运的茶叶既有青茶，也有软枝茶，销售市场则有苏州、汉口、芜湖、镇江、广东佛山等地。直到同治八年，浮梁才统一改制青茶，并在同治十年（1871）采用河口、德兴、婺源等地制法改制绿茶，统一以汉口为销售市场。第三，光绪元年，广东商人将红茶制法引入安徽建德县，在尧渡街改制红茶成功。在光绪二年（1876），浮梁磻村同馨、义顺两个茶号学习建德红茶制法，开始改制红茶。这成为浮梁红茶滥觞。换言之，浮梁红茶在光绪二年出现。第四，光绪四年祁门西乡闪里怡丰茶号、历口亿同昌茶号也相继改制红茶。这种认识与上文提及

① 侯冕：《江西浮梁红茶产销概况》，《贸易月刊》，1942年第2期，第75-76页。

的陶企农在祁门西乡调查红茶提出的“四年又有广东人来此改制”的观点一致。第五，调查者对浮梁、祁门两地红茶兴衰情况进行比较，并得出结论。他们认为光绪八九年是浮梁红茶发展的黄金时代，当时浮红产量有 6 万多箱，与祁门所产红茶数量不相上下。但后因浮梁茶商在汉口经营红茶贸易中未能讲究，造成浮红丧失独立发展道路，被纳入祁红范畴，以“祁红”统名。这种认识虽然失之偏颇，但浮红、祁红此消彼长的情况则是客观事实。实际上，浮红被纳入祁红产区，成为“祁红”产区范围之一，主要是因为祁门红茶品质最优、产量最大，在国际市场上声誉最佳，而并非因浮梁茶商经营不善所致。

从上述分析可以看出，浮梁红茶出现时间有同治十三年、光绪二年、光绪四年、光绪七年等几种不同说法。但毋庸置疑的是，无论哪种说法，浮梁红茶应出现在光绪初年前后。换言之，浮梁红茶出现的时间，在祁门、建德之后，是祁门红茶产区中最晚出现红茶的。

综上所述，通过对祁门红茶产区所属祁门、建德、浮梁三县红茶出现时间的细致考察可以得知，以往将祁门红茶产区局限在祁门一县，并将光绪元年定为祁门红茶出现时间是不正确的。通过笔者考证，祁门红茶出现的时间并非局限在某个具体时间点，而是经过了长期的发展过程。早在 1861 年前后，祁门当地就出现红茶，这是祁门红茶出现的萌芽阶段。当时因处在太平天国战乱环境下，影响力有限。到同治五年前后，战乱结束，建德茶叶也出现“绿改红”，建德成为红茶产区，这是祁门红茶出现的第二阶段。到同光之际（同治十三年、光绪二年至七年），江西浮梁受到祁门、建德等地红茶发展影响，也改制红茶，成为祁红产区。这是祁门红茶完全形成的最终定型期。因此，祁门红茶正是在 19 世纪 60～70 年代国际茶叶贸易格局的大背景下出现的。这是需要特别注意的，只有从全球视野关注以英国为主导的国际茶叶贸易格局发展的大势，才能更深入认识祁门红茶出现时间的合理性。

三、晚清祁门红茶贸易状况

祁门红茶出现在 19 世纪 60～70 年代，属于中国红茶中出现较晚者，且其诞生时正逢华茶在国际市场受到印度、锡兰和日本等国茶叶冲击由盛转衰时期，但祁门红茶的销量在短时间内后来居上，逐渐成为中国红茶的品质标杆并享誉国际。晚清时期是祁门红茶外贸发展的早期阶段，也是理解祁红何以能实现迅速崛起的关键所在。而以往学界对祁门红茶的研究重心大多置于民国，对其早期贸易情况缺少关照。有鉴于此，笔者对晚清时期祁门红茶贸易状况进行论述。

管见所及，目前所见祁门红茶最早出现在汉口茶市是在 1878 年江汉关的海关报告中。当年在汉口出售祁红 37 502 箱,[1] 1879 年是 56 009 箱,[2] 1880 年为 53 473 箱。[3] 1880 年《申报》记载，祁门、浮梁红茶贩运汉口途中经过景德镇被当地厘卡苛刁，“今春祁浮运茶者至景德镇，该镇素设两卡，上卡景字，下卡德字。……以此留难，存心索费，茶船到卡投票请验，即将引票扣留，串同巡丁，索取规费。小票一卡，需洋三五元，大票需洋十数元，稍不如意，则执票不放”。[4] 这是目前所见《申报》对祁门红茶贩运的最早记载，可与海关报告比照而观。

众所周知，晚清时期闽红、宁红贸易发展已比较成熟，因此，祁门红茶在外销过程中往往借助宁红声誉，在汉口茶市多以“宁祁”统称。如 1884 年 5 月 18 日，《申报》记载，“现总计到两湖与宁祁等茶，共六百四五十字，两湖二十八万多箱，宁祁等十四万三千多箱。十九日止，沽出宁祁等茶一百八十一字，计八万五千三百多箱”[5]。直到 1909 年，汉口茶市中仍以“宁祁”来称宁红和祁红。[6] 民国以后，祁红因品质优异而日渐凸显，而宁红品质却不断下降，此消彼长之下，祁门红茶贸易日趋兴盛，在汉口茶市中亦逐渐以“祁红”称之。由此可知，晚清时期祁门外销曾一度借助了宁红的声誉。

从售价来看，光绪中叶以前，祁门红茶每担市价一直低于宁红。例如，1886 年，汉口茶市中，“宁州茶每担价银二十八两至五十一两五钱，祁门茶每担四十两至四十四两”[7]。到 1890 年依旧如此，当时海关报告记载，“茶季中最好的茶是祁门茶，质量比宁州茶好很多。但由于俄国人不需要这种茶，所以卖得很便宜，比 1889 年每担便宜八到十两”[8]。直到 1895 年左右，祁门红茶每担售价才超越宁红。1895 年汉口茶市中，“祁门茶价在六十两至五十余两；

---

① China. Imperial Maritime Customs., *Reports on Trade at the Treaty Ports for the year* 1878., Shanghai: Statical Department of the Inspectorate General, 1879, 73.

② China. Imperial Maritime Customs., *Reports on Trade at the Treaty Ports for the year* 1879., Shanghai: Statical Department of the Inspectorate General, 1880, 60.

③ China. Imperial Maritime Customs., *Reports on Trade at the Treaty Ports for the year* 1880., Shanghai: Statical Department of the Inspectorate General, 1881, 76.

④ 《红茶被累缘由茶商公启》,《申报》1880 年 7 月 30 日,《申报》编写组编:《申报》第 17 册，第 119 页。

⑤ 《续报茶信》,《申报》1884 年 5 月 18 日,《申报》编写组编:《申报》第 24 册，上海书店 1985 年版，第 777 页。

⑥ 《茶业改良议》,《商务官报》第 4 册，1909 年第 26 期，台北故宫博物院，1982 年版，第 495－496 页。

⑦ 《汉江茶市》,《申报》1886 年 5 月 12 日,《申报》编写组编:《申报》第 28 册，第 743－744 页。

⑧ 张姗姗:《近代汉口港与其腹地经济关系变迁（1862—1936)》，齐鲁书社，2020 年版，第 84 页。

宁州价售六十五两”[①]。1897年，“宁州茶每担三十八九两至四十八九两，祁门茶四十一两至五十三两”[②]，祁门红茶售价已超越了宁红。1899年5月16日，汉口茶市中，“宁州茶每担自四十六两至五十两，祁门茶每担自五十八两至六十二两，建德茶每担四十二三两”[③]。当年5月25日《申报》记载，“祁门茶每担货银六十两，宁州茶五十二两”[④]。1900年5月15日，《申报》记载，“祁门茶每担白银四十五两至五十两，宁州茶自三十七两至四十五两”[⑤]。

进入1901年以后，祁门红茶售价超越宁红幅度更大。1901年5月28日，《申报》记载汉口茶市，“祁门茶顶盘五十六两，其次三十九两，或三十二两五钱；宁州茶顶盘三十二两五钱，其次二十八两五钱，或二十二两五钱”[⑥]。晚清商务大臣盛宣怀也说：“汉口所售红茶价目，以祁门为最，高者四五十两，低者二十两左右；宁州次之，高者三四十两，低者十余两；河口、两湖则又次之，高者三十两，低者十两以内。”[⑦]

1909年湖北商务议员孙泰圻调查汉口茶市时，统计祁红、宁红售价。现列表1如下：

表1　1909年湖北商务议员孙泰圻调查汉口茶市中祁红、宁洪售价一览

茶叶名称	光绪三十一年	光绪三十二年	光绪三十三年
祁门春茶	三十七八两至七十两	二十二三两至五十八九两	十六七两至五十二三两
宁州春茶	三十两至四十两	二十一二两至四十三四两	十六七两至四十三四两

资料来源：《汉口商业情形论略》，《商务官报》第1册，1909年第23期，台北故宫博物院1982年版，第451-452页。

从表1可知，光绪末年，汉口茶市中祁门红茶每担售价全面超越宁红。1910年，汉口茶业公所农务科科员陆溁调查茶市时也说：“查汉口茶市，……其价值以安徽之祁门茶为最昂，江西宁州茶次之，湖南安化等茶又次之，湖北茶则更次焉。”[⑧] 上述考察充分说明，1900年以后，在市场竞争力方面，祁红已超越宁红，其优异的品质已得到全面体现。时人对此已有清晰的认识：“华

① 《汉皋茶市》，《申报》1895年5月18日，《申报》编写组编：《申报》第50册，第109页。

② 《鄂中茶市》，《申报》1897年5月20日，《申报》编写组编：《申报》第56册，第119页。

③ 《茶市初闻》，《申报》1899年5月16日，《申报》编写组编：《申报》第62册，第111页。

④ 《茶市先声》，《申报》1899年5月25日，《申报》编写组编：《申报》第62册，第181页。

⑤ 《汉皋茶市》，《申报》1900年5月15日，《申报》编写组编：《申报》第65册，第111页。

⑥ 《汉皋茶市》，《申报》1901年5月28日，《申报》编写组编：《申报》第68册，第175页。

⑦ 《茶商董事上商务大臣盛宫保求减茶税禀稿》，《农学报》1901年第16期，第2页。

⑧ 《本公所农务科科员陆溁奉委调查两湖祁门宁州茶业情形》，《湖北农会报》1910年第2期，第12页。

产以祁宁为最，惟培壅、采摘、烙制诸法不如印锡。义宁又不如祁门，遂致年年绌销失败。……若取法祁茶，以麻枯饼等四项为肥料之主，自不难追踪。”①说明在1909左右，宁红品质已大幅度下降，外销连年亏折，相反，祁门红茶则是培植、制作均佳，品质优异，贸易日盛。

祁红售价不断增高，对外贸易日盛，甚至造成一贯以出产绿茶闻名于世的婺源、屯溪等地也改做祁门红茶。光绪十六年（1890），“本届祁门茶额亦增多，因婺源、屯溪向产绿茶，难于沽利，今亦改做红茶也”。② 由此可见，祁门红茶在当时是何等畅销。

晚清时期，俄英两国围绕汉口茶市中的头茶展开价格竞赛，造成汉口茶市中头茶价格居高不下。③ 而祁门红茶因产地的气候条件得天独厚，具有特殊的“祁门香”④，出产的茶叶品质优异，成为颇受洋商喜好的高端红茶。这也是造成1895年以后，祁门红茶在汉口的售价超越原来品质较高的宁红茶的重要因素。张姗姗也关注到祁门红茶兴起的原因：“祁门由制作绿茶转变为红茶，可以说也是受到了汉口市场的吸引力，祁门红茶改制的时期，正是汉口红茶出口贸易蓬勃开展的时期，高品质的红茶在汉口非常畅销，出于售价极高、供不应求的局面，同时期的绿茶售价却没有这么高，改制红茶正是应时之举。而祁门地区的茶叶品质特别适合于制作高档红茶，所以能够逐步发展成为重要的红茶生产区。”⑤ 这充分体现出祁门红茶后来居上的自然资源禀赋优势。

19世纪60～70年代，祁门红茶出现后，因外销日盛，祁门红茶产区境内很快形成经营红茶的风气。以祁门县为例，祁门境内已是“植茶为大宗，东乡绿茶得利最厚，西乡红茶出产甚丰，皆运售浔、汉、沪港等处”⑥。祁门红茶

---

① 《批奖宁茶改良公司》，《申报》1909年9月9日，《申报》编写组编：《申报》第102册，第120页。

② 《茶市情形》，《申报》1890年5月28日，《申报》编写组编：《申报》第36册，第859页。

③ 有关英俄在汉口竞买头茶的内容，请参阅张姗姗：《近代汉口港与其腹地经济关系变迁（1862—1936）》，第73-79页。

④ 关于祁红的独特香气，民国学者有一些具体论述。朱毓乔称：“祁门的红茶，名闻天下，外人素称祁门黑茶。……据茶叶专家们说，祁门红茶具有浓厚的香气和色泽光亮的茶汤，乃是天赋的特点。”（《红茶的制造法》，《农友》1934年第8期，第24页。）蒋学楷亦云：“考红茶之品质，以香气为最不易得，故赋有馥郁之天禀香气者，经售高价。祁红之能在世界市场占特殊之地位，即因赋有此悦鼻清香之故。倘缺乏此香气，即与普通红茶无异，其售价亦不能得若是高也。祁红中所以能有馥郁之芳香者，厥有两大要素：一为优良之鲜叶原料，一为熟练之烘茶手法，两者缺一不可。”（《祁门红茶》，《农村合作》1936年第3期，第94页。）陈洪彦也说：“祁红之所以能著称于世者，以其具有特殊之香气，非他种红茶所能及者也，市场上有一名词曰‘祁红之香气’，盖指祁红有其特殊馥郁芬芳之香气也乡。”（《红茶审评》，《贸易月刊》1942年第7-8期合刊，第47页。）

⑤ 张姗姗：《近代汉口港与其腹地经济关系变迁（1862—1936）》，第83页。

⑥ （清）刘汝骥：《陶甓公牍》卷十二《法制·祁门民情之习惯·职业趋重之点》，《官箴书集成》第10册，黄山书社，1997年版，第601页。

主要集中西乡、南乡，“西南两乡务农者，约占十分之七，士、工、商仅占十分之三，多藉茶为生活，营商远地者，除茶商而外，寥寥无几”。[①]

在商业利益的驱使下，原先经营绿茶、安茶贸易的商人纷纷转向红茶贸易，并逐步形成家族优势，例如，以陈丽清、陈世英、陈郁斋等红茶商人为代表的祁门西乡桃源陈氏，光绪初年，陈丽清在西乡经营怡丰茶号，研制红茶，开西乡经营红茶风气之先。随着贸易的兴盛，其家族先后在西乡开设13家茶号，并在苏州阊门设有义成茶叶出口公司。[②]

祁门茶商十分活跃，以胡元龙[③]、李训典等为最。在祁门红茶创制初期，南乡李训典所在的景石李氏家族也积极从事红茶、安茶贸易，并成为著名的茶商家族。以往对李训典家族的茶叶贸易了解不多，近日笔者阅读到《祁门景石李氏族谱》《李训典行状》，其中披露了李训典家族的商业经营情况，这对于探讨晚清时期祁门红茶贸易情况具有重要价值。

从《祁门景石李氏族谱》和《李训典行状》资料来看，景石李氏家族从李训典的高祖开始世代经商。至其伯父李教道（1834—1886）中年去世，“家中茶业生理正盛，助理需人”。于是训典遵守“有事弟子服其劳之训”的族规家训，“舍学就商”，佐助父亲和兄长训谟一起经营“经营德隆安茶号、鼎和红茶号”[④]，从此走上茶叶经营之路。

李训典家族从事安茶和红茶两种茶叶贸易，其过程可谓大起大落，步履维艰。关于安茶，民国旅行家洪素野曾谈及：“红茶以外，尚有少数仿六安茶制法，名为‘安茶’的，在两广一带负盛名，产于南乡。”[⑤] 由此可见，安茶主要以祁门南乡出产最为著名。李训典就是祁门南乡景石人，因此，其家族从事安茶贸易有着得天独厚的优势。

李训典开始接手茶叶生意之时，安茶贸易“胜算常操”。然至光绪五年（1879），“红、安两茶，均遭亏折，继开景隆茶号又蒙钜创，元气因此大伤”。但他并未灰心，始终秉承“一贾不利再贾，再贾不利三贾，三贾不利犹未厌焉”[⑥] 的“徽骆驼”精神，继续进行茶叶贸易。光绪十四年（1888），李训典在南乡奇口村开设德和隆茶号，终于“稍获盈余”，家族的商业贸易开始有所

① 李家駬：《祁门全境乡土地理调查报告》，《安徽省立第二师范学校杂志》1914第4期，第6页。

② 徐海啸：《徽州红茶文化研究——以桃源为例》，合肥工业大学出版社，2017年版，第10页。

③ 关于胡元龙的茶叶经营，可参阅康健：《祁红创始人胡元龙的商业经营及其困境——以新发现的分家书为中心》，《农业考古》2019年第2期。

④ 《李训典行状》1册，民国写本。

⑤ 洪素野：《皖南旅行记》，中国旅行社，1944年版，第143页。

⑥ 光绪《祁门倪氏族谱》卷下《诰封淑人胡太淑人行状》，光绪二年刻本。

转机。

但好景不长，债务危机以及人员更迭又使家族茶叶贸易陷入困境。光绪十七年（1891），李训典将一部分商业利润用于建造新房，花费甚大，新居落成之时，已背负一定债务。此后的茶叶贸易时好时坏，造成“前偿未清，新债又起，继长增高”，沉重的债务负担使得李训典长期背负沉重的思想包袱。光绪二十二年（1896），李训典陪着父亲经理三公祠，建造享祠，并利用祠堂租设鼎和茶号，兼营杂货、药材生意。当时其兄长训谟去世、父亲又双目失明，加之当年红茶行情虽然尚好，但安茶却严重滞销，造成生意亏折，致使“家计债务，丛集一身，其困窘宴，难以言状”①。此后，李训典的红茶生意一蹶不振，债台高筑，终身受累。光绪二十八年（1902），李训典又遭丧父之痛，从此家庭负担落在他一人身上，苦苦支撑茶叶贸易。光绪三十三年（1907），李训典母亲去世，他精神受到沉重打击，对茶叶生意不免灰心，转而潜心研究《茶经》，探寻优良的制茶之法，力求精益求精。

因李训典在祁门红茶贸易中的重要地位，宣统二年（1910），他“被安徽实业厅委为办理南洋劝业会祁门茶叶出品专员，亲赴南京与会”。李训典不辱使命，为祁门红茶赢得很高的声誉，由此获得农工商部的褒奖。② 迨至民国，李训典又相继被委任为办理巴拿马赛会徽属茶叶出品专员、意大利都郎博览会徽属茶叶出品专员，负责组织徽州各地茶叶参与国际展览，为推动徽州茶叶尤其是祁门红茶享誉世界作出重大贡献。“半生苦心孤诣，得此佳果，利虽未就，志稍申矣”③，可谓对李训典生平所作恰如其分的评价。

晚清时期，祁门从事茶叶贸易的商人众多。如祁门南乡查湾汪履吉在太平天国之后，先在景德镇瓷业店当学徒十多年。光绪二十年（1894）其父汪树森去世后，遂“离职归里，秉承先大父遗志，专营茶务，潜心研究，求改良精制之法，信誉章闻”，转行从事茶叶贸易。光绪二十五年（1899），他先后贩茶于汉口、九江、广州等处，获利颇多，并建造新房屋。④ 祁门南乡礼屋康氏家族经营红茶贸易者亦不在少数，尤以康达为代表⑤；西乡历口汪氏家族经营的“亿同昌”红茶号，经营的规模较大。也正是因为一代又一代祁门茶商的接续经营，才使得祁门红茶异军突起，成为最具世界影响力的中国茶叶品牌之一。

---

①③ 《李训典行状》1册，民国写本。

② 2019年8月3日，笔者在祁门南乡景石村考察时，在李训典后人家中发现一块农工商部褒奖他的奖牌。其正面外围有“南洋劝业会、农工商部颁给”字样，中间有“宣统二年褒奖”字样。

④ 《祁门查湾茶商汪履吉哀讣》，民国二十六年写本。

⑤ 郑志锡：《民族实业家康达》，祁门县政协文史资料研究委员会编：《祁门文史》第1辑，徽州新华印刷厂，1985年，第1-16页。

结 语

鸦片战争以后，中国被动纳入资本主义世界体系，国际茶叶贸易被操纵在以英国为首的西方资本主义国家手中，华茶命运不能自主，其红茶、绿茶市场逐渐被印度、锡兰、日本等国挤占。在19世纪60～70年代，以红茶贸易为主的国际茶叶市场格局中，祁门红茶应运而生，给衰败中的中国茶叶带来新的希望。以往学界没有从全球视野考察祁门红茶，未能揭示出祁门红茶出现的国际背景，对祁门红茶产区的认识也多局限于祁门一县，缺乏对祁门、建德、浮梁三县的综合考察，由此得出祁门红茶的创制时间为1875年的片面认识。

笔者从学理上、逻辑上将祁门红茶产区所在三县进行综合考察，通过细致考证，得出祁门红茶并非在1875年突然出现，而是经历了长期的发展过程。具体来说，1861年是祁门红茶出现的萌芽时期；同治五年建德出现红茶，为祁门红茶出现的第二阶段；至光绪初年浮梁最晚出现红茶，则是祁门红茶出现的定型时期。换言之，1875年乃是祁门红茶最终形成而非最初出现的时间点。从世界茶叶贸易态势看，1875年是华茶和印度、锡兰、日本等国茶叶在国际市场竞争的一个分水岭。[①] 此后，中国红茶、绿茶的国际市场份额不断被这些国家产出的茶叶所挤占，到1890年以后，中国红茶在英国的传统市场被印度取代。因此，祁门红茶诞生在这样的国际背景中，可以说是挑战与机遇并存。

从历史发展情况来看，祁门红茶在19世纪60～70年代出现后，在九江、汉口等茶市的茶庄数量、外销数量和茶价方面逐渐增长，到20世纪初在价格和品质方面全面超越原品质优异的宁红，成为中国红茶品质最优者。正如民国学者吕允福所言："我国红茶，以祁门所产者为最佳，宁红次之，湖红又次之，温红品质最下。"[②] 可以说，历史选择了祁门红茶。晚清祁门红茶享誉海内外，为日益衰败中的华茶在国际市场上赢得荣光。进入民国时期以后，祁门红茶更是"一枝独秀"，成为支撑华茶贸易残局的象征。

值得注意的是，19世纪初以降，尤其是五口通商以后，中国红茶制造技术从福建不断北传到江西、两湖和安徽等地区，推动中国红茶产区迅速扩大，出现宁红、湖红、祁红、温红等。但这些都是在西方巨大的茶叶消费需求背景下发生的，红茶技术也仅局限于中国传统的手工技术在空间上的传播，并没有

① 林齐模：《近代中国茶叶国际贸易的衰减——以对英国出口为中心》，《历史研究》2003年第6期。

② 吕允福：《改良红茶发酵器之构造与使用法》，《浙江省第五区农场专刊》，1935年创刊号，第50页。

出现真正的近代技术革新。而19世纪70～80年代以后，英属印度、锡兰红茶和日本绿茶因采用机器大生产迅速崛起，严重冲击中国茶叶原有的国际市场，彻底打破以往华茶垄断国际市场的格局。从此以后，华茶从卖方市场转为买方市场，外销茶价日跌、数量锐减，日趋衰败。对此，当时人已经有清晰的认识。光绪十一年（1885），两江总督曾国荃提出："目今印度产红茶，日本产绿茶，均多于中国，华茶销数日绌，茶业日见萧条，价值毫无把握。此洋茶日盛，而华茶日衰，内销与外销之势，实难强之使同也。"[①]

19世纪60～70年代的祁门红茶正是诞生在这样复杂的国际背景下。祁门红茶虽然品质高端，外销也一度兴盛，但因采用的是传统制造技术，缺乏技术革新，其创制的根本动力也仅是迎合国际市场需求，因此依旧无法扭转华茶外销日趋衰败的局面。以往对中国茶业经济的研究多局限于区域史范畴，对各产茶区及其产品作分别考察，缺乏从全球视野加以审视，一定程度上限制了研究的广度和深度。闽红、湖红、宁红、河红、温红等近代中国不同茶区红茶的创制源流、演进轨迹等可能和祁红存在类似的问题。因此，通过本文的考察，笔者认为对近代华茶的研究只有跳出传统的区域史视野，从全球视野的角度来考察中国不同茶区茶业经济和茶商发展演进，才能透过现象揭示出不同茶区发展的内在逻辑和发展的局限性。

（本文原刊《中国农史》2024年第3期）

① 《皖南茶税请免改厘增课全案录》，光绪十一年刻本。

寻找回来的祁门安茶

郑建新

安茶旧名六安茶，产于中国红茶之乡的安徽省祁门县，明末清初问世，其中广东称矮仔茶，台湾称六安篮茶，港澳称六安笠仔茶、陈年六安茶、旧六安、老六安，东南亚称安徽六安茶、徽青等，数百年来，备受市场青睐而热销。抗战爆发后，因销路中断，安茶被迫停产，从此淡出人们视野。改革开放后，香港老茶人寄茶安徽，要求复产。祁门重起炉灶，经多年摸索，找回并恢复技艺，制成茶品，于时隔半世纪后再投市场，夺人眼球。近年随茶市发展，茶品消费结构调整，安茶更被茶人和玩家追为热宠，渐成黑马，走红火爆，名望日响。

纵观安茶历史，经历坎坷起伏，道路曲折，茶运跌宕。尤其是第二次复兴，充满时代特点，具鲜明市场特色，折射出中国茶业艰难历程之一斑。

回顾安茶400余年艰辛历程，可分为四个不同的历史阶段。

一、源起的背景和特点

明代是中国茶业的重大变革时期，朝廷罢造龙团，带来茶类结构大调整，各种散茶脱颖而出。同时出现饮法革命，传统煮饮改为泡饮。如此背景，祁门安茶应运而生。

祁门自唐代就是江南著名茶区，白居易《琵琶行》：商人重利轻别离，前月浮梁买茶去。其中，浮梁西部旧属祁门。至明代，祁门以软枝茶名闻遐迩，史籍载：茶则有软枝，有芽茶，人亦颇资见利①。明末清初，安茶问世。如清末时著名老字号孙义顺茶票云：本号至今有一百六十余年。据此推理，安茶问世应比其更早。

安茶旧名六安茶，关于茶名由来，说法多种，其中突出者有三：一是仿六安茶说。民国时祁门茶业改良场场长胡浩川说：祁门所产茶叶，除红茶为主要

作者简介：郑建新，黄山市政协政研室原主任、安徽省茶文化研究会第二届理事会副会长。

① 永乐九年（1411）《祁阊志》。

制品外，间有少数绿茶，以仿照六安茶之制法，遂袭称六安茶[①]。二是借六安茶之名。当代已故茶学家詹罗九先生在《七碗清风自六安·六安茶记录》说：六安茶名满天下，借名之事在所难免。祁门也是古老茶区，茶产丰而质亦胜，乃商贾营销安茶借六安茶之名耳。三是平六气、安六腑之说。祁门本土通晓中医人士认为，影响人体健康原因，在于风寒暑湿燥火六气，常饮安茶有平六气、安六腑之效，故名六安茶。

安茶属蒸压成型的后发酵黑茶，鲜明特点有四：一是工艺复杂。首先选料精细，鲜叶通常在谷雨前一周开采，至立夏为最佳。香港人则要求立夏后茶叶，不得超过20%。其次制作精细，初制有摊青、杀青、揉捻、干燥4道工序；精制有筛分、风选、拣剔、拼配、高火、夜露、蒸软、装篓、架烘、打围10道工序。其中谷雨开采，白露开蒸，为采制过程中两个至关重要的时间节点。二是用法奇特。安茶最大卖点，贵在陈化，目的是吸氧退火。陈化时间至少三年，且讲究越长越好，越久越醇，越陈越贵。陈化过程充满学问，其中包装、场所和环境至关重要。包装以竹箬为主，竹篾编为椭圆形，内衬箬叶叫篓，以数篓扎成条，以多条捆为件，且分别于篓中置放茶票，称底票、腰票、面票，港澳台等地称茶飞。三是讲究藏放。旧时祁门厂家精制毕则运，售给商家存放后再用。现祁门也有厂家自储待售，也有买家付款后，利用祁门独特气候陈化，存三年或更长时间才取。从前港澳台等地陈化，是先入地窖储藏，过梅雨季后，再置放茶库。有的地方则搭建上小下大中间空的圆锥塔形储存，售时零散取卖。至于私家藏茶，台湾资深茶人陈淦邦先生以自己多年积累经验，认为置于空气流通静置空间，不见光，干燥无杂味即可。四是功效特殊。传说安茶著名牌号的孙义顺老板，早年运茶下广东，某日在鄱阳湖码头遇一广东戴姓医生，想搭船回家，孙义顺老板慷慨应允，且一路好茶好酒相待，行数月到广东，适逢瘟疫流行，戴医生挂牌行医，为报答孙义顺老板搭乘之恩，特在每贴药中开三钱安茶为药引，不想效果奇好。从此安茶可治病的消息不胫而走，越传越神，乃至久而久之被人们奉为包治百病的灵丹妙药，尊为圣茶。举凡有条件者，家家必备，安茶从此在广东扎根，越销越广。

安茶之所以在南方畅销，其实也有科学道理。南方气候高温高湿，民间俗称瘴气较重，加之饮食大鱼大肉，油腻重，故喜用药食。如我国广州人开席，习惯先喝带中药开口汤，新加坡则流行肉骨茶等，二者均有祛湿补气功能。故旧时安茶票中，每有“饮之清馥弗觉，又能健寿益神，夏日亦能生津解渴，居热带者尤能消瘴疫，于卫生大有裨益”字句。此外，我国民间向有以陈茶为药风俗，如清张英在《聪训斋语》说：六安茶尤养脾，食饱最宜。香港陈国义先

① 胡浩川：《祁红制造》《祁红运输》，民国刊本。

生认为：安茶温中和胃，解腻止咳，帮助消化，不仅减肥，还能改善消化系统，长期饮用，可保持身材苗条。如旧时香港上流社会盛行抽雪茄配六安茶的习惯，原因就在于抽雪茄上火，安茶能疏理燥火。故 20 世纪 30 年代香港电影中，就常有开竹篓、泡安茶的镜头，以及过去香港茶楼提供的茶品，只有普洱和安茶。因安茶珍贵，坊间又有楼下（大堂）喝普洱，楼上（包厢）饮安茶之谚。近代生活节奏加快，气候干燥变暖，人们膳食结构复杂，摄入高脂食品较多，陈年安茶富有多种维生素，恰好有效补充人体所需。

二、首次兴衰的情况

安茶首次兴衰均在广东。其中兴于清康熙二十四年（1685），其时朝廷开放广州口岸，商贾云集。徽州茶商也乐此不疲，趋之若鹜，以致民间有说法：去广东赚钱，犹如河滩捡石，易如反掌。在此大潮推动下，祁门安茶从京都掉头南下，俗称“飘广东”，乃至创出“一飘三”效益：一元投入，三元产出，利益动力之大，可见一斑。

安茶入粤路线，水陆兼程。先由祁门阊江运至江西鄱阳湖，顺水再到南昌府，溯江而上至赣州，挑越大庾岭，入粤之南雄，后至佛山、广州销售，由此转销境外。其中，也有安茶在南雄至广州途中零星出售者，可见其受欢迎程度。旧时入粤时间，通常在秋末。茶叶精制毕，即装船外运，每船一般 100 担许，往返时间通常为四五个月以上。

清末时期，祁门经营安茶情况，因史料欠缺，全貌难考。然据祁南安茶产地景石村（今属溶口乡）《李氏宗谱》载，清乾隆至咸丰间，仅李氏家族业茶商家就有李文煌、李友三、李同光、李大镕、李教育、李训典等数十人。他们贩茶浔沪、远客粤东，至今仍有茶票等遗物藏于民间。其时安茶经营情况，略见一斑。此外，现存的南海县（今佛山市南海区）县衙专为孙义顺牌号颁发打假公告，则从另一角度，验证其时的安茶市场情况：

钦加五品衔署南海正堂，加十级纪录十次董，为给示晓谕事，现据孙义顺茶号职员查泽邦等呈，称窃职等向在安徽开设孙义顺茶号，拣选正六安嫩叶，贩运至粤，交佛山镇北胜街广丰行发售，历百余年，并无分交别行代沽。乃近有无耻之徒，或假正义顺，及新庄义顺等号，更恐暗中有假孙义顺字号，影射渔利，以致职等生意不前，叩乞给示。晓谕并申请分宪一体存票，如有奸商假冒，许职等查获送究等情。据此除申请分宪备案外，合就给示晓谕，为此示谕诸色人等知悉，尔等须知佛山广丰行所贩孙义顺字号六安茶叶的，系由安徽孙义顺贩运至粤，交该行发售，如有奸商假冒孙义顺字号茶叶，影射渔利，许原商查泽邦等查获送究，以杜影射而重商务，毋违切切，特示。光绪二十四年十二月二十一日示。

另据台湾何景成先生考证“伯记明芽”云：伯记明芽茶庄初名为“祁门箬坑同春和茶庄”，后改名为“安徽祁门箬坑同春和六安茶庄”，约于1899年（光绪二十五年）开业，主人为王伯棠，初期无商标，后改商标为双狮抱地球，1929年由广州市一德路安兰轩茶庄总经销[①]。

进入民国时期，安茶不但远销南洋，甚至远销至欧美等国，销势似乎更好。如民国二年（1913）的义顺号底票云：

启者，自海禁大开，商战最剧，凡百货物非精益求精，弗克见赏同胞永固利权。本号向在六安选制安茶运往粤省出售，转销新旧金山及新加坡等埠，向为各界所欢迎。

另有学者杨进发先生在《新金山——澳大利亚华人（1901—1921）》一文载：1918年，悉尼中华商会从国内购买茶叶，其中有六安茶200箱（每箱60磅）。

民国中叶，祁门茶业改良场傅宏镇撰《祁门之茶业》更有详尽记载：1932年，祁门共有茶号182家，其中安茶号47家。

同时期，祁门茶业改良场场长胡浩川《祁红制造》载：祁门所产茶叶，除红茶为主要制品外，间有少数绿茶，称安茶，每年二千担至五千担，专销广东。《中国茶叶之经济调查》载：祁门安茶行销广东，产额约三千担。二者则从另一角度，验证抗战前安茶生产情况。

三、断产时期的市场

1937年抗战爆发，运路中断，安茶停产。直到1992年复产，安茶断供时间总共为55年。

然而，市场犹如已发动的列车，因惯性作用，需求仍旺。为满足消费需求，解决民生所需，抑或说受利益驱动，市场上各种安茶应运而生，以致销售持续未断。分析其间供应的茶品，大体分为三种情况：

一是商家积累的正宗茶品。安茶以老茶为好，越陈越醇，故商家多有积累，一为备货，以应市场之需；二为保值增值，以增商家效益。之所以，安茶停产后，因商家一般均有库存，在陈化滞后的周期作用下，头几年安茶市场仍有正宗安茶供应，影响不大。

二是祁门产地曾有少量供货。其中最有影响的是1946年，祁门最后一批安茶外运，很好地填充市场断档。关于这批安茶情况，时为亲身经历者程世瑞

---

① 何景成：安徽六安篮茶，台湾·《茶艺》总23期，2007年。

先生叙述如下：

1946年2月，有一天，县参议员郑文元，带着严塘王时杰等5人来访我。稍事寒暄，便提到真正来意：原来严塘有一家世代经营的安茶号，主人王基嘉，牌号王德春。他在1937年制成安茶300担，因抗战发生，无法运去广东，存放家中已有8年之久了。不幸王基嘉在本年正月被土匪绑架去。土匪熟知他家经济情况，知道除300担安茶外，别无财物。因而送信来提出条件，只要王的家属把这批存茶卖掉，得款多少，悉数送去，便可放人。并且规定售出茶价，每担不得少于800元。价款要法币，需一次性付清。消息传开，垂涎这批安茶者很多……我依他的建议执行，历时3个多月，至7月便把300担安茶运到佛山，当然落脚在兴业茶行内……最终于以240美元一担的价格，全部售给新加坡的茶商，附带的条件是一切应付给兴业茶行的费用和佣金，全由买方承担。于是这笔长达半年的买卖，就此圆满结束了，总算完成了历史交付我最后一批安茶的运销使命①。

三是以仿制品填充市场。正宗安茶断产后，随时间推移，市场出现空洞。为满足供应，睿智商家开始以仿制的笠仔六安、六安骨、香六安等茶品替代。乃至久而久之，仿品也畅销不衰，造成一定影响。

关于笠仔六安，台湾资深藏茶家陈淦邦体会最深：

这种笠仔，初学的茶友，要最为小心，虽然它有显著的外表相近的小竹篮，但内里的茶叶，实则只是一般的熟普洱茶。这是一笠实实在在的反面教材。由于售茶价格高，不少店家不许打开试茶，尤其是笠仔六安，因为翻开了竹叶就失去了原封。笔者付款购买一笠作样本后，打开后就立即知道答案，因为从配茶的风格来看，茶条根本不是六安，而且配有不少茶骨者，怎么说都不会是上乘的六安笠仔，而且旧六安茶的那种条索幼细分明，看多了就会有所感应，这一笠成为笔者寻茶路上的一个教材。虽然内里的熟普洱有点年份，也不算难喝，但始终它只是熟散茶，茶友也不值得花几百元甚至上千元人民币去做尝试，口感更不值得浪费篇幅去形容②。

关于六安骨，台湾茶人卢亭均先生做过专门调研：

六安骨茶品只见茶梗不见茶叶，整体就是茶梗茶，干嗅茶叶的气味有些许火香（烘焙的味道），茶汤滋味温顺，梗较为芳香，带点清甜。但于20世纪90年代初期消失于市场。原来制造六安骨的原料是安溪铁观音的茶梗。话说早年中国计划经济时代，茶叶出口有配额限制，安溪铁观音大多都是带着茶梗销往海外，如马来西亚等地，茶商收货后，要自行将茶梗摘去才可销售，而摘

① 程世瑞：新中国成立前最后一批安茶运销记，《祁门文史》第五辑，2002年。

② 陈淦邦：孙义顺品茶记，台湾·《茶艺》总23期，2007年。

下的茶梗舍不得丢弃，他们把茶梗焙火，另外廉价销售，因此在价格低廉的情况下，成为香港一些家庭泡茶的选择①。

台湾何景成先生则从另一角度，评价六安骨的作用：安茶断供，六安骨支撑市场，可以说是功不可没。遗憾的是，到 20 世纪 90 年代，此茶遽然消失。茶客四处寻找，终于在一偶然机会得知茶品来历和消失原因：原来六安骨原料，并非原先安茶茶梗，而是安溪铁观音茶梗，缘由是中国实行计划经济，茶叶出口实行配置限额，铁观音出口向来带梗，香港茶商为了销售铁观音，只好自行摘梗。然茶梗不舍抛弃，于是焙后稍作加工再卖，茶名就叫六安骨，不想大受欢迎，风行一时。到 80 年代末，内地茶叶出口改革，外贸放开，安溪茶商自行到香港卖茶，为追求质量，只选好茶，不带茶梗，六安骨原料遽然消失。至此茶客恍然大悟，此六安骨非彼六安骨也，但喝惯此茶的老港人仍留美好记忆②。

关于香六安，何景成先生也十分了解：

香六安是香港老式茶庄自行调配的茶品，所用材料：云南普洱散茶、米籽兰花苞（一种小花植物，花苞颜色微黄，有香气），中间混红茶碎、绿茶碎，紧压在小竹篮内。此茶过去属茶店处理的低档茶，因茶味不俗，流行数十年，一般中下阶层消费者皆欢迎。真安茶断供，以其应付，权属无奈。此状况一直坚持到 20 世纪 70 年代，关于香港自行制造这种六安茶，新星茶庄的杨建恒先生现在仍存有内票，遗憾是无茶品了③。

以上是香港等地市场情况，此外，澳门也有类似之事。如陈淦邦先生说：

澳门茶王曾志挥先生曾接受媒体采访，阐述安茶在当地的历史和制作方法，感慨良多：过去由于路途不便，六安茶运输澳门，需要半年到一年的时间，途中受潮，时有发生，故茶到澳门当重新烘焙，以致焙茶在澳门成为一种产业。轻度受潮的六安茶就加进米仔、兰花，炒过后便成了香六安。如果受潮较为严重，就拿去蒸，把霉味蒸走即可。经过蒸压的六安茶，除蒸走霉味外，也可使六安茶变得更为陈旧。久而久之，六安茶变成一种必须经过蒸压工艺的茶品。

澳门茶商制作笠仔六安，办法独特。如约为 1920 年的一批茶，用的是广东毛青、贵州贵青拼配而成，叫澳门六安。具体制茶老人，曾先生不但认识，并清楚记得此老人制这批茶时才 20 多岁，几年前仙逝，已年届近百，算是百岁老人见证了澳门茶叶制作的历史。

此外，澳门在茶叶转口港地位渐失以前，茶庄林立，茶行业非常繁盛。这

① 卢亭均：浅谈六安篮茶与六安骨、六安瓜片、香六安之异，台湾·《茶艺》第 59 期，2017 年。

②③ 何景成：安徽六安篮茶，台湾·《茶艺》总 23 期，2007 年。

些茶庄，当中不乏拥有加工技术的茶集团，专门加工及生产笠仔六安和茶饼，其中著名的有慎栈茶行和祥珍茶行。慎栈茶行主人为张其任先生，他自设笠仔六安加工场，专门制造旧笠仔六安茶，畅销香港及东南亚各地。可惜慎栈茶行的后人，在20世纪70年代初，均转往其他行业发展，且各有成就，没有接掌父亲的老本行，因此慎栈茶行没再继续经营下去。祥珍茶行也是专门制作六安茶的，也在差不多的时间，20世纪70年代，消失于时间的洪流中[①]。

除港澳台市场外，其他地方也有仿制安茶出现。如2007年冬，台湾茶界搞过一次孙义顺安茶原件拆封活动。原件为一大蒲包，外观封皮从上到下有五行繁体黑字，内容依次为：徽青、毛重3□8公斤、净重□8公斤、NO 87、中国茶叶出口公司。拆开蒲包，即见捆绑完整的茶条，上有毛笔书写：新安孙义顺字号□□。解开茶条，则见茶篓，拨开箬叶，则见茶叶，以及埋藏于茶叶中的4张茶票：红纸腰票、白纸底票、白纸南海县衙公告、白纸农商部注册证明等，其上均赫然印有“孙义顺”牌号字样，似乎正宗地道孙义顺牌号无疑。然据在场茶人分析，新中国第一批简体字出现在1956年1月28日，此茶外封是繁体字，由此推断此茶产在1956年1月前。档案资料显示，中国茶叶出口公司成立于1949年，由此推断，此茶当为中茶公司正宗茶品。此外，笔者根据调查分析，建国前孙义顺属于私商，且于民国二十四年（1935）停产，建国后，国家对茶叶实行统购统销，由此推断，此茶当为中茶公司的仿制品。

类似上述仿品，其实还有许多。其中台湾《茶艺》第23期、第59期披露市场出现的，诸如新中国成立初期八中飞六安篮茶、文化大革命时期的无飞六安篮茶、20世纪80年代的无飞六安笠等，可谓一斑窥豹。且这种情况，一直延续到当今，屡见不鲜。笔者2016年8月到广州芳村茶市调研，在一家名海天茶行的橱窗见到安茶，看那篾篓，仿制无疑，于是抬脚入店。男老板年轻儒雅，说来自福建，早年卖铁观音，近因普洱畅销，故增加品种。我问：你有正宗安茶吗？老板特诚实，答：不清楚，你们自己看。话毕其妻递来安茶。我掀开箬叶，找到茶票，一看果然仿品。交谈后，老板见我熟悉安茶，说：我有50年前老六安，可能假的，你喝吗？我当然响应，细审茶样，是文革六安，当然也是仿品。然老板热情，令我好生感动。

四、复兴原因和现状

改革开放后，1983年安徽省茶叶公司收到一篓茶，外为发黄椭圆篾篓，

① 陈淦邦：孙义顺品茶记，台湾·《茶艺》总23期，2007年。

内衬箬叶，重约一斤*。随茶而来，还有一信：此茶叫六安茶，是半世纪前祁门所产，几十年不见，港澳台和东南亚等地老茶人十分想念，特来信致意，寄望复产，落款是华侨茶业发展基金会关奋发。省公司仔细阅读茶票，于是将这篓安茶经由徽州地区茶叶公司，送至祁门县领导案头。

其时祁门为贯彻落实国务院 75 号文件精神，正在大刀阔斧改革。县茶叶公司被确定为发展茶业主力，祁门茶厂、乡镇农技站等均划为其管，安茶复产的任务责无旁贷落到县茶叶公司头上。公司立即安排经费，抽调人员，组织精兵强将开始攻关。经甄选，他们挑出以闪里农技站茶叶技术干部郑纪农牵头，去到茶票所记故乡芦溪寻访老茶人，开始实验。安茶复产、办企业、扩大生产的三部曲，从此开始。时为 1984 年，其间几经反复，直到 90 年代初，第三批安茶样品，经省公司送达关奋发先生之手，得到认可。祁门开始建厂生产，1992 年送茶到广东佛山山泉茶庄，再次得到一位叫傅锡球老茶师认可。傅茶师原为国营企业职工，退休后由茶庄返聘，其年轻时不但卖过安茶，且亲自见过当年经营孙义顺安茶的湖北籍茶商黄老板，甚至记得黄老板所经营的北胜街广丰茶行的位置在当今佛山市长途汽车站背后地带。而今年届古稀见到安茶恢复，品试茶味，感觉极好，与昔日安茶几无异样，顿时高兴得手舞足蹈。山泉茶庄当即收下全部安茶，双方谈好暂时待售，看看市场反应再说。不久，山泉茶庄反馈消息，消费者反响较好，尤其老茶客更为高兴，新闻媒体等也开始介入，广东省电台报纸均有报道，认为安茶复产成功，是为喜讯，当向纵深发展。同年，安茶参加安徽省名优茶展，获优质特种茶奖誉，并通过农业部茶叶质量监督检验测试中心鉴定，获《检验报告》，至此安茶复产完全成功。

复产成功后，紧接着是重启市场。1990 年芦溪乡创办第一家安茶企业——江南春安茶厂，次年产茶 4 000 千克，但销售仅 2 500 千克，然厂长持之以恒，长待广州，经多年拓展，安茶销售从每年几千斤，逐步扩大。至 1997 年，售量几近 2 万斤。至此芦溪乡第二家茶企——孙义顺安茶厂问世，同时销售步伐也加大。不久碰上两次机遇。一是 2003 年非典流行，广东民众从安茶可消瘴的历史经验出发，纷纷购茶以作防范，致使安茶大销，乃至断货。二是 2004 年 12 月，印度洋发生海啸，以海洋为生的渔民，纷纷以传统方式消灾，购置大量低档安茶与其他物品一道投入大海，以求海神保佑，从而带动安茶销售。从此市场大开，不少客户开始直奔芦溪而来。再后随国内茶叶消费结构调整，普洱一度火热，一批眼光敏锐爱茶人将目光转向安茶，购买收藏安茶者日趋增多，安茶知名度扩大，销售逐渐迎来春天。

此后，安茶生产受到官方肯定和重视。2013 年，安徽省批准安茶实施省

* 斤为非法定计量单位，1 斤＝500 克。——编者注

级地方标准。同年，安茶制作技艺被列为省第四批非物质文化遗产名录；国家质检总局批准安茶为地理标志保护产品，规定保护范围为祁门县芦溪乡等15个乡镇，总面积1 830.83平方公里。至2016年，祁门正式注册的安茶企业有江南春、孙义顺、南香、一枝春、春泽号、溪芦等牌号，另不稳定作坊还有几家，年产茶近300吨。

安茶复产，市场渐旺，新仿者也逐渐显现。最早是安徽省茶叶公司摸索生产安茶。笔者2015年12月下旬至芜湖，找到祁门芦溪人周国松，他告诉我以下信息：

20世纪90年代初，我在芜湖茶厂当工人，知道安徽茶叶公司委托芜湖茶叶公司找我们厂生产安茶的事。当时生产了不少，但只走了一个集装箱，是从芜湖出口香港的，丢下几十件，每件60斤。后因香港老板出了点事，再加行情不好，遗忘了。茶放在仓库里，后来芜湖茶厂改制，芜湖茶叶公司与芜湖茶厂是两家单位，公司要搬出茶厂。知道我老家有这茶，师父就将这些茶叶处理给我了，我无意中捡漏了。开始时，自己不太懂，就在网上卖，每篓卖4 000元以上，卖了两个多月，现在后悔死了。幸好还留下些，再不会出售了。

国松先生甚至取出三款分别为1995年前、2006年、2007年安茶，请我品尝。三款茶中，前两款皆为安徽省茶叶进出口公司所剩安茶，其中1995年前款为圆形竹篓，高约10厘米，直径约12厘米，与现在芦溪的包装明显不同；2006年款却是长柱形竹筒包装，高约27厘米，直径约13厘米，前后皆刻图案，一面为山水，一面上刻特制珍藏2006，中间迎客松图，下方刻字：安徽省茶叶行业协会赠，安徽省茶叶公司出品。我问产地何处？国松说：可能是黟县所制。至于2007年款，即国松在家乡芦溪定制。

此外，21世纪初，国内一家媒体刊载消息。《央视〈致富经〉聚焦九华安茶》：6月10日，中央电视台《致富经》栏目组走进安徽省池州市贵池区棠溪镇溪山寨茶园及茶叶生产基地，开始对棠溪九华安茶为期7天的采访。据介绍，安茶是介于红茶和绿茶之间的半发酵茶，安茶的种植、采摘、加工、贮存对茶种、气候、土壤等都有独特的时序要求，是安徽省“十二五”茶叶发展规划重点支持项目之一。

祁门安茶曾因“一带一路”而走红，如今重出江湖，带来鱼目混珠现象，虽不足为取，然也是福报一种。至少说明安茶复产后，再次受到消费者青睐，市场潜力很大。祝愿祁门安茶驾乘新时代的东风，宏图大展。

（本文原载于施由明、倪根金、李炳球主编的《中国茶史与当代中国茶业研究》一书，广东人民出版社，2019年）

非遗传承语境下祁红传统制茶原始初制工艺

许德康

一、引　言

2022 年 11 月 29 日，联合国教科文组织宣布把“中国传统制茶技艺及其相关习俗”列入人类非物质文化遗产代表作名录。体现了国际社会对中国世世代代茶人们付出的辛劳汗水及他们对人类所作出的奉献的肯定，意义重大，值得自豪。“中国传统制茶技艺及其相关习俗”由 44 个国家级茶非物质文化遗产代表性项目构成，其中包括了 2008 年被国务院列入第二批国家级非物质文化遗产名录——祁门红茶制作技艺。

“申遗”的成功，标志着祁门红茶制作技艺进入“后非遗”时代，保护和传承是其关键词。

祁门红茶（keemun black tea），简称祁红，是中国十大名茶中唯一的红茶，因主产于安徽省祁门县而得名。祁门产茶历史悠久，可远溯至唐朝。清代光绪二年（1876），祁门红茶创制成功，一经问世，即以其超凡出众的品质蜚声中外。1915 年，祁红参加美国巴拿马太平洋万国博览会，荣获多项大奖。1987 年，荣获第 26 届世界优质食品大会金奖。祁门县也被国家有关部门命名为“中国红茶之乡”。

传统的祁门红茶全系手工制作，其质量取决于制作工夫，因此祁红又有“祁门工夫”之称。祁红制作技艺分为初制和精制两大部分，其中初制包括萎凋、揉捻、发酵、干燥等工序，精制包括筛分、切断、风选、拣剔、复火、匀堆等工序。制成的祁红色泽乌润，条索紧细，锋尖秀丽，冲泡时汤色红艳透明，叶底鲜红明亮。祁红最具魅力的是其香气，国内外茶师称之为砂糖香或苹果香，其中又蕴藏有兰花香，芳馥持久，有“祁门香”之誉，祁红也因此名列世界高香红茶之首。

在现代工业文明的背景下，先进的科学技术和高效的机械化、智能化设备

作者简介：许德康，安徽省茶文化研究会常务理事、学术委员会副主任。

逐渐取代了传统的手工生产。随着红茶消费市场的变化，由传统红茶演变派生出的各种新派红茶（也叫创新红茶）攻城略地，抢占市场份额。这些都给祁红传统制作技艺的非遗保护带来了困惑和挑战。

祁门红茶历史悠久、工艺考究、内容丰富，其中蕴含着大量历史文化信息和地域文化信息，对现代制茶工艺的发展起到重要的指导和借鉴作用。而作为祁门红茶最基础、最原始、最“本真”的传统制作技艺，近来研究却少有涉及。清末民国时期，出于各自不同的目的和需要，官方、科研院所、学者、外国在华机构等对祁门红茶进行了大量的调查研究，其中对祁门红茶原始制法作了详细的文本记述，为后人留下了珍贵的史料。本文以丰富的史料为根据，对祁红传统制法的源流及对品质形成起关键作用的初制阶段工艺进行考释、回望，还原其历史“本真”，以期为祁红茶制作技艺的非遗保护和传承提供思路借鉴和学术支持。笔者抛砖引玉，敬请方家指正。

二、祁门红茶制作技艺源流简述

红茶传统制作技艺在祁门的历史演化，是“流”而不是“源”。这是已成定论的，毋庸置疑。

我国古代茶叶制作技术的发展大致经历了一个从晒制、蒸制的散茶和末茶，演变为拍制的团饼茶，再到蒸青绿茶、炒青，最后才发展为乌龙茶和红茶的历程。

《茶经述评》是我国现代著名茶学家，被誉为“当代茶圣”的吴觉农先生主持，由张堂恒、钱樑等国内学养高深的茶学专家共同执笔完成，在茶学界极具权威性。《茶经述评》对红茶的起源和传播进行了考证，书中写道：“红茶的发源地是福建。但福建最早是没有茶的，它之有茶，可能是由广东通过泉州这个港口传入的。传入之后，其在福建省内传播的主要路线，可能是由泉州传到了同属晋江地区的安溪，再向北传到建阳地区的建瓯，最后又向北才传到同属建阳地区的崇安。至于福建红茶的向外传播，则可能是由崇安开始的，其传播的主要线路，可能是先由崇安传到江西铅山的河口镇，再由河口镇传到修水（过去义宁州的治所），后又传到景德镇（过去的浮梁县），后来又由景德镇传到安徽的东至（指现在东至县境内的原至德县境），最后才传到祁门。”①

祁门县位于安徽省最南端，与江西省交界。唐永泰二年（766），析歙州黟县和饶州浮梁二县地而设，时属歙州（后称徽州，今为黄山市）。祁门产茶历史悠久，唐宣宗大中十年（856），杨晔在《膳夫经手录》中写道：“歙州、婺

① 吴觉农主编：《茶经述评》第2版，中国农业出版社，2005年，第91－92页。

州、祁门、婺源方茶，制置精好，不杂木叶，自梁、宋、幽、并间，人皆尚之。赋税所入，商贾所赍，数千里不绝于道路。”唐咸通三年（862），歙州司马张途在《祁门县新修阊门溪记》中描述：“山多而田少，水清而地沃。山且植茗，高下无遗土，千里之内业于茶者七八矣。繇是给衣食，供赋役，悉恃此。祁之茗，色黄而香，贾客咸议，愈于诸方。每岁二三月，赍银缗缯素求市，将货他郡者，摩肩接迹而至。”由此可知，祁门的茶叶生产在唐代时就已极为繁盛。

18世纪后期，随着中国红茶在英国社会真正实现了普及，英国社会的各个阶层几乎都已经养成了饮茶的习惯，英国人的茶叶消费量日益攀升，中英之间的茶叶贸易额不断增加。国际市场的强大需求，刺激了国内茶产业，特别是红茶业的发展。

红茶发源地的武夷山区，种茶者“不下数百家，皆以种茶为业，岁所产数十万斤，水浮路转，鬻之四方”。（魏大名、章朝拭：嘉庆《崇安县志》卷二，物产）“采购茶叶的商贾云集，穷崖僻径，人迹络绎，哄然成市矣”。“经营茶叶的茶商，在这些地方开设茶庄，向茶农收购毛茶，加工后再装运出口。这类加工厂，仅福建瓯宁（今建瓯）一邑，不下千厂，每厂大者百余人，小亦数十人”。[①] 又如政和县，乾隆年间的政和县令蒋周南诗云：“上春分焙工征拙，小市盈筐贩去多。列肆武夷山下卖，楚材晋用怅如何？”[②] 茶业之盛，不难想象。

高利润的刺激也加大了人员、资金、信息的流动。粤商、晋商、赣商争相前来投资，并向周边扩散。刘埥《片刻余闲集》载：“外有本省邵武、江西广信等处所产之茶，黑色红汤，土名江西乌，皆私售于星村各行。而行商则以之入于紫毫、芽茶内售之，取其价廉而质重也。本地茶户见则夺取而讼之于官。”单纯从茶业发展的角度上看，大量“伪茶”的出现，则说明武夷茶已开始向周边地区扩张。

鸦片战争以降，五口通商，红茶外销蔚然勃兴。赣西北义宁地区“每岁春夏，客商麇集，西洋人亦时至”。（清·同治《义宁州志》）制茶、买茶，热闹非凡。

1858年6月，英法侵略者迫使清政府签订《天津条约》，增开汉口、九江、南京等为通商口岸。自此西方列强开始深入到了中国的内河，踏入物产富饶的长江腹地。对长江腹地各种优质茶产品垂涎已久的外国茶商，领风气之

① 彭泽益编：《中国近代手工业史资料 1840—1949 第1卷》，三联书店，1957年，第304，430页。

② 郑丽生：《郑丽生文史丛稿上》，福建省文史研究馆编，海风出版社，2009年，第40页。

先、挟资本优势的广东商人，纷纷捷足先登，布局内地传统茶区“绿改红”，劝诱茶农生产红茶。

同光之际，受外销市场巨大需求的吸引，传统绿茶产区的祁门开始了“绿改红”。一批浸润于市场的先知先觉者引领了这次改制，其中就有黟商余干臣和邑人胡元龙、陈烈清等。

三、祁门红茶制作技艺的早期书写

祁门红茶制作技艺是一种典型的多工序性、非单一传承人传承的非物质文化遗产，其技艺精细、程序复杂、工序繁多、耗时较多，基本是以群体传承、社区传播形式传承。正因如此，就给以文人士绅为代表的知识精英，对这一传统手工艺的文本书写提供了可能。

由福建、江西传入的红茶制作工艺落地祁门，就与祁门当地出产优质茶鲜叶珠联璧合，生产出的祁门红茶一经面世，便因优异的品质获得极高的市场认可度，后来居上，深得市场的青睐和追捧，并在国内外各类博览会、赛会、劝业会上迭获大奖。精湛的工艺、优异的品质也引起了政府部门、研究机构和文人学者们的关注，他们深入产区做田野调查，形成大量的调查报告、研究论文，为后人了解早期祁门红茶传统制作工艺留下了珍贵的史料。

光绪三十年（1904），在美国圣路易斯举办的万国博览会上，中国首次派遣官方代表团参加世博会。祁门人康达（特璋）、休宁人黄思永等安徽籍旅京官绅共同邀集创办茶磁赛会公司，专门组织茶磁赛品赴会。茶磁分设制厂，茶以安徽祁门为最，制茶厂设于祁门；磁以江西景德镇为最，磁厂设于景镇。康达（特璋）等还编写《红茶制法说略》《制磁说略》，在当时颇具影响的《政艺通报》《大公报》《商务报》上全文或摘要转载，影响很大。据考，这是迄今为止有关祁门红茶传统制法最早的文本记录。作为唯一的红茶专著，后来被收入郑培凯、朱自振先生主编的《中国历代茶书汇编校注本》和朱自振先生、沈冬梅博士编著的《中国古代茶书集成》中。《红茶制法说略》就祁红制作中的几个关键工序作了简要的记载和说明。

宣统二年（1910），陶企农为筹办皖北茶务讲习所，利用南洋劝业会举办之机，赴宁观摩。随后辗转至上海、杭州、屯溪、祁门、建德（今东至县）、汉口等东南主要茶产区和商埠，访谈商农，得第一手资料。在随后发表的《调查皖苏浙鄂茶务记》一文中，作者对祁红茶着墨较多。文章通过实地调查，在祁红的历史沿革，祁红的种植、制造、运销、价格等方面，细为陈述，并与其他各茶作比较、分短长，实时记录了一百多年前祁红的真情实貌，极具史料价值。

民国四年（1915）3 月 3 日，农商部发出第 124 号饬文，《饬本部技正谢恩隆、办事员陆溁前往汉口，协同茶业顾问员栢来德视察茶务由》："为饬知事，兹派技正谢恩隆、办事员陆溁前往汉口，偕同本部茶业顾问员栢来德驰往产茶各省视察茶务。仰尅日就道，详细调查，毋负委任。此饬。"得令后，谢恩隆、陆溁随即陪同英籍顾问栢来德赴祁门、浮梁、建德等红茶主产区视察茶务。其间，谢、陆两先生根据实地访查，撰写了《调查祁浮建红茶报告书》，并在当年的《农商公报》和 1917 年的《安徽实业杂志》上连载。据考，这应该是政府部门正式发布的首份关于祁红调查报告，妥妥的"官宣"。祁红传统工艺的介绍是这份报告书的主要内容。

受中国农民银行的委托，金陵大学农学院农业经济系于民国二十五年（1936）调查编纂并刊印了《祁门红茶之生产制造及运销》。据该报告执笔者刘润涛介绍，1933 年即在祁门调查合作事业，开始注意该区茶业，"深觉该区茶叶颇有发展希望，爰于翌年茶季之前，复亲赴该茶区会同助理调查人员，从事精密之调查，并实地观察当地之产制及销售情形"。几年的深入调查，最终形成 10 多万字的调查报告。该报告包括祁红产地、制法、运销、改良等 11 个方面，调查充分、资料翔实、叙述简明，是研究祁红历史制作工艺不可或缺的重要资料。

此外，赵烈的《中国茶业问题》，王兴序的《安徽秋浦祁门两县茶业状况调查》，张宗成、严赓雪的《祁门红茶区茶业近况》，蒋学楷的《祁门红茶》，程世瑞的《祁门的红茶》，上海商品检验局的《祁红区茶叶产地检验工作报告》，洪素野的《祁门红茶》，陶秉珍的《栽茶与制茶》，以及祁门茶业改良场编印的各类报告、计划、工作总结等，均对祁门红茶传统制作工艺作了详细的文本描写和解析。这些都是我们在研究非遗传承和发展中，对祁门红茶传统制作技艺进行历史追溯最重要、最可靠的资料。

四、史料里的祁红初制工艺

一般而言，我们通常喜欢把茶叶的整个生产过程形象地称作"从枝头到市场"，把茶园垦辟、选育良种、栽植耕耘、施肥防害、精细采摘等归为茶树栽培范畴，而从枝头采下芽叶后，则进入制作、贮运、销售，最后进入交易、饮用，则称作制销阶段。祁门红茶在制作过程中形成的具有鲜明技术特色的制作工艺，吸取了外传工艺的精华，又凝聚了当地茶农的智慧，显示出深厚的文化内涵，是祁红非遗文化保护、传承和发展的核心。祁红制作被人为地分为初制和精制两个部分。限于篇幅，本文重点讨论祁红手工制作的初制部分，精制部分另文再行叙述。

（一）萎凋

茶叶生叶（又称茶草）采摘下来后，即速归拢，装运下山，开始进入工夫红茶的初制工序。

萎凋是指茶鲜叶在一定的温度、湿度条件下，经过均匀堆放，使鲜叶脱去水分，并发生一系列内含物质化学反应，对除去鲜叶青臭味，形成工夫红茶特有香气起着重要作用。由于水分散失，叶质柔软，也为下一步的揉捻创造良好条件。

在早期的文本叙述中，“萎凋”被称作“晾青”。如谢恩隆、陆溁在《调查祁浮建红茶报告书》中写道：

晾青者，自茶园采下之青叶须经晾干之谓也。其法先置竹席或竹匾于日光之下，散置青叶于席匾之上，务使摊匀，成为薄层。时以手翻之。其晾晒至如何程度始为适宜，有如下之法以验之。方园户之晒茶也，俟青叶变深青色，质变柔软，然后择一叶之带梗者，持其梗而屈曲之，若已达适宜之度，则梗柔而不断，若断，则尚未可也。

查晾茶一事，颇极重要，过犹不及，皆于茶叶蒙莫大之影响。据一般乡人云，晾茶须在太阳之下，然后茶叶之湿干，始得平均。其言具有至理，盖曝于太阳者，一则令青叶之晾干颇速，事半而功倍。二则茶叶成绩，又比别法晾青者为佳。虽然未可一概论也，在阴雨之时，晾青之法则须置青叶于光线极足之室，将风扇放开，令炉火之热气扇于青叶之上，如此既得光线之作用，又借热气之效力，晾干极速，法甚良也。其有因青叶收下稍迟，已近薄暮，不能再置日下以事晾晒者，则将青叶撒开于空气流通之处，待至翌晨已略干，晾于太阳亦事省而功多云。①

陶企农《调查皖苏浙鄂茶务记》记述得相对简要些：“先由山户趁黎明朝露未干之时将茶摘下，盛于筐内，谓之茶草。俟聚其多筐使女工拣去老叶、黄叶，复以篾席置于日中，将茶草略为摊晒。”②

金陵大学农业经济系调查编纂《祁门红茶之生产制造及运销》是这样述及萎凋的：“萎凋，俗称‘晒青’，即将采下之鲜叶，薄摊于日光之下之竹簟上晒之，愈匀愈好；并须频加翻转，使鲜叶受日光之程度均一。晒时以叶片变成深绿色，叶边呈褐色，叶柄绉缩柔软而无弹力时为度，过与不及，均非所宜。盖太过则揉捻困难，发酵亦颇不易；不及，则叶汁不易挤出，制成之茶留有青味。天雨时，则须于空气流通之室内行之，惟所需时间，须较日光萎凋，延长数倍。”

---

① 谢恩隆、陆溁：《调查祁浮建红茶报告书》，《农商公报》第 14 期，第 1－2 页。

② 陶企农：《调查皖苏浙鄂茶务记》，《中华实业界》，第 2 卷第 6 期，第 9 页。

当时萎凋普遍的方法，即阳光充沛时以日光萎凋为主，而天雨时则用室内萎凋行之。

日光萎凋的方法已如上文所述，其时间则由鲜叶的性质及温度、风力、湿度等而定。一般情况下，春茶在一个小时左右；夏茶十分钟至三四十分钟；秋茶为四五十分钟。

室内萎凋，就是将鲜叶放置在稀眼篾制萎凋帘上，设置木架，架分上、中、下三层，将萎凋帘插放其间。在适当的温度、湿度下，使水分均匀散发。“一般需用时十五到二十四小时，当叶茎很软，取出透视时，叶子的主脉和支脉均带黄褐色，微作透明状。握之恰如鞣皮，紧握放手后，叶便不再松开，手指之凹凸，印入茶团中清晰可辨，重量减少三成左右时为适度。”①

（二）揉捻

揉捻的目的在于破坏叶片内的细胞组织，使叶细胞汁液被挤出，分布在叶面与空气接触，促进叶内内含物质发生酶促氧化反应，形成红茶特有的香气和滋味。同时，揉捻使萎凋叶在外力的作用下，收缩卷曲成紧细之外形。这也是工夫红茶成型的关键步骤。

康特璋、王实父：《红茶制法说略》称：“华茶向用手足揉搓，印锡均用机器碾压，其所以能夺我华茶利权，即此之故。”“中国各省之茶，均由园户采茶，卷成售与商人；商人不管卷叶之事。”

陶企农《调查皖苏浙鄂茶务记》道：“视叶之筋络回软，即置于高木桶中，以足蹂踩出茶汁。仍以茶汁拌匀于茶内，谓之软条。”

谢恩隆、陆溁的《调查祁浮建红茶报告书》中，把“揉捻”则称为“搓揉”。

青叶既经晒至合度，其次则行搓揉之法。搓揉者，系将已晾萎之茶叶搓卷之，使其叶成紧细之条。缘茶叶内含之细胞，因搓揉而破裂，胞内液汁流出，而复使之收入叶条，将来泡茶时茶味便极浓厚。若使叶内之液汁不出，纵泡久而味亦不厚也。推揉之法不一端。土人有用手搓于竹匾之上者，颇为合法，惜稍嫌迟缓。又有置茶于大木桶之中，人入桶内用足搓揉者。此法比手搓者较为著力，惟足踹不洁之说，日久腾播于外，适足为反对华茶者所籍口，亟应改用一种价廉工省之搓揉机器以资挽救也。又用手搓揉之法，其迟速须视乎搓揉者之气力如何。其气力大者，搓成颇速；而气力单弱者，搓成较缓。试以气力中等之人言之，当其置晾透之茶于竹匾之上，以手将茶叶搓结成团，从而压之揉之。又时令松散其团块，又从而搓之揉之，回环多次，务使茶叶由片而成条，液汁含蓄于内，至匀细柔软为合度，约需十五分钟。是为第一次之搓揉。既而

① 陶秉珍编著：《栽茶与制茶》，中华书局，1951年，第180页。

复将此揉过之叶曝于日光之下，约五分钟，然后再行第二次之搓揉，又需十五分钟。而后搓揉之事毕矣。如果说萎凋是茶和天气的和谐，那么揉捻则是茶和人的互动。

在祁红茶区，传统揉捻方法，主要有手揉（搓揉）和足揉（踹踏）两种。

“手揉。手揉是利用上部体重和腕力，在竹帘和木板上，团团揉捻，到叶片卷撚成条，液汁溢出为止。每次揉量为萎凋叶二斤至三斤。手揉方式，有双把揉、单把揉等。双把揉系将两手抱住茶叶，按在板上，向前后左右，团团滚动，所以又称滚球式，是一种轻揉，适宜于细嫩枝叶。单把揉是用一只手将茶叶握住，按在板上，再用另一手之虎口（即拇指与食指中间）在腕后推动，所以又称推动式。这样两手交互使用，一按一推，直到茶叶成条为止。这种揉法为重揉，适于老叶。

足揉。足揉是人站在高大的揉茶桶中，两手握住桶边或固定木棒，使身子得轻悬活动，先用右脚踏紧茶叶，向后揉转，用左脚扒集散开茶叶，向后踏揉。如此交互揉捻。开始时用力轻，逐渐加重。因为是利用身体重和脚胫之力，所以力量大，茶叶易于成条，每次可揉四到五斤，在时间上要比手揉经济。”①

“至揉捻之法，该地茶农向皆以足揉捻，普通置已萎凋之茶叶于木缸内，人立其中，手扶缸边，以支体重，用足踹紧茶叶，频加揉转，直至茶条完全紧结为止。此种方法揉茶，不仅工作进行迟缓，抑且不合卫生，亟须改良。”②

笔者在祁门茶区进行田野调查时，曾就足揉问题询访老茶农，他们一致认为，足揉相对于手揉省力，且一次揉量多、效率高。还有一些老人认为其必与祁门工夫红茶的“祁门香”有密切关系。即使现在，许多著名的酒厂、酒庄，仍旧保留着用脚“踩曲”的传统工艺。更为有趣的是，有的老人打了一个比喻，称当地腌制酸菜时，有的人腌制出来的酸菜味道就香，相反，白菜一过某些人之手就会变烂。及之制茶，未必不就是“祁门香”之奥妙所在？此说法未经科学论证，尚难采信，权当一说，有待业界再作研究探讨。

20世纪初，由于日本人在国际茶叶市场上大肆宣传，足揉茶叶之不卫生被有意夸大，祁门红茶被恶意抹黑，一时风声鹤唳。祁红茶人们为此做了诸多努力，除严令取缔改用手揉外，还在机械制茶上进行尝试和探索。

“当今岁场内初用机器揉捻时，多不能得农民信仰，签谓祁红之固有风味——所谓‘祁门香’者将因此减少，今盘价已开，品质已定，农民观念亦渐打破，

① 陶秉珍：《栽茶与制茶》，中华书局，1951年，第187-188页。

② 金陵大学农业经济系调查编纂：《祁门红茶之生产制造及运销》，第10号，金陵大学农业经济系，1936年，第34页。

斯种心理方面之纠亦可谓今岁该场之重大收获也。”①

（三）发酵

“发酵”，在操作上，虽然看似非常粗陋、简单，但对形成工夫红茶特有的色、香、味之品质特征至关重要。最新研究表明：“发酵是红茶品质形成的关键工序。茶叶揉捻叶中的茶多酚在发酵过程中发生酶促反应，形成茶黄素、茶红素、茶褐素等风味物质，进而影响红茶汤色、滋味和香气的呈现。红茶的传统发酵方式多为自然堆放发酵，环境因素无法被控制。”②

在最早的祁红制法文本书写中，“发酵”被形象地称作“变色”：“茶叶有红、绿二种，其实皆出一种茶树，止因制造不同。西人所最爱者乌龙，次则红霞、红梅，悉皆鲜红光泽。制法当于碾压之后，视其色之深浅，令其多受空气，晴则置诸日中，阴则置诸炉侧，以其色之合宜为度。”③

“俟工夫揉足，由桶取出，置之瓦缶中，以净布盖覆约二三小时，即转红色。再由缶中取出，摊于篾席上，置之日中勤加翻晒。俟晒干转老红黑色，以竹篓盛贮，藏于高燥屋内，用粗茶筛将晒成之茶次第筛之，揭其粗枝大叶，谓之毛茶。约计毛茶一石需茶草二石方能制成。成后以布袋装束，售于茶号。”④

当年，谢恩隆、陆溁调查报告里的“遏红”就是现在所称的“发酵”。

发酵者，将搓揉成条之茶，用法使之发出热力，而令茶味变厚之谓也。其法，置揉成茶叶于竹匾或木桶内，用布盖之，置日光之下。亦有先备一竹篓，篓下置小炭炉，将茶叶倾入篓内，用布盖上。移置太阳之下者，二法皆可行之，无关大体。不过行后法成功较速，故乡人因而行此法者，亦不少也。发酵时间，大约自一时半至二时为度，间有延长至五六时者。盖视天气之寒暖与夫该地离海平线之高低以为转移也。茶叶发酵至适宜程度，每呈一种光亮赤褐，如新铸出炉铜币之色，且香气芬芳馥郁也。其程度未到者，茶叶只有青色，且无香气；其时候太过者，则茶味带有酸气。此其所以为区别之标准也。⑤

金陵大学农业经济系《祁门红茶之生产制造及运销》认为：

发酵作用，在使茶叶所含之酵素，起化学作用，将原有之绿色与青味除去，变成红茶特有之香气与殷红之光泽。其法以揉捻适度之茶，盛于木桶或簸箕内，加力压紧，上覆以潮湿之厚布，置日光下，藉其热力起发酵作用，而令色泽变红与质味加厚。发酵时间，约需三小时至六小时。如遇阴雨，则此项工

① 张宗成、严赓雪：《祁门红茶区茶业近况》，《实业部月刊》，1936年第8期，第96页。

② 安会敏，陈圆，李适等：《六大茶类加工关键工序及风味物质研究进展》，《中国茶叶加工》，2023年第4期，第5-14页。

③ 康特璋、王实父：《红茶制法说略》，《政艺通报》，1903年第1期，第34页。

④ 陶企农：《调查皖苏浙鄂茶务记》，《中华实业界》，第2卷第6期，第9-10页。

⑤ 谢恩隆、陆溁：《调查祁浮建红茶报告书》，《农商公报》第14期，第2-3页。

作，即感困难。

张宗成、严赓雪在祁门调查分析后则认为：

发酵能使丹宁质由无色变为红色，香气与发酵无大关系，而碳水化合物之一部分亦得分解而成糖类，然过度之发酵，则此种糖类不旋踵而转变为酒精矣；适度之发酵，其叶色恒于新铸之铜币，而为市场上所最为欢迎者，发酵方法，则将已揉捻之生叶，堆置于匾中或特制之发酵床上，不宜太厚（二吋至五吋），切忌不匀，上覆以布，时须注意其空气之流通及温度之调节，其发酵时间与堆置厚度之差异表如下：

堆置厚度	发酵时间（小时）
二吋半	3.5
三吋半	4.5
五吋	6

惟民间则均依香与色之程度，而决定其发酵之适当与否也。①

(四) 烘焙

茶号收购茶农初制的毛茶后，即行上烘，进入工夫红茶初、精制的交汇工序——烘焙。

烘焙之目的，简单说就是融抑制酶类活力，阻止酶促发酵，固定茶叶品质，发展茶叶香气，减少茶叶水分于一体。是茶叶加工的一个重要工序。

在祁红茶区，烘焙是由茶号来完成的。“前述制茶手续三种，自采摘以至发酵，皆由乡人自办。盖此中手续浅而易行，无须大资本，乡人为之无不可也。”②

康特璋、王实父《红茶制法说略》认为：“茶之香味，全恃烘焙之功，因其加热时，自有一种易散油生出也。”

陶企农在祁门观察的情形是：“购定，号家即摊于宽大房屋高燥地板之上，谓之出风。俟可收时，以篾篓收贮，置之高楼，不宜受潮，亦不宜与杂物共置。至收买多数，将炉房各烘炉，以无烟之干栎炭锤成小块，一齐燃着，将未用过之烘篮糊纸空烘。空烘后，以布摩擦，以篾有油，烘擦所以去油。候炉火纯青之时，将各炉用炭灰封盖，每炉各透小孔，再将炉房墙壁门窗封闭完固，只留一背风处之小门，以便搬茶出入，谓之开烘。制红茶家以开烘为最注重之事，每炉房中无论炉之多寡，炉圈粗细、炉底深浅、炉口高低、炉火大小，均

① 张宗成、严赓雪：《祁门红茶区茶业近况》，《实业部月刊》，1936年第8期，第96页。

② 王兴序：《安徽秋浦祁门两县茶业状况调查》《安徽建设》，1929年第6期，第8页。

须一律。烘篮高低粗细，每烘托盛茶若干，均有一定，不得稍有参差。开烘时，将毛茶布匀于烘炉之内，须限以时刻烘之。不及，则易于回潮；太过，又易于走味，尤须勤加翻搅，以防火力之不均。惟日不足，则继以夜，夜功仅可燃烛设用，香油、石油则染气味，损茶质。”①

王兴序在调查祁门、秋浦两县茶业状况时就茶之烘焙写道：

焙烘云者，系将已经发酵之茶，用火烘之使干之谓也。已经发酵之茶，其中所含水分尚多，故须设法令其干燥，方为合宜。烘茶之法，甚为重要。茶质良窳，全视烘制之得宜与否为衡。茶号之购入毛茶，其干湿之程度至不一，茶师则将购入之茶，随购随烘。先烘一次，谓之打毛火。因火候甚微，不过先将茶叶湿气烘去，以待随时筛制耳。既而茶叶之收集渐多，便将前此已经毛火之茶，合一炉而烘之，谓之老火。此次之焙烘，为即时筛制地步，最宜郑重。茶叶之良否，售价之高下，悉系于此。既经老火之后，在装箱运出之前，尚有一次焙烘，谓之清火。此次之焙烘，全在使香气不走，至将来开箱时气味芬郁之作用，故火候重轻，亦甚有莫大之关系在焉。按祁秋两县烘茶，系盛茶于烘罩烘之。烘罩以竹编成，系折腰圆形，罩内空通，其中间有一活动之烘顶，亦系竹制，用以盛茶。预备烘焙者，其烘炉乃掘地为穴，内炽木炭，烘罩即置其上。此时看护，最宜小心。焙火大烈，则有伤茶质而茶味不佳。更有一事当注意者，切勿令茶叶坠落炉内，叶入火中，致起熏烟，而茶得焦灼之味，此节应慎之又慎也。②

庄晚芳先生在祁门平里进行烘焙调查时发现，“低下之祁红出品，即为具有此种毛病者。而致病之因子，均在烘焙时发生”。他认为：“烘焙一项在制造技术上为重大关键，操品质优劣之总枢纽；而天然佳惠与初制手续完美，不过祁红优殊品质之基础条件，尚需精良之烘焙方法有以成全也。”③

祁红茶区有一句话：木炭是有根的火，木木结合才能提香。

下烘后处理：足火茶下烘后，有时稍行冷置，有时竟直接堆入足火大堆中，以待筛分。至此，毛茶烘焙工作，乃告完毕矣。

程世瑞，祁门人氏。他从小耳濡目染，对祁门红茶制作工艺非常熟悉。在1937年发表的文章中，程先生用散文的笔触对祁红初制作过生动描述，极具现场感和画面感。摘录于下④：

太阳渐渐把树影儿晒成正圆形时，辰光已是中午了！一些中年的男子们——

① 陶企农：《调查皖苏浙鄂茶务记》，《中华实业界》，第2卷第6期，第10页。

② 王兴序：《安徽秋浦祁门两县茶业状况调查》《安徽建设》，1929年第6期，第8页。

③ 庄晚芳：《庄晚芳茶学论文选集》，上海科学技术出版社，1992年，第470页。

④ 程世瑞：《祁门的红茶》，《农村合作》，1937年第3期，第103－104页。

茶工，一个个挑着新鲜嫩绿的茶叶，从山上回来。走到一处平坦上，把担子放下来，从屋子里拿竹垫来，铺在地上，然后再把袋子里的茶叶，倾入垫中，用木耙子耙平了，阳光直射在上面。他们再走入一个临时假架就遮阳光的棚子里，或是人家屋檐底，里面放着一只大木缸，他弯下腰去，把白布给缸拭净了，再走出棚来，静寂寂地等候太阳光把茶叶晒软了！伸手一探，知道到了时候，便很快的把那叶子收集起来，一齐倾入缸中，然后他把鞋袜脱光了，拭净了脚，跳入缸中，两手扶着缸沿，把两只脚，用力加劲地把那茶叶踏起来。这一点，你不能不佩服他们具有特殊的本领了！因为在你看去，好像是很容易做的一件事，可是在这踏踩的当儿，既要用力，又不能把叶子弄碎，而要使那发散的嫩叶，跟着脚儿卷成一团，这真是件难事儿。然而他们踏得却很不费力。十数分钟后，叶儿已渐渐出汁了！一张张的叶子都卷了起来。透出阵阵的香味，令人们有一种说不出来的愉快。这时候，他跳出缸来，把那踏成的叶子，拿起平铺在日中，让太阳晒了一会，再取起倾入布袋里去，紧紧地把袋口扣起来，放在阴处，让他发酵。经过半句来钟，始从袋里取出，青青的嫩叶，已变成猪肝色的红茶了，这就叫作‘毛茶’；但是这不过是初步的成功，而且非常的潮湿。毛茶制成后，再放日中曝十数分钟，便掮起拿上茶庄去卖，茶农与茶叶的关系，只是最后的一幕了！

……

每天到了下午三点钟的时候，你看那些大担小担的茶叶，都纷纷地集中到这茶庄的门首来；直等到外面没有空隙的地方，那两扇门才开开了！柜台里坐着一个年轻的管账先生，靠着柱子千金傍，站着一个扶秤而立的看货的。这时候，嚣扰的人声，开始嘈杂起来。一些卖场的农人，都纷纷地挑着担子朝里挤。争着拉扯那位看货的先生，尽先检看自己的茶叶，以期卖得最高的首盘。可是那位富有经验，而摆出老门槛的样子看货者，他依然是那样很从容的，挨着一袋袋的看过来。他一手拿着一个竹子编成的盘子，一手从每一袋子的中心，摸出一把茶样来，放在盘子上，用那灵活的手法，把盘身很敏捷地一摇，那一把把的湿茶叶子，便很匀净的散开了！他再用他那尖锐的嗅觉，向盘子里一嗅，把一张的茶叶，仔细检阅了一下，开始从茶的本身上，评出色，香，味，质制工，掺杂等的好歹来。凭这多年所得的经验，使对方折服了，才伸出五个手指，作一作势，表示他所肯出买的价格。接着又是一阵的争论。假设看货者缺乏经验时，往往有挨卖方打骂的可能，因为他对茶叶本身，太没有认识清楚了！

夜幕渐渐地展开了！炊烟已从各家屋顶上飘起来，剩下几个茶叶没有卖出去的农人，垂头丧气地对着那位看货者作哀求，因为庄上货已收满，吊秤的时间已到了！而事实又不能允许他们第二天。不得不在贱价下，加上七折八扣的抽去捐税，忍痛卖去他们的茶叶，换着那几张花花绿绿的钞票，算是他们一年辛苦的代价！

红茶的加工。

在夜幕初张，华灯刚上的时候，各茶号里，已到了极度忙碌的时候了！分设在各村收毛茶的茶庄，都纷纷地把所买进的叶子，大担小担的着人挑送来，转瞬间，那中间的空屋里，已给毛茶铺满了！前面刚刚的稍为静了点下来，后面的空气又紧张起来了，烘厂里，柱子上高高悬着明亮的菜油灯，地上的火坑，一齐都烧起熊熊的炭火，炕上放着一笼笼的湿茶叶。屋里的热度，总在一百三四十度以上，更加四下里密不通风，门上有下着加厚的门帘，空气非常的干燥。七八个遍身赤膊的工人，纷纷地在把茶叶一笼笼的抄动。然而时间过早，容易使茶叶有草气；但烘时一晏，茶叶又生出焦味了！这种火候的迟早，相差总在分秒之间，恐怕连寒暑表亦分不出度数来，这时候，所倚赖的就是那掌烘的了！他凭着十数年的经验，与及那个敏捷的鼻子，能辨出火候的迟早，丝毫也不会差错的。最可怜的就是这些烘茶的工人，他们站在那高热度的火焰里，全身流着乌黑的汗，不到五分钟，便要跑到外面换一换气，没有半分钟，又要跑进烘厂里来，日夜没有片刻的休息，朝夕与那火坑相周旋。

纵观初制各工序，必须遵循采摘及时、萎凋合度、揉捻得法、出水宜爽、复揉过细、发酵适宜、干燥合格等原则，方可为下一步的精制提供优质的原料。

五、结　　语

针对传统工艺形态上的创新，有专家指出“必须是对传统的形态完全吃透，并且全盘接受，全部消化以后，去掉糟粕的部分，把精华的部分放大”，并认为“这个是考验手艺人胆识的一件事”。[①] 否则，非物质文化遗产将陷入形式化和空壳化，成为“被展示的非遗”。祁门红茶传统工艺，凝聚着祁红茶区商农们百年来的智慧，传承着茶农茶工的工艺技法与文化底蕴，其所孕育的历史文脉与传统精神是不可估量的工艺宝藏。从历史上的文本记载去进行深入探究传统工艺技法，其目的就是在当今现代化发展水平下，思考如何为祁红传统制作工艺技法提出“保持本我，融合创新”的新理念，为非遗传承和发展提供更多的创新思路。

① 徐艺乙：《传统手工艺的创新与创造》，《贵州社会科学》2018年第11期，第79页。

试论舒城小兰花非遗技艺传承与创新

李贤葆

舒城兰花茶是安徽省传统地方名茶，因其具有形似兰花、香如兰花的品质风格，而受到专家和消费者的广泛赞誉和喜爱，舒城小兰花成为国家地理标志保护产品，制作技艺列入安徽省非物质文化遗产目录，品牌价值日益提升，进入全国名茶品牌百强榜。

一、兰花茶的产生与发展历史

（一）兰花茶的起源

舒城产茶历史悠久，品质优异。关于兰花茶的起源，陈椽著《安徽茶经》载："传说在清朝以前，当地的士绅阶层极为讲究兰花茶生产。"为什么叫兰花茶？说法不一。一说是兰花茶芽叶相连成朵，形似兰草花；二说是采制时正值兰草花盛开，茶叶吸附兰花的香味而有兰花香。当地传说，清朝年间，晓天白桑园有一名叫兰花的姑娘，心灵手巧，炒出的茶叶香味突出，山东客商特别喜爱，遂出高价包收，于是姑娘拼命地日夜炒制，不幸劳累过度身亡，乡亲们为了纪念她将此茶取名兰花茶；还有说清朝末年，舒城龙眠山下磨子园黄家湾茶农沈兴余，炒茶技术精湛考究，桐城茶行老板郑国英称赞其茶形若大麦苞，香如兰草花，以高价收购，兰花茶因此而传开。由此看来，兰花茶的名称主要是由其"外形芽叶相连似整朵兰花，内质具有优雅的兰花香味"品质特征而得名。

（二）兰花茶的发展

兰花茶自问世以来，受到众多消费者喜爱，产销两旺，经久不衰。20 世纪 80 年代以前，除舒城外，桐城、庐江、岳西、霍山、六安等大别山东麓江北茶区皆有生产。《安徽茶经》记述："因舒城产量最多、品质最好，故叫作舒城兰花。""清朝光绪年间，舒城晓天山、七里河二处岁销茶叶千余引*。"当时每斤兰花茶可兑四斗五升大米或一块半银圆，尤以白桑园、磨子园两地最为著

作者简介：李贤葆，高级农艺师，舒城小兰花省级非遗传承人，舒城县茶叶产业协会会长。

* 每引合 60 千克。

名。舒城小麦岭、古吉寨、龙眠寨、天子寨、滴水岩，庐江二姑尖，桐城椒园、大关，岳西主簿，六安毛坦厂等地出产的兰花茶亦很有名。

兰花茶因鲜叶采摘时间、大小标准不一样以及炒制工艺差别，有小兰花和大兰花之分。传统的小兰花以一芽二三叶为主，大兰花采一芽四五叶，分三级六等，出产的小兰花除销往周边市场外，远销苏州、南京等地，称“苏庄”；大兰花主销山东、京津等地，称“鲁庄”。1952 年建立安徽省舒城茶厂，全县茶叶改制炒青，精制后出口换汇，除保留白桑园生产少量兰花茶作专供外，其他地方一律停止生产，兰花茶市场更是难求。1985 年后，随着茶叶内销市场的逐步放开，各地掀起了创制名优茶热潮。舒城县同时加大了名优茶开发与品牌创建力度，先后创制了白霜雾毫、皖西早花等部优、省优名茶，研制了舒城小兰花标准样。为了整合茶叶品牌，传承非遗技艺，1998 年舒城县确定了统一打造舒城小兰花品牌的目标，并由县茶叶产业协会于 2004 年牵头制定了舒城小兰花省级地方标准，2008 年注册了“舒城小兰花”证明商标，2015 年和 2016 年分别被登记为国家地理标志农产品和地理标志保护产品。

二、舒城小兰花品质特征及其成因

（一）舒城小兰花品质特征

传统的舒城小兰花以一芽二三叶及同等嫩度对夹叶鲜叶为原料。干茶外形芽叶连枝，条索细卷呈弯钩状，多有爆点，春茶带有茶蒂及幼嫩茶果，色泽绿润显毫；冲泡后，似整朵兰花开放，兰花香或栗香持久，滋味醇厚回甘，汤色黄绿明亮，叶底枝梗肥壮，黄绿匀整。舒城小兰花最新标准是地理标志产品省级地方标准（DB34/T 451—2017），规定了舒城小兰花五个等级，各等级的鲜叶标准（表 1）、干茶感官品质特征（表 2）及理化指标（表 3）如下。

表 1 舒城小兰花鲜叶等级标准

等级	要求
特一级	一芽一叶初展≥90%
特二级	一芽一叶初展≥50%，一芽一叶≤50%
一级	一芽一叶≥70%，一芽二叶初展≤30%
二级	一芽二叶初展≥50%，一芽二叶≤50%
三级	一芽二叶≥30%，一芽三叶初展≤70%

表 2　舒城小兰花感官品质标准要求

级别	项目				
	外形	香气	汤色	滋味	叶底
特一级	成朵翠绿 白毫显露	兰花香清香高长、 鲜爽	嫩绿 清澈明亮	鲜醇 回甜	嫩绿明亮 匀齐
特二级	成朵翠绿 显毫	嫩清香 高长、鲜爽	嫩绿 清澈	醇厚 鲜爽	嫩黄绿明亮 匀整
一级	芽叶相连翠绿 较匀润显毫	清香鲜爽 较持久	黄绿 明亮	醇厚 较鲜爽	绿明亮 较匀整
二级	舒展似兰花初放	清香较持久	黄绿较明亮	较醇厚	黄绿尚亮
三级	舒展色绿	栗香持久	黄绿尚明亮	尚醇厚	黄绿

表 3　舒城小兰花理化指标

指　　标		项目（%）
水分	≤	6.0
碎末	≤	5.0
水浸出物	≥	40.0
粗纤维	≤	14.0
总灰分	≤	6.5

新标准舒城小兰花，鲜叶从一芽一叶初展到一芽二三叶，干茶品质特征概括为“三兰”（兰花形、兰草色、兰花香）。外形朵形，自然舒展，色泽翠绿显毫；汤色清澈，浅黄绿明亮；香气清鲜带兰花香或栗香；滋味鲜醇回甘；叶底成朵，嫩黄绿明亮。

（二）舒城小兰花品质成因

笔者经过长期调研与实践，从科学的角度分析，茶区地理区位、茶树地方品种、茶园种植土壤和茶叶采制工艺是造就舒城小兰花品质特征的主要因素。

优越的地理位置：舒城地处北纬 31°27′～31°48′，东经 116°49′～117°01′。这里是江北茶区的北缘地带，相对于南方茶区，气候比较温和，年平均气温较低，而且地处大别山区，森林植被丰富，茶林共生，昼夜温差大，漫射光多，有利于氨基酸、咖啡碱及多种芳香物质的合成与积累，酚氨比较低，利于形成高品质绿茶。

优良的茶树品种：悠久的种茶历史和长期的自然驯化，产生了优质丰富的地方茶树种质资源，为兰花茶品质形成奠定了丰富的物质基础。20 世纪 80 年代以来，这里选育了舒茶早、山坡绿、特香早、谷雨春等一系列茶树良种，在全国茶树品种区试中表现优异，多个品种制成干茶具有天然的兰花香。

优质的茶园土壤：舒城山区土壤多为花岗岩、砾岩、页岩发育而成的酸性黄棕壤、山地黄壤、香灰土、麻骨土等，土层深厚、疏松，富含磷、钾、铁、锰、锌、钼、铜、硒等多种微量元素，有利于某些香气组分的合成。《茶经》曰“上者生烂石，中者生砾壤，下者生黄土”。实地考察发现，山上乱石丛生，或有兰草花、杜鹃花等茶树指示植物生长的茶园，茶叶中兰花香就明显；而黄泥土茶园，茶叶中花香就不明显。

独特的炒制工艺：传统炒制兰花茶，不是用手杀青、做形，而是采用特制的竹丝把，在两口并联、倾斜的茶锅中回旋翻炒、搓揉，两人配合流水作业，杀青做形一气呵成。这样，能保证高温杀青，杀得匀、杀得透，充分地去除鲜叶中青草气，发挥茶香。烘干则采用无烟红木炭，以中低温反复多次烘焙，充分地激发并保留花香成分。

三、舒城小兰花的非遗技艺及传承现状

舒城小兰花制作技艺于2010年被列入安徽省非物质文化遗产保护名录。从历史传承来看，茶叶的炒制技艺，大都源于当地人对茶叶口感的嗜好，为了满足饮食文化的需求而形成。

（一）舒城小兰花的非遗技艺

传统的舒城小兰花制作基本工序为：鲜叶拣剔—摊青—生锅—熟锅—拣剔摊晾—毛火（初烘）—摊晾—复火（复烘）—拣剔摊晾—打死火（足烘）—冷却装桶。其关键环节：一是采用特别的工具和热源，以晒干的山间野生实心竹扎成不同规格的竹丝把，两口并联倾斜45°的茶锅，阔叶林干柴和栎树烧制的无烟红木炭，篾制烘斗；二是娴熟的炒制技艺，恰到好处地把握投叶量、锅温、生锅翻炒杀青、熟锅带把子做形及出锅程度等；三是分次烘干，掌握适当的炭火温度、时间、翻动频率及烘干程度等；四是把控好每次的摊晾时间和程度；五是对鲜叶和在制品的拣剔。

（二）舒城小兰花技艺传承现状

舒城小兰花建立了非遗传承人制度。目前有省级传承人1人、市级传承人2人、县级传承人1人，每年的专项培训培育了一批小兰花传人；建有省级传承基地和非遗工坊各一处、手工炒制体验中心若干个；连续多年开展的舒城小兰花手工炒制擂台赛和名优茶评比大赛，亦推动了舒城小兰花非遗技艺的传承。

随着经济社会的发展，名优茶采制人员紧张，成本日渐提高，机械化加工工艺逐步替代传统手工炒茶技艺，这是所有名优茶加工必由之路。但是，由于

现今的机械装备无法满足所有名茶工艺要求，因而市场上普遍出现了名茶同质化现象。舒城小兰花亦是如此，利用现有的部分杀青、理条、烘干机器替代手工“把子茶”工艺，形成不了兰花茶应有的品质特色，特别是连续化作业，省去了摊晾、做形等必要技术环节和木炭火烘干程序，生产效率虽然大大提高，但干茶很难达到手工炒制的水平，售价也没有手工茶高。

目前，舒城县纯手工小兰花仅有晓天部分茶农生产，茶企和大多数农户都采用机械化或半机械化生产，产品质量参差不齐，标准化、规范化水平亟待提高。

四、舒城小兰花制作技艺创新

事实上，对于茶叶制作非遗技艺我们不仅需要代代传承，更需要在传承中不断创新，这样才能有传承的价值和可能。历史赋予我们不断传承与创新的使命。

（一）舒城小兰花当前存在的加工弊端

主要表现在三个方面：一是机械选择不适合或不配套。目前主要选择安徽长城、同发、永佳，浙江上样、绿峰等几家茶机厂的通用滚筒或槽式杀青机、槽式理条机、链条式或手拉百叶烘干机、厢式提香机等。主要弊端是缺少传统竹丝把搓揉、适度破坏叶细胞的功能，没有炭火烘焙提香的效果，干茶常带有青涩味、失去应有的兰花香。二是工艺不合理。制茶过程片面追求节本提效，追求快，省去了必要的摊晾转化的时间，特别是连续化生产，从鲜叶杀青到干茶出来一气呵成，芽叶虽完整但细胞破坏很少，茶叶内含物根本没有氧化转化，干茶青枯，缺少润泽，冲泡后茶汤清淡，带青涩气。三是操作技术不规范。制茶人员对机械性能掌握不透，过分依赖机械，加工过程温度、速度、投叶量、时间及程度把握不准或不一致，导致茶品质下降。

（二）舒城小兰花加工技艺的创新

高温杀青、竹丝把炒制、木炭火低温烘焙和分次干燥，是形成小兰花品质特征的关键环节。笔者在总结舒茶九一六茶场、晓天兰花有机茶合作社等地实践，走访了解有关小兰花茶农、茶企加工工艺情况后认为，要提升舒城小兰花茶叶加工质量，保留传统工艺特色，须根据茶农、茶企的经济状况，因地制宜，选择不同的生产加工路线。

1. 全程机械化连续化加工工艺　采用60型或70型滚筒杀青，电热槽式理条机二次杀青兼做形（附加压棒），链板式回潮机摊晾回潮，理条机二次理条，链板式烘干机烘干（初烘）、远红外烘干机烘焙（复烘），木炭火或远红外提香机提香（足烘）。工序为：鲜叶摊晾—杀青—二次杀青兼理条—回潮—二次理条—摊晾—烘干—摊晾拣剔—烘焙—摊晾—足烘提香—冷却包装。其中，我们在九一六茶场运用槽式微波机替代理条机进行二次杀青理条，效果亦很好。该套生产线不仅能实现连续化量产，而且制作的小兰花外形、内质可与传统手工小兰花相媲美。需要设备投资35万元左右及配套的电力设施，适合规模化茶企生产。

2. 半机械化加工工艺 采用自控电热槽式红外杀青机杀青，理条机理条，传统茶锅竹丝把做形，小型链板式烘干机初烘，炭火足烘提香。工序为：鲜叶摊晾—杀青—做形—摊晾—烘干—拣剔摊晾—足烘—冷却包装。我们在晓天珓子石茶厂运用该工艺，制茶品质基本达到传统把子茶的水平。该生产线机械设备投入约20万元，适合小型茶厂应用。

3. 改进型传统工艺 采用微型滚筒与炒茶锅一体灶杀青，手拉百叶烘干机烘干，木炭火足烘提香。工序为：鲜叶摊晾—滚筒杀青—摊晾—竹丝把锅炒二次杀青做形—摊晾—烘干—拣剔摊晾—足烘—冷却包装。该工艺投资小（5 000元以内），适合小农户生产。

4. 探讨新加工工艺 小兰花一般只生产一季春茶，且主要以小茶企和大农户生产为主。如何实现连续化、小型化、规范化加工，提高加工功效，应是小兰花加工工艺所要突破的重点和难点。如生产特级和一级小兰花，可以在现有生产线基础上，研发或引入替代竹丝把的做形机械；二、三级小兰花，则可以嫁接小型揉捻机轻柔做形，同时研发小型回潮机延长在制品摊晾时间，保证小兰花加工品质特色。

5. 体验式加工技艺 以茶企、合作社或村集体为平台，建立小兰花传统工艺体验、炒制中心。一方面可以让小农户集中炒制，便于统一培训指导和规范化炒制；另一方面，可以实行茶旅融合，让游客体验炒制技艺，感受小兰花非遗文化。

6. 建设非遗文化馆 建议在毛主席视察的茶乡——舒茶镇，规划建设一座舒城小兰花非遗文化馆，与红色旅游相配套，通过图文、实物、影像等形式，展示小兰花历史文化与非遗技艺。同时，完善晓天茶文化中心、河棚茶文化主题公园及小兰花传习基地等设施，作为展示和宣传舒城小兰花非遗文化的重要窗口，培养一批非遗技艺传承人，让更多的人了解和感受茶文化的魅力。

结 语

非遗技艺传承与创新，是很多名优茶的共同难题，需要根据其工艺特征与品质特色，结合当地生产水平与经济条件，不断探索应用合适的工艺与技术路径，有序推进。以上提出的舒城小兰花制作技艺的几种形式，是我们近几年的实践与思考，希望有助于小兰花非遗技艺传承，促进小兰花茶产业持续健康发展。

非物质文化遗产赋能茶产业发展的广德实践

戈雪箫　戈照平

前　言

中国申报的39项传统制茶技艺及5项民俗类非物质文化遗产，被列入联合国教科文组织人类非物质文化遗产代表作名录。非物质文化遗产是文化遗产的重要组成部分，是历史的见证和中华文化的重要载体，它蕴含着中华民族特有的精神价值、思维方式、想象力和文化意识，体现着民族生命力和创造力。因此，重视及研究非物质文化遗产项目的历史、文化意义以及影响，在乡村振兴及茶产业发展中发挥非物质文化遗产的宣传作用，对于讲好茶非遗故事，推动茶文化建设，助力茶经济发展，可谓是功莫大焉。

纵观当下非物质文化遗产项目的传承及发展中"生产性保护"话语的提出，既推动了非遗项目与茶文化、茶科技建设的融合，又提升了民众对茶非遗项目的认同感，使其有着生机勃勃的活力，有着可持续发展的动力；同时，也使其处于一种开放性、主动性的创新与融合之路上，在当下重新焕发永恒的生机与无限的活力！

近年来，非物质文化遗产（茶叶传统制作技艺）项目的文化内涵与时代精神引起了较多关注，对于茶非遗项目的阐释大致有三个维度：其一，非物质文化遗产（茶叶传统制作技艺）项目中所呈现的生产、生活及精神层面的鲜活体验，因其具有鲜活的流动性、长久的延续性和广泛的共享性，使茶之生产、消费以及品饮行为，至今仍旧存续于人们的日常生活之中。因此，茶非遗项目在代际传承中得到了较好的保留与发展，包括传统手工、经验技巧等无形的非物质文化。其二，非物质文化遗产（茶叶传统制作技艺）项目具有极为重要的"历史、文学、民俗、艺术价值"等。同时，茶非遗项目还具有技术性、多样性以及开放性等特点，其项目诞生的区域，地理、民俗以及原材料的稀缺性等，均以其内容丰富并为茶文化交流提供了更多的可能。其三，非物质文化遗

作者简介：戈雪箫，安徽乌松岭生态农业有限公司总经理；戈照平，广德市茶叶协会会长。

产（茶叶传统制作技艺）项目在成为产品、商品后，在人们体验物质消费或精神享受的过程中，茶产品所蕴含的物质享受或茶文化精神层面的愉悦，经由品饮的表现形式得以呈现，于是在“清谈”与“雅集”中，均以表演或交流的方式演化为一种传统文化的再现或表达。因此，重视非物质文化遗产生产性保护中提出的“保护模式”，注重茶非遗项目的活态传承，保护非遗的文化延续性和可持续创造力尤为关键。

道理很简单，也很明确，即非物质文化遗产的魅力源于历史，源于文化，也源于技艺；因此，非物质文化遗产的生命力系于传承创新。所以，要让非物质文化遗产这份珍贵的财富活起来，因为活起来才有意义，活起来才有价值。与此同时，发挥非物质文化遗产在推动乡村振兴及发展茶业中的宣传作用，也是茶产业发展过程中至关重要的一环。

一

广德市历史悠久，茶文化遗产及茶叶资源亦十分丰富。据史料记载，早在两晋时期，广德就已种植茶树。唐时，广德属浙西茶区，为全国八大茶区之一。762 年前后，陆羽在湖州编写《茶经》，先后到长兴、广德、郎溪、宣城等地寻茶。

广德茶叶久负盛名，宋代文献《宋会要辑稿》中，有广德军茶色号（等级）、产茶额（买卖茶数量）以及买茶、卖茶价格的详细记载，无疑说明当时广德产茶且贸易兴盛。同时，广德军生产的“先春茶”“芽茶”等被列为贡茶，而且贡茶额度还很高。由此可知，宋代广德茶叶经济概况。

元代，广德因产茶面积较大、产茶数量较高而被朝廷巨额征税，茶农民不聊生，茶叶生产受挫，以致广德茶园面积缩小，茶叶经济衰败。明代，在皇帝“罢造龙团贡茶，惟采茶芽以进”的干涉下，茶的制作方法发生了革命性的变革，尤其是炒青绿茶先春茶的制作方式随之焕然一新，广德“先春茶”再次成为贡茶且延续明清两代。明时，仅广德州每年需进贡芽茶 70 斤，叶茶 300 斤。明洪武三十年（1397），广德州茶税为 50.33 万贯，税额为江南各州之首。

清乾隆、嘉庆年间，大量茶叶向海外输出，刺激了茶叶生产的发展。据光绪《广德县志》记载：明清时期即产贡茶。据清光绪七年（1881）《广德州志》记载，嘉庆末年，广德州年产茶 320 万斤（按现在计量换算）。“（茶）以石溪（今卢村石溪村），阳滩山（今东亭阳岱山）、乾溪（今卢村甘溪）等处者为最。”（光绪七年《广德州志》）1915 年，广德“云雾茶”参加巴拿马国际博览会并荣获金奖。然在此后的三四十年时间里，由于战争、自然灾害等原因，广德全县每年产茶也只有两三千担的低产水平。

1949年，新中国成立以后，广德茶迎来了翻天覆地的变化，无论是茶树种植面积，还是产茶数量以及茶农收入等，都有了大幅度增加和提高。广德茶产业逐步形成，茶业经济日益发展并取得了前所未有的业绩和令人瞩目的成就。由此可知，广德茶文化丰富的历史积淀和茶品类多样的资源，无疑是赋予了现代广德茶人传承、传播的文化使命。

截至2022年底，广德茶树种植总面积达12.5万亩，茶产业现有各类经营主体400余家，其中100多家加工主体，现有国家级示范合作社1家，省级龙头企业1家，县市以上龙头企业、合作社、家庭农场近百家，年产值突破30亿元。

二

近年来，“非物质文化遗产保护”这一理念迅速普及。随着相关部门对“非遗”的高度重视，文旅部门的非遗项目申报工作亦是有声有色、蓬勃开展，并取得了良好的成效。

2022年，广德市绿茶制作技艺（五合茶）被列入宣城市非物质文化遗产代表作名录；2023年，广德市绿茶制作技艺（黄金芽）和红茶制作技艺（廖氏红茶）被列入广德市非物质文化遗产代表作名录。鉴于多个茶叶非遗项目的申报成功，广德市高度重视非物质文化遗产在茶产业发展中的重要地位，在采取多种保护措施，做好非遗项目传承创新的同时，致力于茶的全产业链合作共赢，积极发挥非物质文化遗产在茶产业发展中的宣传作用，不断推进茶非遗助力茶产业的高质量发展并取得了良好的效果。

（一）利用非物质文化遗产提升广德茶知名度

非遗文化是依附于生产生活实践而产生的，要做好非遗的保护利用，不可忽视的方式和途径是使其回归民众的日常生活，满足实用性、审美性等方面的需求，这是非遗“在适应环境以及与自然和历史的互动中被不断再创造”的活态属性，也是探索符合非遗自身发展规律的保护利用模式，亦是发挥非物质文化遗产在茶产业发展中的宣传作用的关键所在。茶非遗传统技艺经过鲜活的演绎，不仅能够使民众和消费者进一步了解茶非遗的内涵和价值，而且能够得以认识茶非遗所蕴含的智慧并理解其价值，这无疑也是提升广德茶知名度的一个途径。

为充分展示广德市茶叶产、供、销的业绩与前景，使广德市茶文化、茶非遗、特色茶品等深入人心，广德市茶叶协会不遗余力地宣传广德茶文化以及黄金芽茶、五合茶、廖氏红茶等非遗茶产品，使各层次年龄的人都能够了解广德茶，使市场和消费者都可以知道广德茶，目的就是为了提升广德茶知名度，促进广德茶产业的发展。例如，黄金芽茶的产制历史较长，距今已有一百余年的历史。过去由于手工制茶，产量较少，市场较为少见，就连本地一些人也感觉陌生。所以，在宣传中就加入黄金芽等茶叶的元素。除了用文字进行宣传以外，协会还通过举办不同形式的茶非遗产品展览，非遗茶品鉴赏以及茶艺表演等活动，与消费者进行面对面地宣传，既让顾客在体验中感受到了茶非遗产品的魅力，又利用非遗茶产品提升了广德茶的知名度。

近年来，广德市茶叶协会在政府及农业部门的支持下，连续举办了三届“茶文化旅游节”以及全民饮茶日等形式多样的茶事活动。如2020年5月，在杭州举办黄金芽品牌推介会，同年10月，在合肥举办黄金芽品牌推介会，目的是提高广德茶叶的知名度，同时也让更多的消费者了解广德茶，认识黄金芽。与此同时，广德市茶企先后多次参加了上海、西安茶博会，参加了北京、合肥、上海农交会以及中国国际茶叶博览会等，真正做到了让茶产品走向市场，参与竞争，走向消费者，赢得好评。

（二）利用非物质文化遗产增加广德茶吸引力

非物质文化遗产蕴含着立德树人的智慧，是推进中国式现代化与增强中华文化世界影响力的重要力量。因此，借鉴教育方式将茶文化引入到校园中，是可行的，也是有益的。首先是要深切地理解，只有扎牢本民族文化的根，才可以与五彩缤纷的世界文化相映成趣；其次是要家庭、社会与学校共同努力，才能深入挖掘并大力推广茶非遗产品背后珍贵的文化精髓，让青少年全面感知到茶非遗文化的独特魅力。再次是要挖掘茶非遗的文化内涵，用孩子们喜闻乐见的形式组织活动，让孩子们在寓教于乐中学习、继承和传播茶文化。从2016年起，广德市杨滩镇中心小学秉承“茶韵飘香，和美校园”的核心理念，坚持以茶文化为底色，在增强学生文化自信的同时，不断提升学生的素养，培养学生爱青山绿水、爱家乡、爱茶叶的意识。中心小学不仅开设了茶文化课程，还在每年的谷雨时节举办以茶为主题的艺术节。另外，学校还组织学生参加茶文化主题绘画、征文以及采茶、制茶和茶艺实操活动，助力学生德智体美劳全面发展。总之，中心小学坚持以茶育人，取得了令人欣喜的效果，先后荣获了“茶文化特色学校”、安徽省首批“中华传统文化传承学校（茶艺）”、安徽省“中华茶文化传播突出贡献奖”以及教育部“乡村温馨校园建设典型学校”等多项荣誉。

为了吸引更多人了解广德茶文化，广德市积极开发建设旅游项目，将茶文化作为一种区域文化来推广和宣传，以茶非遗产品为标杆，推进茶非遗项目生产性保护，探索茶非遗保护项目“离土不离乡”的传承保护模式。在五合茶非遗项目的茶叶产地五合乡，打造以茶乡群众参与为基础、以非遗技艺展示为特色、以民俗文化传承为目的、以非遗项目保护利用为方向，集生产、展示、体验、传习、交流、研究和营销功能于一体的五合乡茶博物馆；乌松岭生态农业有限公司是黄金芽茶非遗项目的保护单位，在认真做好茶、讲好茶非遗故事的同时，乌松岭生态农业有限公司也在思考如何更好地传承茶的非物质文化遗产。他们清醒地认识到：非遗文化需以“传承”与“创新”两条腿走路，方能行之弥远，一方面深入挖掘丰富的广德茶文化史料，筹资建设乌松岭茶文化博物馆，以全面展示茶非遗项目的历史和茶文化；另一方面，在做好茶非遗项目保护传承，提高黄金芽茶的知名度和吸引力的同时，不断开发创制新的产品，以适应市场的需求及提高自身的效益。乌松岭茶文化博物馆的建设可谓是匠心之醇，器物之美。作为传统茶文化的智慧结晶，很多非物质文化遗产不容易被现代观众所理解，为此，乌松岭茶文化博物馆在茶器茶具收集和展陈方面颇下功夫。走进茶器具荟萃的乌松岭茶文化博物馆，琳琅满目的茶物品堪称是茶珍宝物品遗产大观，同时，茶叶冲泡源流、饮茶习俗以及延续至今的黄金芽茶传统技艺也得到了鲜活演绎。在提倡对传统文化资源进行创造性转化与创新性发展的当下，广德市利用非物质文化遗产，展示并诠释茶非遗项目的历史文化价值及广德茶文化历史。不断增加茶非遗项目以及广德茶的吸引力，充分发挥非物质文化遗产在发展广德茶产业中的宣传作用，为茶企乃至茶产业发展汇聚更多人气流量并创造更好的效益。

（三）利用非物质文化遗产做大广德茶产业

非物质文化遗产的茶叶制茶技艺是有关茶园管理、茶叶采摘、手工制作以及技艺和实践。而“生产性保护”是非遗保护、传承和发展的重要途径，也是近年来各界积极探索和实践的一个重要领域。具体来说，“生产性保护”是指通过产业开发、政策扶持等，让非遗项目不仅只是博物馆的“宝贝”，而且也能通过生产、流通、销售等方式，将非遗文化及其资源转化为生产力和产品，使非遗文化在创造社会财富的生产活动中得到积极的保护。

这种集“博物馆保护”“活态保护”与“旅游开发保护”于一身的保护方式，是一种新型长效可持续的保护模式。因此，推行非遗文化生产性保护的关键在于让非遗文化回归百姓生活，让非遗文化成为当代民众的日常生活需求。所以，探索利用非物质文化遗产茶项目推动茶产业发展，也是非遗保护的重要内容，亦是茶经济发展的重要工作。

目前，广德茶产业正处在一个蓬勃发展的大好时机，新一代广德茶人根据当地风土、地理、市场等多种因素和条件，运用杀青、闷黄、渥堆、萎凋、做青、发酵、窨制等核心技艺，发展绿茶（广德五合茶）以及云雾茶，开发黄茶（黄金芽黄化绿茶）、创新白茶（广德白茶）、恢复红茶（广德廖氏红茶）等茶叶的种植加工生产。众多广德茶之所以能够技艺超群，快速发展，是因为它在茶叶采造工序和技术上精益求精，一丝不苟，从而在市场中站稳了脚步并赢得了消费者的好评。例如，广德五合制作技艺，其制作流程为“萎凋、杀青、揉捻、做形、干燥”，五合茶外形条直呈绣剪形、肥硕匀齐、香气清香带花香，色泽绿润显毫，汤色嫩绿明亮，滋味醇厚鲜爽，叶底嫩匀绿亮。经过多年的实践、改进，五合茶已形成了一套完整、成熟的种植及加工工艺。又如，广德廖氏红茶，既注重茶非遗项目的薪火相传，也坚持“古法传承、匠心精制、创新发展”的理念。由此可见，当非物质文化遗产在茶产业发展中的宣传作用被发现、被认同后，当以其独特的表现形式和强大的驱动能力，使之转化为弘扬茶文化，促进茶产业发展的优秀文化资源。

众所周知，茶非遗的传承价值包括历史文化传承和茶文化传承。茶非遗的应用价值表现为促进当代茶产业发展和茶叶生产以及茶＋文旅等。所以，要还原“非遗”，传承“非遗”，发扬“非遗”，还需要真正发挥非物质文化遗产在茶产业发展中的宣传作用，让茶非遗得到充分的诠释，让广德茶产业乃至茶文化的价值观念得到有效阐释。因此，广德茶非遗在茶叶生产与销售、茶品牌建设以及“三茶统筹”建设中更是逐渐演化为一种“媒介化”及“符号化”的知识表达，真正发挥了茶非遗项目在振兴广德茶产业的建设中发挥重要作用，让优秀的茶非遗文化在新的历史环境下焕发蓬勃生机。

结　语

近年来，在贯彻落实“三茶”统筹理念，大力发展茶产业并且实行产品经销、空间再造、文化创意、文旅融合等具体推广策略上，广德市茶叶协会认真思考并回应了非物质文化遗产生产性保护以及传承相互作用的关系，充分利用并且实践非遗在茶产业发展中的宣传作用，并以此助力“三茶统筹”和乡村振兴。可以说，种种保护非物质文化遗产传承的方法和措施，本质是发掘和利用地方性知识，营造保护非物质文化遗产的文化生态。总之，在提倡对传统文化资源进行创造性转化与创新性发展的当下，茶非遗更是需要通过其独特的艺术品格被利用、转化为弘扬茶文化，促进茶产业以及茶旅融合的优秀文化资源。可以说，以“中国黄金芽第一县”为抓手的广德茶产业走出了一条超常发展的道路，而在这个可持续发展的过程中，非物质文化遗产在茶产业发展中宣传作用的践行，是具体的、务实的，更是可行的、有效的。

第四篇

域外茶风

印度茶科技与文化的演化

[印度] Vithiyapathy Purushothaman

摘要：自古以来，茶就是亚洲的药用和清凉饮料。17世纪初，茶叶由荷兰人引入西方国家。为了满足西方对茶叶的需求，英国东印度公司与中国进行了大量的茶叶贸易。后来，英国人在印度阿萨姆邦发现了茶树，阿萨姆邦开始了茶树的商业化种植。随后，印度其他地区开始种植茶树。现在，茶已成为印度不可或缺的文化元素。本文介绍了中国茶叶生产技术的历史、阿萨姆邦茶产业的起源和建立、印度茶叶生产技术的演变和突破以及印度茶文化。

Ⅰ. Introduction

Since recorded history, tea has been an incredibly refreshing drink of the world. China has long mastered the methods of tea cultivation, production, and transportation. Tea has become an integral part of Chinese culture and traditions. During the colonial era, tea was introduced to western countries. Portuguese, Dutch and British were early traders of tea from China. They delivered it to Europe and other markets around the world.

Later, on the discovery of tea plants in the hills of Assam, the British East India Company began the tea industry in India. Initially, Chinese cultivators were brought to follow the traditional tea cultivation methods. Then, the British East India Company spread tea cultivation to other parts of India. Due to the growing demands for tea in the west, the British East India Company then spread the tea cultivation to other British colonies such as Ceylon, and countries in South America, South Africa, South Pacific and Southeast Asia. Thus, Indian tea cultivators were taken on a one-way trip to other colonies for cultivating and producing tea in the respective region. Hence, the British East India Company and Indian tea cultivators played a vital role in

作者简介：Vithiyapathy Purushothaman，中国科学技术大学在读研究生。

the expansion of tea industries around the world.

The Assam region played a major role in the scientific experiments and expansion of tea industries in India and other British colonies around the world. Assam is located in the northeast of India. It is a combination of the mountainous and plain landscape. It contains the mighty River Brahmaputra which is one of the largest water resources of India. Due to the presence of the River Brahmaputra and its tributaries, the Assam region remains fertile throughout the year. Additionally, the regional rainfall is continuous which increase the fertility of the region. Geographically, Assam acts as a gateway to Northeast India. It also borders Bangladesh and Bhutan. Assam is a richly fertile region with a majority of its land utilized for commercial cultivation. Due to its rich fertile geography and climate, Assam is suitable for tea cultivation. Notably, Yunnan and Tibet of China are close to the Assam region. Therefore, Assam's geographical location plays a magnificent role in the origin of tea cultivation in India.

Primarily, Assam was a testing ground for the British for establishing the tea industry. Assam served as a region of research and development of tea. Later, the British East India Company started tea industries in other parts of India and in other British colonies around the world.

Ⅱ. History of Ancient Tea Technology

From the record of medical text, tea is said to be originated from Yunnan Province during the period of the Shang Dynasty from 1600 BC to 1046 BC. Tea was used as a medicinal drink. It has gone through various dynasties and become a part of the culture in China. Shennong accidentally tested and experienced the medicinal properties of tea leaves. In another historical story, as per records of the Tang Dynasty, an Indian monk named Bodhidharma (known as Damo in China) had visited China. While meditating in the cave for nine years, to overcome his sleep while meditating, he had chopped his eyelids. It was said that those two eyelids then grew into tea plants. He was traditionally credited as a transmitter of Zen Buddhism to China. Thus, Japanese Buddhist monks began to visit this region in the later stage. While returning to Japan, Buddhist monks carried tea leaves along with them. It was significantly seen as a major reason for the expansion of tea culture in Japan.

In the 8th century, scholar Lu Yu in China wrote the book *Cha Jing* (*Classic of Tea*). This is the first recorded book and is also referred to as the "Bible of Tea". It contains three volumes and ten parts that state the art of producing, brewing and drinking of tea. The book contains a detailed step-by-step methodology from cultivation to drinking. This book serves as a renowned, oldest and detailed record of traditional tea production in the world. (Include the details of the book about the tea technology.) In the Song Dynasty, tea was reserved for royalty and wealth. Tea houses have marked tea gatherings for business meetings. In the Ming and Qing dynasties, there was tremendous progress in the method of processing tea and the tea trade to the east has begun. It developed both refining and plebian ways of tea making techniques. The oxidation process was perfected and production techniques were developed at this time. In the late 16th century, Father Jasper De Cruz from Portugal who visited China carried a sample of tea while returning from China and introduced tea to the west. The knowledge of tea slowly reached Europe in the late 16th century. Later, the Dutch East India Company was the first to trade tea to Europe through ship in 1610. In the 17th century, tea was shipped to Holland and American Dutch colony in New Amsterdam (New York).

In the 18th century, tea had reached the working-class people in the western world. Day by day, tea became the most common refreshing drink in the west. Due to increased demand for tea, the British East India Company opened the tea trade with China. On the discovery of tea plants in the Assam region in the early 19th century, Britain started cultivating tea by recognizing the favourable geographical conditions in the Assam region. Yet, tea processing techniques were introduced in India by bringing Chinese tea cultivators. Therefore, the British East India Company began its tea industry in Assam with the traditional cultivation methodologies developed by China.

Ⅲ. Origin of Tea Industry in Assam

Tea grew in the wild jungles of Northeast India. Tea leaves were used by tribes in Northeast India for medicinal purposes. Notably, Yunnan and Tibet of China are close to Assam. As per the medical text, tea was said to be used in the Yunnan region for medicinal purposes. Thus, it is understandable when the tea leaves were identified in the same mountain ranges of the region. It is to be noted that during the British rule in India, when Major Robert Bruce was sick, he was treated with tea leaves. Further, he identified some patches of tea growing in the region and discovered the tea plants in India. Therefore, the Assam tea plant was officially recorded as discovered by Robert Bruce in 1823. As per the records, Robert Bruce sent these samples of tea to Britain in May 1823.

Major Robert Bruce had proposed the cultivation of tea in the Assam region. Ironically, Chinese tea seedlings and Assam's native tea bushes were tested in the mountainsides, but Chinese tea seedlings didn't show up due to the heat in the region. Thus, Assam's native tea bushes were chosen for cultivation. Later after the death of Major Robert Bruce, his brother C. A. Bruce developed a kitchen garden in the Assam region. The samples of tea from this region were sent to England. C. A. Bruce grew the seeds in his kitchen garden. He developed a plantation area using the seedlings obtained and the plants collected from the Singpho tribe's chief near Sadiya. He took the initiative to confirm this plant as a tea plant and sent some tea leaves from the region to the Government Botanical Garden in Kolkata. Dr Willich, Superintendent of the Botanical Garden identified the plant as being a member of the genus *Camellia*. However, he did not consider this as being the same species of tea as that of the Chinese tea plant. Bruce provided some plants for F. Jenkins, who was Commissioner of Assam at that time. In connection with the government's decision regarding commercial tea plantation in India, while exploring suitable areas for tea growing, F. Jenkins showed the Assam wild tea growing areas to the Scientific Committee, with C. A. Bruce as a guide. He sent the complete specimen of the indigenous plant to the Botanical Garden, Calcutta, for final identification and it was confirmed by Willich that it was "not different from the tea plant of China".

The Governor-General of India, Lord William Bentinck, appointed a Tea Committee in 1834 to explore the possibility of growing tea in this region for commercial exploitation. The secretary of the Committee, G. J. Gordon, was given the responsibility of procuring seeds, seedlings and workmen from China. The scientific deputation was sent to Assam and Burma to find the possibility of tea production in the region. As a result, the committee found more patches of tea in the hills of Assam and Burma (Myanmar). A scientific committee was also constituted to examine the soil and climate of the northeastern region and reported that it was the most suitable location for tea plantations. The scientific committee evaluated tea plants imported from China by comparing them with wild Assam tea plants in the experimental gardens of the government. The imported China seeds were sent to various locations in India including Upper Assam, Dehra Dun, Nilgiri hills, etc. Thus, as per the experiments made, China tea plants and Assam wild tea plants were cultivated as per the success of the test undertaken. At the same time, the cultivation began in Nilgiri hills in southern India based on the experiments done in the Assam region.

In 1836, the first tea sample was sent out and received a positive response. In 1839, the first tea consignment was sent to England, and eight chests of Assam tea were auctioned on January 10, 1839. In 1853, India exported 183.4 tons of tea. During 1862 - 1867, the first two Indian tea gardens named Megalkat Tea Estate and Indian Tea Company Ltd were established through a company that received 781 acres. This increased export to 6,700 tons by 1870. On May 18, 1881, the Indian Tea Association was formed at Calcutta for ensuring the common objectives. By 1885, around 35,274 tons of tea was exported from the Indian region. Thus, as per the Assam Tea Report of 1869, 110 gardens managed by 53 Europeans employed 13,399 labourers from other regions of India and 790 local labourers.

Considering the need for improved planting materials for the tea phenotypic industry, in 1930, Tocklai Experimental Station (TES) was initiated for a tea breeding programme under which germplasms were collected based on trait-specific characteristics. Promising plants selected from heterogeneous jat populations as well as from wild tea patches were characterized and preserved in the gene bank of TES, along with some of the non-tea *Camellia* species for utilization in the breeding programme. Thus, the *assamica* type of tea plant was shared to other parts of India for cultivation as well as in the other regions of British colonies around the world.

Ⅳ. Development of Indian Tea Industry

Indian tea industry was originated in the valleys of Brahmaputra in Assam. It is nearly 200 years old and has developed through research and modernization.

Now, it is a valuable asset for the nation which contributes to the economy and becomes a platform of employment. The tea map of India marks Assam, West Bengal, Tamil Nadu and Kerala as major tea production regions, and Karnataka, Tripura, Uttaranchal, Arunachal Pradesh, Manipur, Sikkim and Meghalaya as small quantity growers. India produces two categories of tea for export which include CTC and orthodox tea. It provides direct employment to 1 million people through tea production. The range of tea produced by India is orthodox tea, CTC tea and green tea. From the aroma and flavour of Darjeeling tea to the strong Assam and Nilgiri tea remains unparalleled in the world.

The three main brands of tea in India are: Assam tea, grown in Assam and other parts of Northeast India, Darjeeling tea, grown in Darjeeling and other parts of West Bengal and finally, Nilgiri tea, grown in Nilgiri Hills of Tamil Nadu. To regulate the planting of tea in India and its exports, Indian Tea Control Act of 1933 was passed. A separate body known as the Indian Tea Licensing Committee was also set up by the government of India under the act. This act was passed in pursuance of the International Tea Agreement of 1933 to which India was one of the signatories. After signing the second International Tea Agreement, the Indian Tea Control Act of 1933 was replaced by the Indian Tea Control Act of 1938. In 1953, both the Central Tea Board Act of 1949 and the Indian Tea Control Act of 1938 were repealed by the Tea Act of 1953 which was bought into force on the April 1, 1954. The Central Tea Board constituted under the Tea Act of 1953 was formally inaugurated on the April 30, 1954.

The functioning of the Central Tea Board and Indian Tea Licensing Committee was entrusted with the Tea Board which was responsible for promoting the development of the tea industry under the control of the central government. Thus, the propaganda and cognate activities relating to tea cultivation and the export of tea on the other were merged in one. Tea producing countries such as India, Indonesia, Sri Lanka had agreed to balance the demand for tea in the world. Initially, the agreement was for 5 years and later the second agreement extended the period to another 5 years to further continue the cooperation which lead the agreement lasting until 1950. This cooperation was seen as the longest tea cooperation in history for meeting the demands of tea production. The tea research was strengthened by modernizing the tools and machinery in tea production. The Tea Research Foundation, United Planters Association of Southern India (UPASI), initiated a similar program in 1963 and the collected germplasms were preserved in their gene bank. The technique of vegetative propagation, standardized in 1955, provided scope for developing improved clonal cultivars as well as biclonality seed cultivars through hybridization. From the selected plants from old seed jats and progenies of biclonality hybrids, 153 locally adapted and 31 universal clones were developed for the tea industry. Under polyploid breeding triploids, tetraploids and aneuploids were produced through hybridization. Yet, only the high yielding quality triploid plants were selected out of the hybridization. The 6 types of tea such as white, green, yellow, oolong, black and dark tea, involve basic methodology of tea productions such as withering, rolling, oxidation, drying and sorting to produce a particular type of tea. Yet, in India, 3 types of tea produced were black tea, green tea and white tea.

After independent, India continued the progress of tea production and established research centres. The CTC was a breakthrough in Assam tea production. Packing of tea was seen as a difficult task to maintain the freshness of the packed tea for a long time. Thus, the method of CTC was adopted effectively to meet the demand. The process of CTC helped to crush the tea leaves, tear and curl them into tea balls, thus extending the expiry duration and making exporting simple. In the process of tea production in India, after rolling, CTC method was adopted for the betterment of packing and storage. CTC tea refers to a method of processing black tea. It is named for the process of "crush, tear, curl" (or "cut, tear, curl") in which black tea leaves run through a series of cylindrical rollers. These rollers have hundreds of sharp teeth that crush, tear, and curl the tea leaves. The rollers produce small, hard pellets made of tea. This CTC method is different from the standard tea manufacturing method of China, in which the tea leaves are simply rolled into strips.

Tea made through this process is called CTC tea (or Mamri tea). The CTC process was invented in the 1930s by Sir William McKercher in Assam, India. The process spread in the 1950s throughout India and other regions such as Sri Lanka, Bangladesh, Indonesia, Africa and Latin America. Presently, the CTC method is used to produce most of the black tea around the world. The advantage of the CTC method of tea production is seen while packing the tea for sale. The tea produced using CTC is strongly flavoured, and quick to infuse. Till the 1960s, orthodox tea dominated India's tea production. In the 1980s, the share of orthodox tea was significantly around 32%, yet after the 1990s, the constitutes of CTC tea has recorded a sharp rise and now shares 90.8% of tea production in India. The shares of orthodox tea (6.9%) and green tea (1.1%) are very marginal.

The distributive production of tea in India is on a rising trend from year to year. To encourage the tea planters, the Tea Board has introduced another scheme of interest subsidy for extensive planting. The Tea Board provides financial assistance from the National Bank for Agriculture and Rural Development (NABARD). Scientific drainage and irrigation are very much essential. The waterlogging in the tea gardens is injurious to the tea bushes and hampers productions. 97,000 hectares of land will be covered by the water management scheme. Suitable cultural practices are adopted. About 70% improved clonal bi-clonal and polyclonal seeds devised and invented by the Tocklai Experimental Station (TES) are adopted and used for extensive planting, re-planting and infilling by various tea gardens in Assam.

This was achieved through the research made in Tocklai Experimental Station which was funded by the Council of Scientific and Industrial Research (CSIR) and the Tea Board of India. Tea breeding was carried out and the technology was constantly focused to improve. In 1955, the technology of vegetation propagation was standardized. In 1964, the United Planters Association of Southern India (UPASI) was formed for developing as well as improving clonal cultivators and bi-clonal seeds cultivars through hybridization. The Assam Small Tea Growers Association (ASTGA) was formed in 1978. Small tea growers have employed 1 lakh workers, solving the educated and illiterate unemployment. The tea industry in Assam is employing about 7 lakh workers directly and around 25 lakh workers are employed indirectly through ancillary industries connected with the tea industries. The tea industry contributes about Rs. 100 crores to the state every year in the form of agricultural income tax, sales tax, and customs duties. Assam produces more than 50% of India's total productions. The number of tea estates and tea growing area in India are shown in Table 1.

Table 1　Number of Tea Estates and Tea Growing Area in India

Zones	2000		2004		2006	2008
	Number	Area (hectare)	Number	Area (hectare)	Area (hectare)	Area (hectare)
Northeast India						
Assam	39,151	266,512	43,293	271,768	NA	NA
West Bengal	1,540	107,479	8,709	114,003	NA	NA
North India	4,511	16,915	8,627	20,419	NA	NA
South India						
Tamil Nadu	60,618	74,398	62,213	75,978	NA	NA
Kerala	6,153	36,940	6,153	37,107	NA	NA
Karnataka	37	2,122	32	2,128	NA	NA
Total All India	112,010	504,366	129,027	521,403	555,611	474,000

There was a gradual growth in the number of tea gardens in Assam. Due to the increased usage of tools and machines, an increase in tea production was seen. There was increased usage of manures, pesticides, and the latest methods of cultivation were adopted. The discovery of the latest variety of tea is a breakthrough in tea research which lead to other developments. The number of tea gardens was increased periodically from 785 in 1951 to 1,196 in 1996. Thus, the production per hectare doubled from 966 kilograms to 1,826 kilograms. The quantity of tea production increased from 150,370 tons to 424,864 tons. Thus, the modernization of the tea industry, as well as the expansion of tea gardens, has helped the increase in the production of the Indian tea industry.

According to statistics from the Tea Board, Assam is the largest producer of tea in India. It is estimated that around 43,293 tea gardens were producing tea in the Assam region. Nilgiris has 62,213 tea gardens and Darjeeling has 85 tea gardens. The major players in Indian tea markets are Tata Global Beverages, Hindustan Uniliver Ltd, Duncans Industries, Wagh Bakri, Goodricke Group, and Twinings. Indian tea market has hundreds of tea brands, yet the most popular brands of tea are Tata, Brooke Bond, Duncans, Lipton, Wagh Bakri and Goodricke. Therefore, Assam tea is exported to the UK, Ireland, Germany, Russia, Poland, the USA, Canada, the UAE, Kuwait, Jordan and a few other gulf countries, earning valuable foreign exchange for

India. The export of Indian tea is shown in Table 2.

Table 2 Total Tea Exports of India

Zones	2004		2005		2006		2007	
	Quantity (kiloton)	Value (×1,000 dollars)	Quantity (kiloton)	Value (×1,000 dollars)	Quantity (kiloton)	Value (×1,000 dollars)	Quantity (kiloton)	Value (×1,000 dollars)
Europe	89.61	181,501	83.60	174,393	85.48	183,391	86.67	204,768
America	7.51	20,325	8.98	25,570	8.06	22,400	9.01	25,836
Africa	12.30	13,890	4.23	5,721	12.10	16,506	9.00	13,129
Asia	79.53	147,488	93.30	167,215	105.55	179,129	66.27	148,795
Oceania	4.95	18,144	4.93	19,507	4.47	18,595	4.89	23,105
Grand total	193.91	381,348	195.03	392,406	215.67	420,021	175.84	415,633

Tea is a symbol of culture and hospitality in India, China and other Asian countries. Tea industry plays a vital role in employment and poverty alleviation in these nations. Assam is the major region of tea production in India that has become an asset to the economic development and employment of the region. Assam as a place of tea research has contributed to many tea industries around the world. CTC method is seen as a breakthrough in tea production which is achieved through the research of Tocklai Experimental Station in Assam. Moreover, the advancement of machinery and tools along with the breeding of tea plants and advancement of cultivation have enhanced the production of the region.

Ⅴ. Tea Culture of India

The introduction of milk tea has made a major shift in the consumption of tea in India. Cows were raised in many households of India and consuming milk was a regular practice in Indian culture. Thus, to increase the consumption of tea, the combination of milk, tea with sugar was introduced. Later, it became a perfect combination for the Indian tea consumers. Tea industry of India has eradicated the povery around the plantation area. It employs people and acts as a hub of povery eleviation drive of India. Tea shops provide opportunities for people to sell tea as an additional or primary income. On average, it requires 1,500 yuan of investment to begin a tea stall. The tea shops were commonly seen in most of the villages, towns and cities. Tea has become a refreshing drink of the poor, economic, middle and upper middle class people. From road shop to the star rated hotels, tea consumption and distribution are widely diversified according to the needs.

The price of tea also varies from 12-15 yuan per 500 grams to 5,000-50,000 yuan. There are various bands that sell top class tea for star rated hotels, where there are upper middle class and high class tea consumers. Apart from tea shops, people are used to buy tea for their household needs and it has become an integral part of monthly grocery budget. The consumption of tea in working environment is even distributed within the company. Some companies even supply milk tea to the cubical of the employees to improve the productivity. The consumption of tea has a wide range of taste when it reaches household. There are different combinations of tea that attract most of the people. Some of the tea stalls or shops list the types of tea in their boards to attract the customers. The tea culture of India has a wide variety of consumption. Apart from milk tea, famous teas such as honey tea, masala tea and tandoori Chai have a wide market. The tea powder bought from different companies is the main source, in which milk, honey, masala (spices), mint, or any other taste as per the choice of the consumer is added to gain the rich taste.

There are a wide variety of innovative ideas for the distribution of tea. Some of the road shops adopt thin metal tea glass holders for meeting the demands of tea distribution. The employees of the shops reach the nearby shops or industry with the handy carriable tea holders. These distribution holders are often seen and the tea is carried in glasses which are made to sustain heat.

The distribution of tea to the work area is a gift from the employer and a majorly practised culture in the working environment. If there is an absence of such culture in multi-national companies, employees do visit the tea shops that are available on the streets to taste the tea.

Tea shops are meeting points for many street people. The tea shop bench and the newspaper distribution go hand-in-hand. The early morning newspaper distribution is tied up with some of the early morning tea shop openers. The shops do exhibit newspapers as well as sell tea that match the demand of the people. Such newspaper-selling tea shops have now become common in most of the places in India.

With the variety of tea culture, the taste of tea differs from region to region, and the practice and consumption differ from one state to the other. Tea consumption in mountainous areas has a uniqueness of meeting the demand of people for making themselves feel warm. The tea shops also sell early morning breakfast, lunch or some of the hot foods that match up the taste of tea consumers. The different consumption ranges can be seen in the different types of tea that peoples prefer to drink. The tea shops have provided a lot of employment for common people. Many women also hold tea shops and those shops have become their livelihood. On the other side, tea consumption at the roadside shops has increased wildly thus on average there are 2-3 tea shops on a normal street of houses. Interestingly, these tea shops are owned by local people, but the shops sometimes don't exist, and the distribution of tea is done from home with the help of tea holders that were seen previously. The different varieties and tastes of tea hold the tea market a hit. The demand and supply of tea consumption is the same throughout the year and sometimes is seen more during the winter times. The culture of tea drinking in India has been rooted in depth. With the breakthrough of the CTC method, the storage and distribution of tea in packages has been made easy to meet the demands of the people. Tea consumption and the taste of different varieties of tea has purely become a marvel in Indian society. Thus, many meetings of family, friends and relatives begin with the welcoming tea party in the home.

Ⅵ. Conclusion

Indian tea culture has evolved over times. After the advancement of Indian tea technology that came with a breakthrough by adopting CTC method in tea making, tea consumption has gained enormous momentum in India. Tea has then become the inseperable refreshing drink of Indian society. The powedered CTC tea has changed the packing and distribution method. Because of easy preservation option of tea that is enabled by the advancement of Indian tea technology, there are many tea shops across India, which include from low-income tea shops to high-class tea shops. The usage of tea in daily life of Indian family has reached 5 cups a day. Each and every household grocery shopping include the purchase of tea powder. Therefore, the production of tea has focused both on internal consumption and export. This has increased the demand of tea production as well as the employment of tea growers. Tea culture of India begins with welcoming a guest with tea at important gatherings of personal, social and professional meets. With the passage of time, we could say that apart from water, tea is consumed most for refreshment and becomes an inseperable part of Indian culture.

References

Awasthi R C, 1975. Economics of tea industry in India [M]. Gauhati: United Publishers: 144-146.

Barua D N, 1989. Science and practice in tea culture [R]. Calcutta: Tea Research Association.

Dipali Baishya, 2016. History of tea industry and status of tea garden workers of Assam [EB/OL]. (2016-09-01) [2018-11-03]. https://pdfs.semanticscholar.org/9be9/c991bc74ee40ae59b9f20e925c3dde18a6b2.pdf.

Dubrin B, 2012. Tea culture: history, traditions, celebrations, recipes & more [M]. Cambridge: Imagine Publishing.

Karmakar K G, Banerjee G D, 2005. The tea industry in India: a survey [R]. Mumbai: National Bank for Agriculture and Rural Development.

Tania M Buckrell Pos, 2004. Tea and taste: the visual language of tea [M]. Atglen: Schiffer Publication Ltd: 12-14.

Zahra Amiruddin, 2016. A tour to the Tocklai Tea Research Institute [EB/OL]. (2016-09-08) [2020-08-24]. https://blog.teabox.com/tour-tocklai-tea-research-institute.

印度次大陆红茶文化发展历史分析

［苏里南］Sadia Akhtar　［中国］Song Wei

摘要：红茶在印度、巴基斯坦和孟加拉国被视为民族饮品，从而形成了独特而浓郁的茶文化。印度和孟加拉国位列全世界茶叶生产国的前30名。本研究旨在探讨茶的培育与文化是如何被引入印度次大陆的。为了调查先进的茶叶加工技术在印度次大陆如何发展出浓郁的红茶文化，笔者通过各种图书、论文和网站等收集了信息。英国东印度公司在印度次大陆发展了茶叶种植以供英国消费，1901年，伦敦茶叶的拍卖价格和长途运输价格的波动促使种植者和官员扩大了印度次大陆的茶叶市场，并采用了多种策略吸引了大量的茶叶拥趸。据观察，在16世纪60年代，印度次大陆采用了先进的茶叶加工技术，如压碎卷曲（CTC）和旋片等，通过增加红茶的产量来降低价格，促进了茶文化在印度、巴基斯坦和孟加拉国的流行。

Ⅰ. Introduction

Tea is the oldest, most popular, non-alcoholic caffeine-containing beverage in the world. It is a traditional beverage that originated from China, and its infusion is prepared by brewing processed leaves of the tea plant (*Camellia sinensis*) (Dong et al., 2020). Tea is the second most widely consumed beverage in the world following water. The most commonly consumed teas are black tea, green tea and oolong tea which are all derived from the plant *Camellia sinensis* that is a member of the Theaceae family (Hicks, 2001).

Tea drinking has become a habit over the years and its popularity as a beverage has spread across the world. People drink tea to relax, to drive away fatigue, to reinvigorate themselves, knowingly or unknowingly obtained medicinal benefits along with it. It forms a part of a healthy lifestyle, social

作者简介：Sadia Akhtar，中国科学技术大学在读研究生；Song Wei（宋伟），中国科学技术大学知识产权研究院院长。

custom, and often a habit. Tea as a commodity and a tradition can be transported from one culture to another and through cultural adaptation transformed from the traditions of one culture to the heritage of another. For example, tea was discovered in China and became a common beverage in China in the 6th century. Afterward, the habit of tea drinking later spread to Japan in 593 AD where it became as popular as to become an integral part of Japanese culture. In the 16th century, tea reached England, and afternoon tea became a British tradition. Tea spread to the Indian subcontinent during the British colonial period, and the masala tea culture was developed in the subcontinent. Every country adopted tea according to their preference and custom (Saberi, 2010).

Various types of tea have been adopted by different cultures. In most of the East Asian countries such as China, Japan and Korea, the green (unfermented) tea has been identified as a national drink, whereas in South Asian countries such as Pakistan, India, Bangladesh, Nepal and Sri Lanka, black (fermented) tea has the same association as a national drink. Besides, tea-producing areas in Fujian and Taiwan of China, and the north of Thailand have adopted oolong (partially fermented) tea as their drink of choice. In all of these cases, the consumption of tea forms an important aspect of social interaction and business dealings (Jolliffe, 2007; Martin, 2011).

Tea production was initiated in the Indian subcontinent during the 19th century by the British East India Company. Before tea, the national drink of the Indian subcontinent was lassi (made of milk) and people were not interested in tea consumption. Green tea was only used for medical purpose, and only the doctors have the authority to prescribe the tea to the patients. Nowadays, India, Pakistan and Bangladesh are producing their major black tea on a large scale and has a strong black tea culture in their society. The current study highlights the tea cultivation and culture during the British colonial period in the Indian subcontinent and enlightens the role of advanced processing technologies in the strong black tea culture in the India subcontinent.

Ⅱ. Discussion

1. History of Black Tea in the Indian Subcontinent

In the 17th century, the custom of tea-drinking was acquired from the

Dutch and Portuguese in Britain. At that time, green tea was originally regarded as a medicinal luxury and was consumed by the upper-class. At the beginning of the 18th century, black tea which can be preserved for a long time was produced. After that, the black tea was traded to Britain and slowly trickled down to the middle and lower classes and became a national habit within a century. Thus the tea demand was increased by the European companies. This was facilitated by a gradual decline in the price of tea due to massive imports, both legal and smuggled, from China, as well as by the increasing availability of cheap sugar that the British used so abundantly in tea that it often blackened their teeth from slave-worked plantations in the Americas. By 1757, the British East India Company had acquired virtual control over the Indian subcontinent and dominated the tea trade. The British East India Company payed for the Chinese product with opium produced in Northeast India. In 1774, the company officials did the first attempt and experiments with smuggled plants in the foothills north of Delhi (Dutta, 1992), but they little succeeded. Then, in 1823, the British trader Robert Bruce went to Assam, where he identified the existence of tea plants and became fascinated with the idea of cultivating tea in India. In 1826, the British government with the support of the British East India Company annexed the region of Assam, and a plant resembling tea was discovered growing, apparently wild, in the densely forested hills of Assam, although it took a decade to be positively identified as a robust, broad-leafed cousin of the Chinese variety, and dubbed *Camellia assasmica* (alternatively, *Camellia assamensis*). But they mostly imported tea from China and ignored tea cultivation in the Indian subcontinent. In 1834, a prominent company botanist, superintendent of the Saharanpur Botanic Garden, reported that India's Himalayan foothills would be suitable for tea growing (Royle, 1834). But Europeans were not allowed to go beyond the confines of their warehouses in Canton, so they could not go in search of tea plants, and they had only the sketchiest notions of tea processing, not even realizing that green tea and black tea were processed from the same plant. When a trial consignment of 8 chests of tea was put up for auction in London in 1839, it was deemed drinkable and created a sensation, setting off a virtual "tea rush", as speculators dreamed of fortunes to be made by plantation cultivation on (alleged) "wastelands" cheaply acquired from the company, which had taken control of Assam in 1826 (Sharma, 2006). On the other side, tea became an essential daily beverage of the British populace, which increased the anxiety of British people. Therefore, it was planned to cultivate tea in the British colony of India and wrest control of the market away from the Chinese, however, they did not know and lacked the necessary seeds to do so (Brockway, 1979). The defeat of China in the Opium War (1840-1842), which opened up 5 treaty ports to Europeans, gave the British East India Company the opportunity it sought regarding tea.

In August 1848, a bonniest Robert Fortune was sent to China by the British East India Company. His goal was to find the best possible tea plants and seeds for transplanting and planting in India. He succeeded in collecting and sending 2,000 tea plants and 17,000 tea seeds to India, using 4 different ships to minimize the danger of losing all the plants to one possible catastrophe. He also brought Chinese experts in tea cultivation to start the tea industry in India. At the same time, the company began cultivating the wild tea bushes of Assam as plantation crops. He also learned a little bit about tea processing and became the first European to know that green tea and black tea were processed from the same plant. Tea was one of the hottest commodities in international trade and already the British national beverage would no longer have to be bought from China but could be grown on British soil. During the next 4 decades, thousands of acres of subtropical forest were cleared and millions of seedlings were planted. In 1848, Dr. Hooker planted several plants in thousand feet* below the Darjeeling elevation. In 1852, both the Assam and Chinese tea were planted in Darjeeling and the first commercial tea estates were developed. In Bangladesh, tea cultivation was first started near the Chittagong Club in the 1840s. But after 1848, the commercial plantation and experimentation were started, and as a result, in Malnicherra (in Bangladesh) the first tea garden was established in 1854 and started commercial production in 1857 (Ahmed et al., 2010). After the development of tea estates in other regions in 1860, the tea plantation was developed in South India (Singh et al., 2013). For the development of tea, laborers were imported from different places such as Burma, Nepal, and so on (Sharma, 2009). "Tea coolies" died of overwork, malnutrition, and disease, especially malaria—a tragic

* 1 foot=0.304 8 meter.

history of labor exploitation that has been chillingly documented (Moxham, 2003). The growth of the industry was erratic and many inexperienced planters were quickly ruined, yet ever-growing British consumption encouraged constant expansion, and by 1888, Indian exports of tea to the UK surpassed those of China and kept increasing, until the Chinese industry was marginalized by the turn of the 20th century. The tea produced in Assam, Darjeeling and other mountain regions was intended solely for export to the west, though it passed through the port and (after 1861) auction market of Calcutta, where a tiny fraction of the native population—principally the Anglophile bhadralok elite as well as "office babus" employed by British firms — began to partake of the foreign beverage, produced by steeping in China pots and usually supplemented by hot milk (considered essential to reduce the "bite" of the strong-liquoring Assam leaves) and sugar. Evidence of tea drinking appeared in Bengali literature as early as 1856, though, tellingly, a satire produced 30 years later, describing the lifestyle changes wrought by colonial rule, made no mention of this draught (Bhadra, 2005).

2. Extension of the Tea Market in the Indian Subcontinent

Tea plantations in India were initially meant to produce tea for foreign consumers. When tea consumption in Britain and the US began to stagnate around the turn of the 20th century, the British decided to look to India to expand their markets. Fluctuations in London auction prices and the inherent difficulties of long-distance transport would occasionally prompt growers and officials to muse over a potential "market at our door", and in 1901 the Viceroy commissioned an experiment in introducing tea to the selected areas of the Indian subcontinent. By this time, half a million acres in India and Bangladesh were planted with tea, almost half of which was found in Assam and Sylhet. The toil required to plant, grow and process the tea caused the deaths of several hundred thousand coolies. But for all this toil and sacrifice, India was able to retain only 15% of the profits realized from these plantations, the remainder went to England. Despite the modest success, the effort was abandoned in 1904, with a final report that noted (astonishingly, in hindsight), "It cannot be said that the results of the three years' working indicate the existence of a promising market in India." In 1903, the British government established a propaganda unit, at first called the Tea Cess Committee that was meant to propagate tea consumption. This board was funded by the proceeds of a tax on the export of tea. Furthermore, international tea prices dropped sharply in the early 1930s even as production on plantations set new records, and by 1935 growers faced an unsold surplus of more than 100 million pounds (Griffiths, 1967). The prospect of a nearby market of "350 million thirsty throats only awaiting initiation" suddenly seemed more appealing, and in 1935 the Tea Cess Committee, reorganized as the Indian Tea Market Expansion Board (ITMEB) and provided with an expanded budget, began what was undoubtedly the largest marketing campaign in Indian subcontinent history.

3. Creating a Custom of Tea Consumption

As before the British era, the culture was different in the Indian subcontinent. Mostly the people drink lassi that was made of milk. Tea might seem to be the best-loved beverage of Indian subcontinent peoples, but its popularity is the result of a careful propaganda effort.

Figure 1 (a) shows parents and dutifully studious son depicted in the newspaper advertisement. This advertisement shows that tea was introduced as a modern, middle-class, family drink that was prepared and served by the wife and mother of the home. Furthermore, drinking tea was familiarized as a way of pleasure, "safe and clean", and family gratification. This advertisement also emphasizes that drinking tea keeps students alert and energetic during the study. The female has a significant influence in a family. Focusing on the woman who was either consuming tea herself or preparing it for her family

(a)

(b)

Figure 1　Advertisements in the *Hindustan Times* in 1940

(a) Tea as a source of family gratification　(b) Tea as a source of good health for all members of family and sportsmen (including children) and friends, the advertisements laid the responsibility of creating a culture of tea consumption into the hands of women. Therefore, females played a significant role in the creation of tea customs in the Indian subcontinent (Nijhawan, 2017).

Tea was also introduced as a source of good health. It was recommended that drinking tea would make peoples more alert, energetic, and even punctual more like the British. Tea was also introduced as a medium for women's "awakening", an advanced and empowering tool for smart, modern homemakers, who understood the significance of domestic hygiene and good nutrition. The food brands such as Cadbury's Bourn-Vita and Ovaltine promoted tea as a beneficial and nutritious beverage for the entire family. Figure 1 (b) shows the Bourn-Vita advertisement that showed a smiling father lifting his laughing and waving son that represented a sign of a happy and healthy family. The advertisement denoted the image of a family that sat around a table and drinking Bourn-Vita tea. Thus it presents that tea was introduced as a healthy and nutritious beverage for each family member and even children could also enjoy the tea. The image of a group of young males engaged in sports shows that tea was presented as an energy booster for the male players. The energizing qualities of the tea for sports players were encouraged by the famous Bengali cricketer Kartik Bose (1906 - 1984), who credited his success to drinking Bourn-Vita tea. Moreover, the tea making and drinking methods were laid out and the health benefits and quality of ingredients in the beverage were highlighted in the separate box (Nijhawan, 2017). Tea was widely advertised as a healthy beverage with medicinal properties, as well as an enjoyable beverage to be consumed regularly.

To promote the tea business in the domestic market of the Indian subcontinent various strategies were employed. Such as the advertisements through the newspaper were largely aimed at resident British and the Anglophone elite who aspired to their lifestyle and attracted the local peoples. Figure 2 shows that the British celebrated tea as a natural product of the colonized and changed the jungle into beautiful tea gardens. This newspaper advertisement also shows that tea was picked by dark-skinned, subaltern ladies, who offered it at a shiny white table to similarly white consumers. The background of the picture represents the clean and tidy garden and factory, showing the rising sun of colonial-era progress (Lutgendorf, 2012).

Furthermore, Figure 3 describes the enamel posters that were posted in railway stations and markets that showed the making process in detail. This technique was corrected by the British method which was endlessly repeated by "demonstration teams" forwarded to the bazaars and festivals. This technique was also sent to purdah-observing households via specific units of females (Ramamurthy, 1999). The main aim of these strategies was to adopt the correct tea-making techniques and to popularize tea consumption in household life.

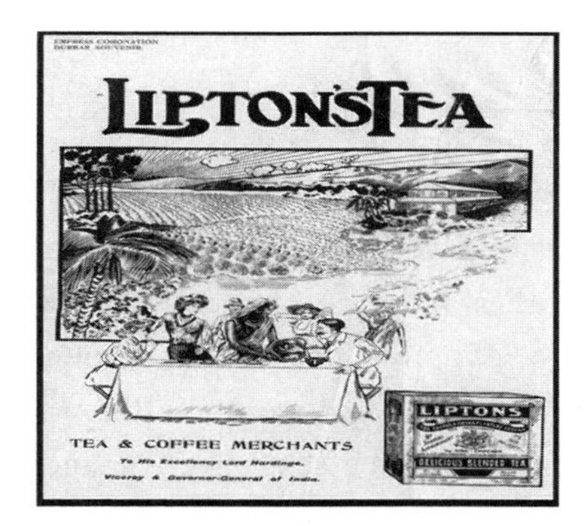

Figure 2 Advertisement in the *Indian Express* in 1911

Source: Priya Paul/Tasveer Ghar Collection.

Figure 3 Enamel Sign with Tea-making Instructions in Urdu in 1940

Source: Urban History Documentation Archive, Centre for Studies in Social Sciences, Calcutta.

During the 1930s, the Muslim and Hindu communities were struggling for the partition of the Indian subcontinent. Therefore the tea was promoted in a new way and presented as it could potentially unify the subcontinent's diverse religious, linguistic, and caste groups. This type of "national integration" was likewise taken up by local firms such as A. Tosh & Sons during the 1930s. Figure 4 represents the newspaper advertisements for A. Tosh & Sons that declared "Diverse castes, diverse creeds but about Tosh tea, all are of one mind!" (Lutgendorf, 2012) This means they targeted all the four castes of the Indian subcontinent and represented tea as a unified beverage. The figure represents the different tea-drinking styles, as well as background, which represented their region and caste. It proved that each cast of the subcontinent could enjoy the tea with their style.

Figure 4　Newspaper Advertisements for A. Tosh & Sons Ltd in 1930

Source: Gautam Ghosh.

4. Other Strategies

The ITMEB also arranged the equipped motorized "tea vans" to dispense millions of cups of free tea and comparable numbers of "pice packets" (the lowest unit of currency) and to display colorful, vernacular-language signage produced by leading commercial artists. Another approach of the ITMEB was to urge factory owners and office managers to set up free or subsidized canteens on their premises and to offer an afternoon "tea break" to workers. Illustrated brochures proposed that such "lost" shift time would be cost-effective since it would result in a happier, more alert, and more productive workforce. They organized several promotional campaigns, tea stalls were set up in cities and towns, factories were encouraged to give tea breaks to their workers, and even home demonstrations were organized. When the railways arrived, tea stalls were set up at rail stations as well. However, the tea spice mix lacked appeal due to the high cost of tea and wasn't popular until the 1900s when a hardcore campaign by the India Tea Company promoted the provision of "tea breaks" for workers in an attempt to increase tea sales. Free tea samples were widely distributed in major Indian cities. However, the love for chai wasn't instantaneous, as compared to its production.

5. Tea House Development

In the early 1900s, the British-owned Indian Tea Association started to encourage the tea-stall installation in various places to create a custom and promote the tea market in the Indian subcontinent. Figure 5 and Figure 6 show the image of the two famous tea stalls namely Hindu Tea Stall and Pak Tea House that was opened before independence (Birkbeck, 2005). The first name of Pak Tea House was India Tea House that was established in 1940 and after partition, the name was changed. Most of the subcontinent's greatest musicians and literati had at some point in their lives resided in or visited Lahore. At that time pen and paper were used more, therefore, they met and stayed at Pak Tea House to work together. The Hindu Tea Stall was established in the 1930s at Gondia Station of Bengal Nagpur Railway. The main aim of this tea stall was to promote tea consumption and activate the passengers. One of the most important places was Qissa Khwani Bazar in Pakistan where the merchant came from faraway countries and stayed at night in their camps, sitting together to narrate the stories and enjoy the tea. The residents of Peshawar also sat with them to listen to the stories and enjoy the tea. The green tea was most popular among them, for which the place is still famous today. There were also several tea cabins established in Calcutta (now Kolkata), many of which were installed by immigrants from the eastern districts. These cabins provided a variety of teas to customers according to their choices like milk and sugar tea, without milk tea, and "lemon tea" spiked with lime juice and black salt. These teas were most popular among middle-class Bengalis. At that time, the black tea was the most expensive ingredient, vendors used sugar, milk and spices to make the tea more favorable and hold the costs down. Therefore, the Masala chai became popular among Indian people. This resulted not only an increase in overall tea sales, but also an increase in the addition of spices to the mix by chai vendors. Throughout the earlier years, chai was prepared via a diverse range of methods and contained an equally diverse array of spices. Between regions, the recipes varied and it was served hot or cold as a remedy for minor ailments, but didn't contain black tea until the 1930s.

Figure 5　Hindo Tea Stall at the Gondia Railway Station Platform in the 1930s

Figure 6　Pak Tea House in 1940

6. Advanced Tea Production Technologies and Tea Culture in the Indian Subcontinent

Certain overseas markets, such as that of Ireland, also favored smaller leaf particles for brewing very potent tea rapidly, and the Americans likewise began requiring them for filling tea-bags. Therefore, the manager of the Cachar tea factory invented a new method of tea production called Legg-cut in 1923. In this process fresh tea leaves were transported through a machine that had a small bladed wheel which was used for cutting straw and hay, producing thin strips of the leaf that directly reduced spilling when rolled, and uttimately formed flaky and tough tea. Then quickly this technology was spread to Dooars in 1925 where the tobacco-cutter was used for the same purpose. In 1931, a Scotsman named McKercher developed a device to "crush, tear, and curl" (or, more accurately, as the machine developed, to "cut, tear, and curl") the large Assam leaf into tiny fragments using serrated stainless-steel rollers, a process that also intensified and accelerated the oxidation process (commonly but inaccurately termed "fermentation") that transformed partially-withered green leaf into pungent liquoring "black" teas. McKercher's "CTC machine" was, however, cumbersome, expensive and prone to breakdowns, so it was little used by planters for the next 3 decades (Dutta, 1992). In the late 1950s, however, Indian engineers in Calcutta redesigned the device as a "sliding-block CTC machine" that allowed for easier cleaning and sharpening of the steel rollers. The new design, patented by the Small Tools Manufacturing Company but quickly pirated by other firms, began to catch on in the 1960s and, over the next 2 decades, revolutionized the Indian and Bangladesh tea industry. The age-old orthodox process of manufacture showed a declining trend in the early 1960s with the introduction of Legg-cut and CTC processes (Mamun, 2011). In 1958, the Rotorvane was invented to replace rolling. First, this machine was combined with Legg-cut with some success. In this process, leaves first ran through Legg-cut and then Rotorvane. The tea produced through this process required some time to cool between Legg-cut and Rotorvane processes. Therefore, this process needed more time to obtain a good quality of tea. Then the Rotorvane was tried with CTC which resulted in more success. Therefore the process (withered leaf into a Rotorvane and then CTC) was widely used in India and Bangladesh due to its lower cost of production. The economies of scale involved in CTC production affected a dramatic reduction in the per-unit price of prepared chai. In industry terminology, it doubled the "cupping", from 250-300 cups to 500-600 cups per kilograms of dry tea. Widely touted in the advertising of such popular packaged CTC brands as Brooke Bond's "Red Label", this development spurred the entry into the tea business, during and after the 1960s and 1970s, of thousands of small-scale entrepreneurs who opened "loose tea" shops in urban and small-town bazaars, or set up "chai shops" and stalls along roadsides. According to industry insiders, the availability of CTC was the most important factor driving the massive growth in consumption that led, by the end of the century, to the domestic market accounting for some 75% of India's annual crop of more than 1.8 billion pounds (Arya, 2013).

Several campaigns were adopted by British tea companies but due to the high price of tea, only the high-class families were enjoying tea. Through the advanced technologies, the various verities were produced according to the customer's demand. However, a great change came in tea consumption when advanced technologies such as CTC were introduced in 1931. Before the independence of India and Pakistan, only 10% of the population was consuming tea (Whittaker, 1949). The new technologies such as CTC developed the tea grades, making tea go from expansive to cheap. This provided new opportunities to the vendors to serve tea to the customers at cheap prices. This provided the creation of tea stalls in all parts of the Indian subcontinent. There were small establishments outfitted with marble-top tables and sturdy wooden chairs, offering a limited menu of snacks such as toast, omelets, and both vegetarian and meat "cutlets", served with spicy chutneys. Their staple beverage was a "ready-mixed" tea, but this was made according to bhadralok taste: by combining an infused, full-leaf decoction (also available in upscale Darjeeling blends at some cabins) with a small amount of milk and sugar just before serving. Customers had the option of without milk tea, or of "lemon tea" spiked with lime juice and black salt—both popular among middle-class Bengalis. The masala chai complete with spices, milk, sweetener and tea became more famous among Indian people (Dubrin, 2012). In Bangladesh, traditionally the local consumers are accustomed to the black tea which is fully fermented and more oxidized than other kinds. The most popular preparation supplements are milk, molasses, ginger, lemon and mint, along with newer additions like satkora, malta, tamarind, chilli, etc. While the Pakistani people prefer Gur (jaggery) and milk in tea. People start sating with friends to enjoy tea, narrate stories, and read newspapers. Generally, black tea is consumed for refreshment particularly during breakfast and lunch breaks at the workplace or in the evening at home in the Indian subcontinent. In conclusion, all events, whether weddings or protests, are incomplete without black tea in these countries.

Ⅲ. Conclusion

Black tea in the Indian subcontinent was introduced during the British era. To earn more profit from tea, the British government established a propaganda unit, called the Tea Cess Committee for the propagation of tea consumption in the Indian subcontinent. They introduced tea as a social, healthy and national unity factor. However, tea consumption and its culture in the Indian subcontinent did not spread more due to its high prices. Various changes have occurred after the introduction of advanced tea processing technologies in the 1960s. These technologies reduced the prices and provided a stronger flavor to black tea as well as flourished the business of tea vendors in the streets. Thus, people could easily enjoy the tea at their homes, workplaces, and outside with their friends. Thus, the tea custom was formed in the Indian subcontinent. Black tea has different varieties and tastes in the various regions of the Indian subcontinent and provides its tea culture blend.

References

Ahmed M, Begum A, Chowdhury M, 2010. Social constraints before sanitation improvement in tea gardens of Sylhet, Bangladesh [J]. Environmental Monitoring and Assessment, 164: 263-271.

Arya N, 2013. Indian tea scenario [J]. International Journal of Scientific and Research Publications, 3 (7): 1-10.

Bhadra G, 2005. From an imperial product to a national drink: the culture of tea consumption in modern India [R]. New Delhi: Tea Board India, Department of Commerce.

Birkbeck J, 2005. Just a tea stall girl: lessons from India [J]. Social Work & Society, 3 (1): 102-115.

Brockway L H, 1979. Science and colonial expansion: the role of the British royal botanic gardens [J]. American Ethnologist, 6 (3): 449-465.

Dong C, Li F, Yang T, et al., 2020. Theanine transporters identified in tea plants

(*Camellia sinensis* L.) [J]. The Plant Journal, 101 (1): 57 - 70.

Dubrin B, 2012. Tea culture: history, traditions, celebrations, recipes & more [M]. Cambridge: Imagine Publishing.

Fortune R, 1852. A journey to the tea countries of China including Sung-Lo and the Bohea hills [M]. London: John Murray.

Griffiths S P, 1967. The history of the Indian tea industry [M]. London: Weidenfeld & Nicolson.

Hicks A, 2001. Review of global tea production and the impact on industry of the Asian economic situation [J]. AU Journal of Technology: 5 (2).

Jolliffe L, 2007. Tea and tourism: tourists, traditions and transformations [M]. Clevedon: Channel View Publications.

Lutgendorf P, 2012. Making tea in India: chai, capitalism, culture [J]. Thesis Eleven, 113 (1): 11 - 31.

Mamun M, 2011. Development of tea science and tea industry in Bangladesh and advances of plant extracts in tea pest management [J]. International Journal of Sustainable Agriculture & Technology, 7 (5): 40 - 46.

Martin L C, 2011. Tea: the drink that changed the world [M]. North Clarendon: Tuttle Publishing.

Moxham R, 2003. Tea: addiction, exploitation and empire [M]. New York: Carroll & Graf.

Nijhawan S, 2017. Nationalizing the consumption of tea for the Hindi reader: the Indian Tea Market Expansion Board's advertisement campaign [J]. Modern Asian Studies, 51 (5): 1229 - 1252.

Ramamurthy A, 1999. Landscapes of order and Imperial control: the representation of plantation production in late-nineteenth and early-twentieth century tea advertising [J]. Space and Culture, 2 (4 - 5): 159 - 168.

Royle J F, 1834. On the *Lycium* of Dioscorides [J]. Transactions of the Linnean Society of London (1): 83 - 94.

Saberi H, 2010. Tea: a global history [M]. London: Reaktion Books.

Sharma J, 2006. British science, Chinese skill and Assam tea: making empire's garden [J]. The Indian Economic & Social History Review, 43 (4): 429 - 455.

Sharma J, 2009. "Lazy" natives, coolie labour, and the Assam tea industry [J]. Modern Asian Studies, 43 (6): 1287 - 1324.

Whittaker A, 1949. The Development of the tea industry in India and Pakistan [J]. Journal of the Royal Society of Arts, 97: 678 - 687.

东非红茶产业：历史、文化、趋势和机遇

［巴基斯坦］Sahim Abdalla Juma

摘要： 自 18 世纪茶被引入马拉维以来，红茶已成为非洲特别是东非的一种受欢迎的饮品。历史上，红茶是由殖民统治者引入东非的，他们来到非洲的这一地区定居下来，对肥沃的土地和良好的种植气候非常着迷。本文分析了东非红茶产业的历史、文化和新的经济趋势，并提出了自己的观点和对未来发展方向的看法，认为红茶的经济效益非常高，需要从茶园、分级、包装、出口等各个环节进行开发，才能最大限度地发挥经济效益。关于红茶的新趋势，建议东非的茶农、茶叶加工者和茶商向中国同行学习，中国茶业一直被认为是茶业中最发达的。本研究有助于茶业政策制定者、茶产业利益相关者和茶叶爱好者在东非进一步发展红茶产业。

Ⅰ. Introduction

East Africa, the region some refer as the "cradle of mankind", is a prominent share of the African region. As denoted by the name, the countries that are located in the eastern part of Africa come under the demarcation "East Africa".

The region consists of two distinct geographic regions: one is the eastern portion of the African continent, including countries such as Kenya, Tanzania and Uganda; the other part is commonly known as the Horn of Africa, which includes countries such as Somalia, Djibouti, Eritrea and Ethiopia.

For thousands of years of human history, East Africa as a beautiful region of the planet has been invaded by many due to the abundant resources inherited by the countries. Looking into history, it features the rise and fall of mighty kingdoms and chiefs, robust trade networks including the slave trade and the signs of colonialism.

作者简介： Sahim Abdalla Juma，中国科学技术大学在读研究生。

When it comes to the colonialism, history told us that there were interventions from nations such as Portugal, Britain, Oman, Germany, France and Italy.

The ultimate goal of all these invasions among others was to acquire the fertile agricultural lands that are ideal for large-scale agriculture especially commercial crops such as coffee and tea. History can confirm that tea was an experiment brought by the British rulers in East Africa, but it has helped these nations in numerous ways to sustain their economies.

Today, tea has become a big business in East Africa. It has rooted in the lives of many households (traditional people drink black tea every morning before work and evening after work) and has become the lifeblood of people and the economy. The region has got the grip of the rich growing traditions and the art and science of crafting the much-demanded tea brewed all over the world.

There are many tea-producing countries in the East African region including Kenya, Uganda, Rwanda, Tanzania, Burundi and Ethiopia. The tea grown in East Africa has become a vital ingredient in many healthy and flavorful blends all over the world.

Tatepa, Katepa and Chai Bora are among the familiar tea brands in East Africa. These teas are packed and branded by well-known, experienced tea companies in East Africa.

Ⅱ. History of Tea in East Africa

History of East African tea industry goes back to the 1890s when, like in many other tea-producing countries, British planters started experimenting tea in one of their African colonies, Malawi. This was a successful experimentation, and also it was regarded as one of the safer moves for British, due to the fertile growing conditions, and the region was expected to remain as a British colony for many years to come.

On the other hand, they had begun to lose their profits from other colonies like Sri Lanka, due to some crop diseases spread around the country. From Malawi, tea started to expand into other countries like Kenya, Tanzania, Rwanda, Burundi, and Zimbabwe as well. The CTC (cut, tear, curl) technique of tea manufacturing was introduced to the East African countries by the 1930s, and this was a real turning point of the East African tea industry. The reason was that the worlds demand for smaller tea particles was at a rising trend due to the solid brew resulted by smaller tea particles.

Hence with the CTC technique, the East African countries were able to produce much smaller tea particles, and this technique was ideal to bring out the original strong flavors of East African tea. It was an excellent ingredient for the production of tea bags as well. Soon, the tea produced in the area met the demand from all over the world, especially from the European region as an essential ingredient of the English breakfast tea.

Many of these countries started to get their independence around 1960s, and since then the tea industry was under the custody of local authorities. Some countries like Uganda and Tanzania followed nationalization strategy and faced many other political issues, resulting in a declining trend today. Malawi, on the other hand, is facing problems related to limited expansion and is on a declining trend again. In contrast, Kenya is on a growth strategy with considerable expansion and today has become the third largest tea producer in the world.

The East African tea industry has achieved an overall growth since its inception, and it is important to notice that there have been 2 auction centers to sell the produce of the region. The Mombasa tea auction being the main auction center was initiated in 1965 in Nairobi at a tiny scale, however, had to shift into Mombasa by 1969 with the expansion of trade. The Mombasa tea auction currently sells the offerings from Kenya, Uganda, Tanzania, Rwanda, Burundi, Democratic Republic of Congo, Malawi, Madagascar, Zambia, and Zimbabwe. This is now the only auction center in the world trading teas from more than one country. The Malawi auction center, on the other hand, was initiated in the 1970s in Limbe, Malawi.

The most common tea in East Africa is black tea.

1. Black Tea Harvesting Techniques

After being picked, black tea leaves are laid down so that they can dry. When the black tea leaves are dried, they are fermented for 2 hours. The leaves are later heated to remove the moisture.

There are various factors to determine the quality of black tea, and overall, it mainly depends on soil condition and the expertise of the grower. The tea plants best grow in warm areas of high altitudes of about 3,000 to

8,000 feet so that they can grow more slowly that will result into the best flavor. The rain season is also significant for the tea plants to survive.

2. Black Tea Grading

The excellent grading results may be due to proper plantation techniques, the region where it was harvested, good location of storage, temperature, and packaging. The size of the leaf is said to be of high importance in assigning the grade of black tea. The size of the leaf is highly dependent on how it is harvested and processed. CTC is the primary method for processing black tea.

The terminology for best tea grade is known as Tippy Golden Flowery Orange Pekoe. This kind of tea is of high grade because the tea leaves are hand-picked and carefully processed. On the other hand, it is worth to note that the process of green tea grading is different compared to black tea grading. The grading of green tea considers its overall taste and quality. The green tea grading also depends on where it was grown and harvested, and the type of tea leaves.

Tea grading is necessary because the more knowledge you have about tea grading system, the more enjoyable it will become. The understanding of tea grades has been said to increase tea drinking habits.

3. Health Benefits of Black Tea

Black tea has many benefits, including unique taste, medicinal benefits and energy boosting. This type of tea has always been graded to select the best tea leaves that have maximum benefits. The grading variation includes color, flavor or smell.

Black tea has long been believed to have many medicinal benefits including reducing problem with cancer, heart diseases or other illness. Scientifically it has been proved that people who drink black tea are healthier than those who do not. Black tea is also full of healthy substances called polyphenols. Polyphenols are antioxidants that can help protect your cells from DNA damage.

Drinking black tea has also been said to help patients with asthma diseases. Increasing evidence hints that the antioxidants in black tea may reduce atherosclerosis (clogged arteries), especially in women. It may also help lower the risk of heart attack and cardiovascular disease.

Scientists have also found out that, black tea can enhance memory, improve the human mental capacity, and reduce number of errors in the various cognitive tasks. Even a small volume of black tea consumption can speed up cognitive processing (Rizwan A et al., 2017).

4. Types of Black Tea

There are varieties of black tea, Keemun is one of the highest quality types of black tea. The aroma of this type of tea makes it stand out of the crowd. Keemun tea can be mixed with milk and sugar, or without, for a better taste.

Darjeeling is an Indian black tea which is very famous in the world for its very delicate taste. India is one of the world's best tea growers and processors. Indian black tea brands come with various tastes and flavors which include ginger and cinnamon, or cloves.

India also brews another popular tea flavor which is known as Nilgiri. Brewing this type of tea requires some expertise in order to brew it in the right flavor. Another type of less spicy tea is called Assam. This type of black tea is best known for its rich taste.

Lapsang Souchong is believed to be among the best Chinese black teas. This tea has an unusual smoky flavor which makes it taste better. Yunnan tea with pepper flavor is also among the well know Chinese black teas.

Some of the well known teas are grown in Kenya, East Africa. These tea brands have been exported to many parts of the world. Another well known flavored tea is that from Nepal. This type of tea is of high flavor because it is grown in the base of Mount Everest in Nepal.

The author believes that black tea is different from other types of tea because of its distinctive flavor. Once you have tried the black tea flavor, you might develop the tendency of drinking black tea more than other types of tea.

Ⅲ. Trends of the Black Tea Industry

Similar to many other countries which started black tea cultivation during the British colonial period, the East African black tea trade still follows the original mode of production (CTC) as well as the traditional way of trading and exportation, see Figure 1.

According to the USDA Foreign Agricultural Service Report of 2013, the majority of black tea products, especially the products of the large producers like Kenya, are still exported as a bulk commodity and produced through the traditional CTC technique.

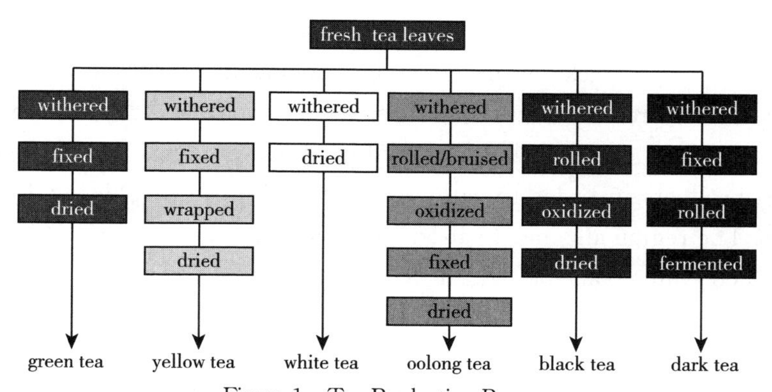

Figure 1　Tea Production Process

Source: Tea Processing Chart by Tony Gebely.

However, it is important to note that the black tea industry is an essential component of the East African economy. The region has achieved around 6% GDP growth from 2010 to 2016, and when looking into details, black tea has been an imperative contributor. As reported in East Africa Socio-cultural Impact Report (2017), Kenya's agricultural sector has been the most significant driver of East Africa's GDP growth.

The tea sector contributes 22% of the East Africa region's overall GDP growth and more than half of the growth in Kenya. Kenya's National Bureau of Statistics attributes this to growth in value addition in the horticulture and black tea sectors.

Even though the region has achieved economic growth through the agriculture sector, it is vital to capitalize on global opportunities through the better recovery of commodity prices.

When it comes to the black tea sector, the global consumption patterns are rapidly changing and can be seen as opportunities for producers. Identifying and capitalizing on these opportunities is a must for the long-term survival of this trade. Addressing into these needs, some attempts have been initiated by the ETTA (East African Tea Trader's Association) and the governments, and these can be seen as new trends in the tea industry.

Trends towards possible value additions such as manufacturing black tea bags and investing in the production of instant black tea and tea extracts can be seen as growing sectors in the East African region. For example, the instant black tea powders and tea extracts are extremely popular all over the world, and many multinational companies have invested in these areas, especially in large producing countries like Kenya. There are various processes involved in the commercial production of instant black tea, including the blending of black tea leaves, hot water extraction, aroma recovery, soluble solids concentration, and dehydration.

There is also a trend to produce iced black tea products and ready-to-drink black tea products in order to cater to the world's growing demand for these products. The region also has focused on moving into other styles of production where much value can be added to the final product such as green tea production, orthodox style manufacturing, white tea or oolong tea production. Further, there is also a focus on gaining brand awareness regarding country of origin as well.

While black tea continues to increase in popularity, other alternatives and ingredients such as herbs and fruits can be seen as an emerging trend due to the added benefits of these ingredients. For example, herbs such as Rooibos are equally popular products in the African region. Therefore, the producers can look for ways of combining these ingredients as a way of value addition.

Even for traditional black tea production, new trends related to various compliances such as organic certification, fair-trade certification, etc, can be seen in the East African tea industry (Euromonitor International Report, 2017). Especially these certifications and compliance are essential when exporting to some European countries.

Ⅳ. The Tea Culture in East Africa

Tea culture was introduced to the East African region since the first introduction of tea in 1880 to Malawi. Since then it became a part of the society regarding employment opportunity as well as a part of the culture.

In general terms, tea culture can be identified as the way tea is prepared and consumed by different communities. In most cases, it is passed from one generation to another becomes an essential component of regular life. When it comes to the tea culture in East Africa, some examples can be taken from countries like Kenya where the large-scale tea production takes place.

Most of the tea drinking habits in Kenya share some similar elements with British tea culture. For example, the black tea is served with milk and sugar, resembling the English breakfast tea culture of Europe. However, this type of thick tea is most famous as an afternoon tea in East Africa, usually accompanied by a simple snack.

In addition to that, there is also a trend to consume just black tea or "strung" as the afternoon tea, and some are known to take additives like ginger or mint along with the tea.

Pure black tea is prepared by steeping black tea leaves in hot water. However, it is also visible that most of the East African nations love to consume their tea with other additives like spices.

One example is "Chai ya Tangawizi" or Kenyan Ginger Tea. It is made by simmering black tea with milk, ginger, cinnamon, cardamom and cloves, creating a creamy and warming mixture of spicy drink. This is known to be an ideal beverage for cold weather.

However, there are many shreds of evidence that East African consumers are moving beyond the traditional forms of consumption. This includes emerging trends such as fair-trade and organic tea. As reported by the executive brief of Agritrade (2013), "According to preliminary market research, out of a sample of consumers questioned, 86% of Kenyan consumers would look out for the fair-trade mark when shopping, while 73% would be prepared to pay extra for a product with the fair-trade label tea." A combination of green tea and mint is also known to be a popular tea custom in the African region.

Ⅴ. Key Players of the Tea Industry in East Africa

When considering the East African region, there are many black tea producing countries. However, countries like Kenya, Malawi, Uganda, Rwanda and Tanzania can be identified as several key players of the industry.

1. Kenya

Kenya can be seen as the giant in East African tea trade. Moving into tea industry can be seen as one of the most strategic moves in Kenyan economy, as today, the tea industry has made Kenya's mark on the world map. According to the literature, tea was introduced to Kenya by a European planter G. W. L. Caine in 1903 (Tea & Coffee Industry Report, 2005). Brooke Bonds in 1924 started the first commercial tea estate, and since then, the industry commercialization has started.

Today Kenya has become the third largest tea producer in the world with approximately 439 million kilograms production in 2017 (Tea Status Report,

2017) and is also rated as the largest exporter in the world. With these advancements, naturally, the tea industry has become an essential component of the Kenyan economy with approximately 129 billion shillings of export earnings in 2017 (Reuters, 2017).

The country contributes 18.2% of the total global tea exports (The World Factbook, 2018) and over 3 million Kenyans, approximately 10% of the population are being actively engaged in the tea industry today. These facts indicate the importance of the tea industry to the country's economy.

Mombasa tea auction is also one of the most critical factors for the Kenyan tea industry as it serves as a critical sourcing center in East Africa, trading tea products of more than 10 nations. The country also has a reasonably structured tea supply, and value chain often interacts with organizations like KTDA (Kenya Tea Development Agency) and ETTA (East Africa Tea Trade Association).

2. Malawi

Malawi is known to be the first country of the region to grow tea under the British ruling. Malawi's tea industry dates back to 1891 when a Scottish planter named Henry Brown settled there after losing all of his coffee plantations in Sri Lanka due to a disease.

Since then the Malawi tea industry has grown and become a crucial component of the country's economy. Malawi is the second largest tea producer and exporter in Africa after Kenya. Coffee and tea ranks third regarding export value after tobacco and sugar.

The country produces a majority of black tea, followed by a smaller amount of other verities, and the tea products are mainly exported to destinations such as Europe, Asia and North America. Malawi contributes to approximately 10% of the tea production in Africa with production around 48,486 tons.

Like many other East African tea producers, Malawi also exports the majority of its products in bulk form as it does not have the capital to enter into the consumer market.

3. Uganda

Uganda is another vital member of East African tea producers, and the country has started its commercial-scale tea plantation around the 1900s. Similar to many other countries in the region, tea is an essential commodity for Uganda as well.

Tea is considered the third largest agricultural commodity by value. The country earns around ＄90～100 million through the tea trade, and the export volume reached 421 million kilograms in 2018 (EPRC research, 2014).

This trade is known to support over 60,000 people annually, and the industry is envisioned as a tool to fight poverty through its ability as a source of employment to households, especially in rural areas (Daily Monitor, 2018).

The country still has not focused much on consumerization or value addition of its produce, hence over 90% of Uganda's produce is sold in bulk form, mainly through the Mombasa tea auction (Figure 2). The major export destinations include Europe, Middle East, Russia and America.

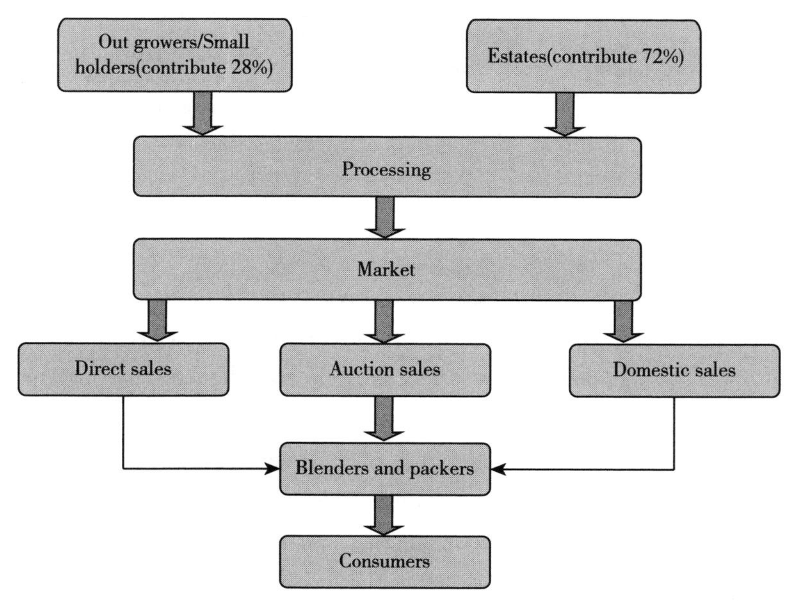

Figure 2　Uganda's Tea Commodity Value Chain

Source: MAAIF, 2012.

4. Rwanda

Tea from Rwanda is well known for its bright color and strength, and thus has been able to capture its place on traditional English breakfast tea. Tea cultivation in Rwanda started around 1952 and has continued up to today with over 30,000 smallholdings and 60,000 households making a living out of tea farming.

Tea from all around the country is sold by private contract and through the auctions in Mombasa and Limbe. As shown in Figure 3, coffee, tea and minerals are Rwanda's main exports (Rwanda Infographics Report, 2012).

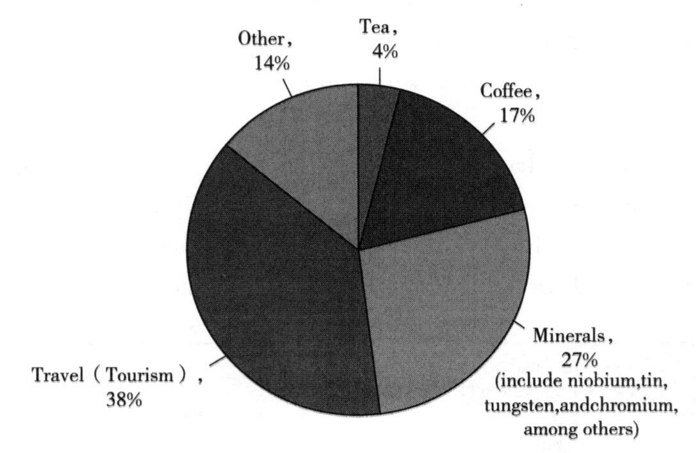

Figure 3 Composition of Rwanda's Export

Source: Calculations based on WDI data, and Comtrade mirror import data.

5. Tanzania

Tea in Tanzania is mainly grown in five regions namely Mbeya, Iringa, Njombe, Kagera and Tanga. By controlling the prices of tea, the Tea Board of Tanzania (TBT) has been very successful in raising the tea production by focusing on supporting the small-scale farmers.

Tea Board of Tanzania also organizes events, promotions and other marketing activities both in Tanzania and abroad to market the tea commodities produced by small farmers. Like other East African countries, Tanzania also sells around 5,000 to 8,000 tons of tea at Mombasa tea auction every year.

Another advantage that the Tea Board of Tanzania offers small-scale farmers is transport and warehouse storage facilities. Also some tea processors, like world known Unilever Tea, have invested $8 million in a tea processing plant in Mufindi, Tanzania.

Tanzania exports of coffee, tea, mate and spices was $204.53 million during 2017, according to the United Nations Comtrade database on international trade, see Figure 4.

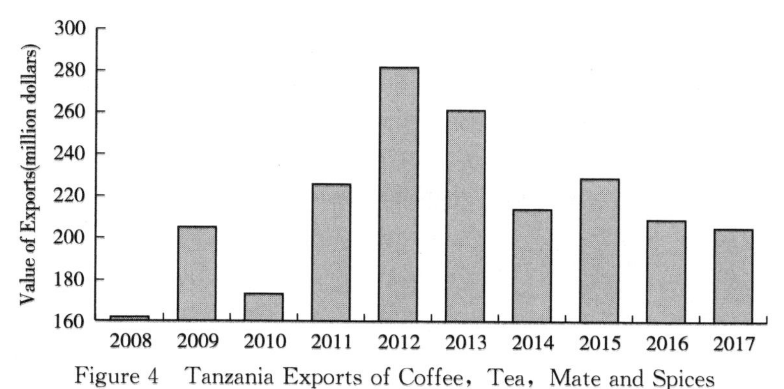

Figure 4　Tanzania Exports of Coffee，Tea，Mate and Spices

Ⅵ. Conclusion

The East African tea industry has great potential for the future. However, the region has to overcome the challenges related to black tea production.

Further, when moving forward, it is a must to explore the possibilities of value-added black tea in the country as well, such as iced tea, where a large portion of the profit share remains with the ultimate packer or trader.

The East Africa region has to focus on identifying changing trends in the consumer market instead of sticking to the age-old production and trading techniques. For instance, the demand for sustainable initiatives such as organic production and fair trade production is rising all over the world, and this region has massive potential in capitalizing on these untapped areas.

References

Anon, 2010. Tea Producing regions of the world-Africa [R]. Hampshire: Beverage Standard Association.

Cameron A, Mkomba F, 2015. Analysis of price incentives for tea in Malawi [M]. Rome: FAO.

Chinta S, Prem P S, 2012. A novel technology for the production of instant tea powder from the existing black tea manufacturing process [J]. Innovative Food Science & Emerging Technologies (16): 143-147.

Comtrade, 2024. Tanzania exports of coffee, tea, mate and spices [EB/OL]. [2024-09-26]. https://tradingeconomics.com/tanzania/exports/coffee-tea-mate-spices.

Dorothy N, 2012. Uganda's tea production to increase by 2018 [N]. Daily Monitor, 09-11.

Huston J A，1978. An outline of the early history of the tea industry in Malawi [J]. The Society of Malawi Journal，31 (1)：40 - 46.

Rizwan A，Zinchenko A，Özdem C，et al.，2017. The effect of black tea on human cognitive performance in a cognitive test battery [J]. Clinical Phytoscience (3)：13.

Standard Chartered Bank Kenya Limited，2017. Standard Chartered's socio-economic impact in East Africa [R]. Amsterdam：Steward Redqueen.

南美洲茶的历史及产业综述

[坦桑尼亚] Muhammad Firdaus Samijadi

摘要：与其他主要茶叶生产国相比，南美洲的茶产业还很年轻。但近年来，阿根廷已成为世界十大茶叶生产国之一，巴西的茶业也在稳步发展，其他南美洲国家也出现了发展茶业的趋势。消费者对健康生活方式的认识以及茶对健康的益处是人们对茶的种植和消费越来越感兴趣的重要原因。

Ⅰ. Introduction

The tea traditions in South America do not just involve the true tea extracted from the *Camellia sinensis* plant. They also involve beverages made from different plants entirely but confusingly also called tea by the locals and by various tea vendors. South America has a huge rainforest full of exotic flora and fauna. But since the southern part of the continent reaches pretty far south，parts of the continent also experience the changes of the season such as winter. Most of the countries in South America were colonized by the Spanish and Portuguese and so forth inherited their language and culture. Along with their customs came tea. There are three main varieties of tea known in South America. The true tea extracted from the *Camellia sinensis* plant，the guayasa tea extracted from the *Ilex guayasa*，and yerba mate extracted from the *Ilex paraguariensis*. When discussing tea tradition in South America，all beverages have to be considered. South America is typically thought of as a coffee drinking region，but market researchers have forecasted a 3-percent growth annually in tea，and consumption is expanding in every large market in the region. One of the main factors responsible for this growth is that the consumers are looking to tea for its health benefits. Tea is widely considered to be a naturally healthy beverage that can help consumers lose weight，sleep

---

作者简介：Muhammad Firdaus Samijadi，中国科学技术大学在读研究生。

better or heal a wide variety of ailments depending on the type of tea. And tea drinking is also appreciated as a relaxing sensory experience. Part of the growth is also due to coffee consumption. Many specialty coffee shops in the region also have a selection of tea and are helping educate consumers about the different kinds of tea.

Ⅱ. Brief History of Tea in South America

1. Tea in Brazil

After Brazil was claimed in the year 1500 by Portugal, they began their colonization of these vast and productive lands. Over the centuries, the presence of the Europeans influenced Brazilian language and culture. And because of the awareness of tea's status as a delicacy, the Portuguese crown requested tea seeds and ordered laborers from Macao to be brought over to Brazil. The final destination of these seeds was Rio de Janeiro, and once they arrived, some of the seeds were then sent to the city's Botanical Garden, serving as a field research and development station. Managed by Chinese immigrants, the Chinese cultivar settled extremely well in this new environment and thrived.

In 1822, Brazil gained its independence from Portugal after years of domestic and international turmoil. Dom Pedro Ⅰ was Brazil's first emperor and recognized the wealth of his new nation, with tea being a product of great value.

In 1824, a new director of the Rio's Botanical Garden, Frei Leandro do Sacramento, was nominated. He was faced with a tea plantation that was virtually abandoned, with excessive growth and very few of the skilled Chinese field workers left to attend it—the majority of the Chinese community left for opportunities in local commerce, seeing it as more lucrative than farming.

Per the request of Dom Pedro I, Frei Leandro created detailed documents about tea plants and their cultivation to be sent out with tea seeds to those interested in growing them in other Brazilian provinces (Figure 1). With this, began a project aimed at spreading tea production and culture throughout the whole country, a potentially profitable endeavor at the time. Under this initiative and with the help of Frei Leandro, a plan was created which even included machinery's importation for tea production and the hiring of more personnel. With all these pieces in place, only an act of extreme misfortune could halt this plan from executing: the death of the Carmelite Frei Leandro do Sacramento in 1829.

Sociedade Nacional de Agricultura

MEMORIA ECONOMICA SOBRE
A PLANTAÇÃO, CULTURA
E PREPARAÇÃO

DO

CHÁ

POR

Fr. Leandro do Sacramento

REEDITADA POR OCCASIÃO
DA — EXPOSIÇÃO NACIONAL
— DE 1908.

RIO DE JANEIRO

MCMVIII

Figure 1 Frei Leandro do Sacramento's Tea Manual

While all this was happening in Rio de Janeiro, Sao Paulo and Minas Gerais also developed some tea plantations with seeds that were collected from Rio's Botanical Garden. However, due to the lack of tea processing knowledge, the growth of the coffee market and urban expansion, the culture of tea did not take deep roots in the states.

Despite these hindrances, Sao Paulo still managed to export 30,000 kilograms of tea around 1850. And in 1862, a tea sample from Baron de Camargo's treasurer's farm in Minas Gerais was sent to compete in the World's Fair Exposition in London, where it was the first Brazilian tea to ever be awarded.

In 1888, with the abolition of slavery, tea production virtually disappeared. It was only in the following century, with Brazil now being governed as a republic that tea returned thanks to the help of foreigners which were originally brought in to labor with coffee. Coffee became a big industry in Brazil, however, with the ups and downs of the coffee industry, some of these foreign laborers saw tea as a way to supplement during the down years. This was the case with the Japanese immigrants, starting in the 20th century. Many of them made the choice to leave their jobs in Japan to seek opportunities in an unknown country. However, adapting themselves to different foods, climate and a totally contrasting Brazilian culture was not easy. This transition was difficult for most immigrants, but seemed especially true for the Japanese. They tried maintaining their Japanese culture by living in communities, always assuming that they would return to their homeland. However, with the slow acquisition of wealth and the devastating results of the Second World War, the Japanese immigrants gave up hope of returning home and instead focused their attention on objectives on Brazilian land, creating a better future for their families.

In 1922, in a Vale do Ribeira's (Sao Paulo) Japanese immigrant community, Torazo Okamoto, a professional from the Japanese tea industry, brought tea plants to cultivate on his own land in Registro from the "Viaduto do Cha", an overpass in downtown Sao Paulo—originally a private farm with tea plantation. The tea cultivar was known as "tea of China", and said to be ideal for green tea, a favorite among the Japanese. He first began with a small test production, enough to supply the local community. However, Torazo Okamoto knew he needed to work with black tea to trade in high volume with the western world. Investing in his plans, when he traveled to visit Japan, during his way back to Brazil, he committed a daring move by stepping off the ship when it stopped in Ceylon (Sri Lanka). He was aware of the existence of another plant variety there, known as "tea of India", and Torazo got ahold of some seeds, hiding it inside a loaf of bread and smuggling it home. After nearly 2 months traveling back to Brazil, he arrived in Registro, not with seeds, but with small tea plants. That was the beginning of the golden era of tea in Brazil. The success of the cultivar brought by Torazo Okamoto (*Camellia sinensis* var. *assamica*) can be attributed to the climate conditions experienced in Vale do Ribeira as it is located in the Atlantic Forest, characterized by good humidity, high temperatures and adequate rain fall. This success led other immigrants in the area to also engage in tea production, eventually earning Registro the title of "Brazilian Tea Capital". Between the decades of 1950 and 1990, there were approximately 45 tea factories and several farms in the region. During that time, local black tea was exported to

South America, Europe and North America, using government subsidies and foreign capital. However, as time passed, difficulties emerged. Some of the problems were politically related, such as in the 1990s with a new presidential administration, a presidential impeachment and also the implementation of a new national currency, the Real. Others were more related to a lack of innovation and not staying abreast of new technology. Finally, the human factor could not be overlooked, which included the transition of the Japanese immigrant communities into more conventional cities, bringing capitalism, new mindsets and behaviors, deteriorating the once strong unity. The combination of these problems eventually dismantled the golden era of Brazil's national tea industry. The huge economic crisis and the massive decline in exports caused most of the tea factories to close, leaving only a few as time went by. Today in the city of Registro, only one tea factory remains, belonging to the Amaya family, and two small tea farms, belonging to the Shimada family and Yamamaru family, are producing small batches of artisanal tea. In the western part of the state of Sao Paulo, a branch from a Japanese company, Yamamotoyama, produces Japanese-style teas, primarily for export and it's still financially connected by its headquarter ever since the heydays of Brazilian tea.

2. Tea in Argentina

The growth of the tea industry in Argentina started as early as 1924 when the government distributed seeds from China to interested farmers and sponsored trial plantings in the provinces of Misiones and Corrientes, and east of the Alto Paranal River in the provinces of Chaco, Formosa and Tucuman. It was during this time that experimental plantings were also attempted by several foreign colonists on their own initiative in various pioneer settlement zones of Misiones. In Misiones particularly these experiments demonstrated the suitability of the tea plant to local soil and climatic conditions, but lack of an adequate experienced labor force and the prevailing low price of tea on the world market precluded development of plantations on a commercial scale. By that time, most colonists had turned to the planting of yerba mate, and, later, tung, as more lucrative and reliable sources of income.

In 1936, the Argentine government prohibited new yerba plantings in an effort to forestall overproduction. By 1939, the price of tea on the world market had recovered sufficiently from its earlier slump, making tea plantings once more economical. However, it was not until the Second World War had drastically curtailed foreign imports that farmers in the northern Mesopotamian provinces were tempted to initiate plantings for the supply of the small but growing domestic market. The fledgling tea industry prospered with the general boom in the Argentine economy from 1942 to 1952. In 1954, the government offered tea planters price supports and tariff protection, thus stimulating greater intensification of cultivation. Accurate statistics of acreage and production are difficult to obtain, and there are great discrepancies in figures from various sources. Almost all agricultural techniques employed in the tea production of Argentina have been developed through study of available literature and by trial and error. Many growers, particularly those along the Alto Parana, have made extended visits to central Misiones in order to profit from the experiences of established planters. However, apparently no colonists came to Argentina from established tea producing regions, hence there was no reservoir of skills available for production of the crop. In the 1950s, few experts from Great Britain and Japan were employed for short periods of time by planters in Obera and Campo Viera, and their suggestions were generally shared throughout the tea-growing region. However, farmers frankly admit to lack of adequate knowledge of tea growing and processing, and the processes of study and experiment are still characteristic of the industry. The most common tea varieties planted are Assam hybrids. In Misiones these varieties are by far the best producers, but are sensitive to frost and drought, and some growers prefer the hardier, though inferior-yielding, Chinese varieties. One large plantation of approximately 1,000 acres is turning exclusively to the Darjeeling variety. Unfortunately, lack of familiarity with tea and lack of care in plant selection among the rank and file of growers has led to rapid degeneration in the tea varieties, and, in many fields, bushes with a wide variety of unfavorable leaf, bud, seed and stature characteristics may be observed.

Ⅲ. Yerba Mate

Yerba mate was first described in 1822 by the French naturalist Auguste de Saint-Hilaire, who published in "Mémoires du Muséum d'Histoire Naturelle" in France. His observations described a perennial tree with many branches and leaves, relatively developed size, and an outline that resembled that of cypresses (Figure 2) . The leaves are dark green in the ventral aspect and odorless when fresh; however, with an herbaceous and bitter flavor. When prepared for consumption, the faint aroma reminds that of Swiss tea (Berte et al. , 2014).

Figure 2 Yerba Mate: Tree, Leaves, Branches and Flowers

The family Aquifoliaceae, in its present constituency, is represented solely by the genus *Ilex*, with more than 600 species. *Ilex* has a predominantly tropical distribution, extending to temperate regions of the northern and southern hemispheres, with East Asia and South America as the global centers of diversity (Yi et al. , 2017; Cabral et al. , 2018). Yerba mate is the most important commercial species of the genus and occurs in its native state in the subtropical and temperate regions of South America, including Argentina, Brazil and Paraguay. Figure 3 shows the botanical classfication of yerba mate.

1. The Processing of Yerba Mate

The first explorers of yerba mate were the native inhabitants of northeastern Argentina, southern Brazil, Paraguay and Uruguay, who consumed mate due to its stimulating and medicinal properties. Several tribes, such as the Guaranis, the Amerindians (Incas and Quechuas), and the Caingangues, consumed its leaves, infused or chewed. Infusion of leaves

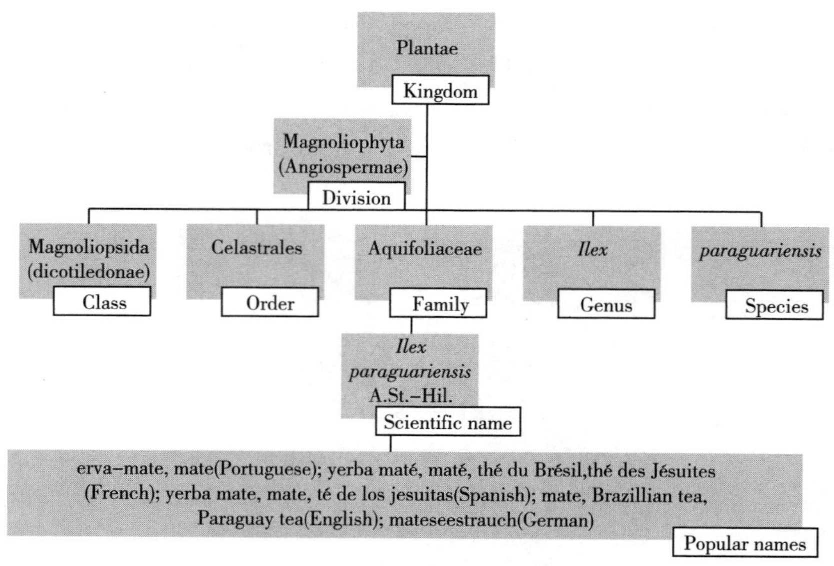

Figure 3　Botanical Classification of Yerba Mate

Source: Bracesco et al., 2011; Cabral et al., 2018.

became a popular drink and, nowadays, the product obtained from dry leaves, also called maté, is used in several types of infusions, such as the chimarrão, tereré, and mate tea (roasted leaves). Yerba mate exploration is based on the use of selected leaves and branches, which are subjected to thermal bleaching (sapeco) for enzyme inactivation, followed by drying, grinding, and separation. These last two steps allow obtaining a product with standard particle size, followed by milling and aging for up to 24 months, depending on the desired product (Figure 4). Intensity, grinding type, and the aging period result in products with differentiated standards (Meinhart et al., 2010). The agro-industrial processing of yerba mate has not been significantly altered since the beginning of its economic exploration, with disadvantages related to its high energy requirement, difficulties in controlling its variables and, consequently, in the standardization of the final product. Another negative aspect concerns the oxidative environment of the bleaching and drying process, which potentially contributes to the degradation of the biochemical compounds of the leaves. Thus, the development of new technological processes for preserving its compounds is a strategy that must be considered (Meinhart et al., 2010; Cardoso et al., 2016).

Mate is consumed as leaf infusion, with variations in the manufacturing

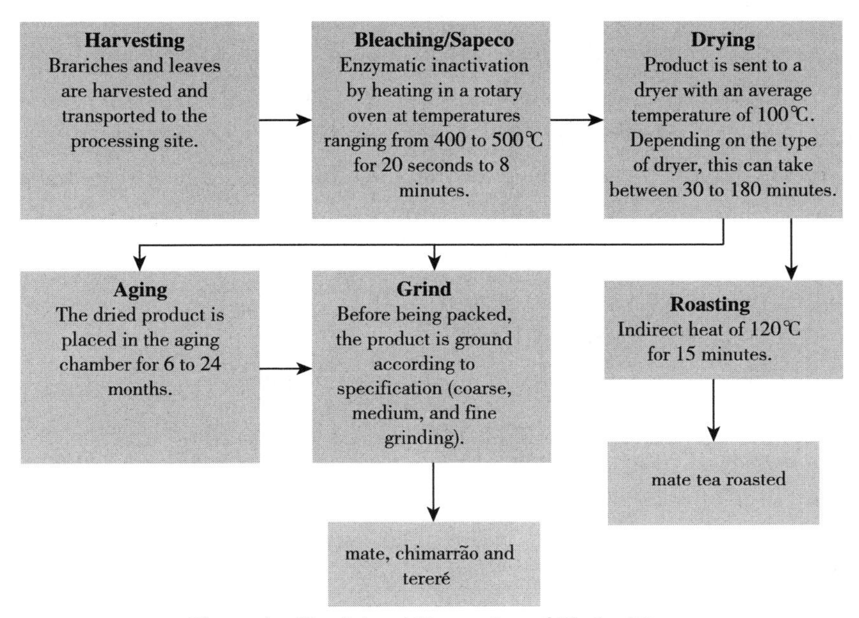

Figure 4　Traditional Processing of Yerba Mate

Source: Berté et al., 2014; Silveira et al., 2017; Riachi et al., 2018.

and preparation of the beverage. The leaves are infused in hot water and sipped through a tube and gourd. Tereré is a cold drink, while mate tea is obtained from the roasted leaves and consumed hot or cold (Bracesco et al., 2011; Cardoso et al., 2016). Roasted mate can also be subjected to the extraction of soluble solids with hot water, followed by drying in a spray-dryer, resulting in soluble roasted mate. Soluble solid extraction from the crushed green yerba mate yields the soluble green mate; both products are intended primarily for export and present as market innovation (Berte et al., 2014). In Brazil, the entire yield is exported, mainly to Uruguay and Chile, followed by the United States, Europe and Asia, which receive the product as whole or ground dried leaves or extracts for the pharmaceutical industry. In the last decade, along with the traditional use, yerba mate has been grown for raw material in the production of beers, soft drinks, cosmetics, sweets, and functional cheeses as well as other non-traditional uses. In the case of functional cheeses, a recent study has shown that the addition of yerba mate, besides increasing the biological activities due to the interaction between herb polyphenols and milk proteins, increases the sensorial characteristics, with good acceptance by consumers (Marcelo et al., 2014). Leaves are also used to produce energy drinks as an alternative to coffee, widely appreciated in Europe and the United States because of their high levels of antioxidants and nutritional benefits. However, studies on new uses, such as food preservatives, food supplements, dyes, or hygiene and cosmetics products, need to be conducted to allow consumption to exceed the traditional barrier and become increasingly accessible in Latin America, which is also interesting for innovations in the agro-industrial sector (Cardoso et al., 2016).

2. Tea and Other Herbal Infusions

On a volume basis, black tea is the most popular tea in South America accounting for 70% of regional sales. Fruit and herbal teas are a distant second at 25%. However, when it comes to value, fruit and herbal teas jump out in front, at 56% of regional consumption, while black tea falls to just 34%. This is because black tea is viewed as more of an everyday drink, whereas fruit and herbal tea infusions are special occasion beverages for relaxing and de-stressing. As a result, they are priced much higher. Black tea will see solid volume growth at 3% annually during the forecast period, but will lose ground to fruit and herbal teas as well as green tea, both of which will grow at faster rates. This is because both herbal and green teas are seen to have more of the health benefits that are so appealing to Latin American tea drinkers.

The following infusions are only a few herbal infusions consumed throughout South America.

Similar to mate, tereré is a tea drink that originated in Paraguay and was invented by the Guarani people. Besides Paraguay, the beverage is also popular in Argentina and Brazil. It is an infusion of yerba mate that is prepared with cold water, ice cubes, and herbs such as mint, lemongrass, or lemon verbena. This non-alcoholic drink is very refreshing and low in calories, and if it is made with the addition of fruit juice (orange, lime, or pineapple), the beverage is then known as tereré ruso. For centuries, it has been considered a social beverage, traditionally prepared in a large vessel and shared between people, signifying trust and communion.

Mate de coca is a herbal infusion that is made by steeping coca leaves or teabags consisting of coca leaves in hot water. This ancient drink has been traditionally enjoyed to treat altitude sickness, and due to the small amounts of alkaloids, it is also regarded as a slightly energizing drink. Although they share a similar name, mate de coca and mate—a herbal infusion often associated with Argentina—should not be mixed up. Coca tea is widely available and legal throughout South America, but outside the region, many countries ban the import and consumption due to the link between coca leaves and cocaine.

Ⅳ. Conclusion

South America shows much potential when it comes to tea cultivation and consumption. The landscapes of this continent shows that it is feasible that many types of tea varieties could be cultivated. With the growing awareness of a healthy lifestyle amongst consumers, tea may as well be the ambassador for healthy living. The local tea culture also shows that people are willing to experiment on different methods of drinking tea, hence there are many herbal infusions. South America also shows a growing interest in the *Camellia sinensis* tea plant varieties and is also being further experimented on in different countries, this shows that the future for tea will be much richer and brighter. While tea consumption levels may be lower in South America than they are elsewhere, this also means that the category has more room to grow. It is not expected that tea will be displacing coffee or other hot drinks anytime soon, but it is safe to assume that tea will grow more common with each year in South America.

References

Anon, 2021a. 3 best rated South American teas and herbal infusions [EB/OL]. (2021-11-19) [2021-11-25]. https://www.tasteatlas.com/best-rated-teas-and-herbal-infusions-in-south-america.

Anon, 2021b. Tea culture of Argentina [EB/OL]. [2021-11-23]. https://teacultureoftheworld.com/Argentina.

Berte K A S, Amaya D B, Hoffmann-Ribani R, et al., 2014. Antioxidant activity of mate tea and effects of processing [M] //Preedy V. Processing and impact on antioxidants in beverages. London: Elsevier: 145-153.

Bracesco N, Sanchez A G, Contreras V, et al., 2011. Recent advances on *Ilex paraguarensis* research: mini review [J]. Journal of Ethnopharmacology, 136: 378-384.

Cabral A, Cardoso P H, Menini-Neto L, et al., 2018. Aquifoliaceae in Serra Negra, Minas Gerais, Brazil [J]. Rodriguesia, 69: 805-814.

Cardoso J L, Morand C, 2016. Interest of mate (*Ilex paraguariensis* A. St.-Hil.) as a new natural functional food to preserve human cardiovascular health: a review [J]. Journal of Functional Foods, 21: 440-454.

Euromonitor, 2016, As consumption stagnates in South America, will yerba mate move north? [EB/OL]. [2021-11-25]. https://www.euromonitor.com/article/as-consumption-stagnates-in-south-america-will-yerba-mate-move-north.

Marcelo M C A, Martins C A, Pozebon D, et al., 2014. Classification of yerba mate (*Ilex paraguariensis*) according to the country of origin based on element concentrations [J]. Microchemical Journal, 117: 164-171.

Meinhart A D, Bizzotto C S, Ballus C A, et al., 2010. Methylxanthines and phenolics content extracted during the consumption of mate (*Ilex paraguariensis* A. St.-Hil.) beverages [J]. Journal of Agricultural and Food Chemistry, 58: 2188-2193.

Paulo C, 2019. The history of tea and how it travelled from China to Brazil [EB/OL]. (2019-11-07) [2021-11-25]. https://america.cgtn.com/2019/11/07/the-history-of-tea-and-how-it-travelled-from-china-to-brazil.

Riachi L G, Simas D L R, Coelho G C, et al., 2018. Effect of light intensity and processing conditions on bioactive compounds in mate extracted from yerba mate (*Ilex paraguariensis* A. St.-Hil.) [J]. Food Chemistry, 266: 317-322.

Silveira T F F, Meinhart A D, Souza T C L, et al., 2017. Chlorogenic acids and flavonoid extraction during the preparation of yerba mate based beverages [J]. Food Research International, 102: 348-354.

Yi F, Sun L, Hao D, et al., 2017. Complex phylogenetic placement of *Ilex* species (Aquifoliaceae): a case study of molecular phylogeny [J]. Pakistan Journal of Botany, 49: 215-225.

图书在版编目（CIP）数据

茶苑撷芳 ：安徽省茶文化研究会文选. 第一辑 / 丁以寿主编. -- 北京 ：中国农业出版社，2024. 11.
ISBN 978-7-109-32624-8

Ⅰ. TS971. 21-53

中国国家版本馆 CIP 数据核字第 20248KP477 号

茶苑撷芳

CHAYUAN XIEFANG

中国农业出版社出版

地址：北京市朝阳区麦子店街 18 号楼

邮编：100125

责任编辑：姚　佳　周　珊

版式设计：小荷博睿　　责任校对：赵　硕

印刷：北京中兴印刷有限公司

版次：2024 年 11 月第 1 版

印次：2024 年 11 月北京第 1 次印刷

发行：新华书店北京发行所

开本：700mm×1000mm　1/16

印张：16. 5

字数：315 千字

定价：98. 00 元
